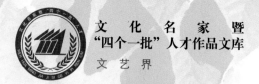

文 化 名 家 暨
"四个一批"人才作品文库

文 艺 界

设计论

潘鲁生 著

中華書局

图书在版编目(CIP)数据

设计论/潘鲁生著. —北京:中华书局,2013.11
(文化名家暨"四个一批"人才作品文库)
ISBN 978 - 7 - 101 - 09707 - 8

Ⅰ.设… Ⅱ.潘… Ⅲ.设计学 - 文集 Ⅳ.TB21 - 53

中国版本图书馆 CIP 数据核字(2013)第 236316 号

书　　名	设计论
著　　者	潘鲁生
丛 书 名	文化名家暨"四个一批"人才作品文库
责任编辑	罗华彤
装帧设计	毛　淳　许丽娟
出版发行	中华书局
	（北京市丰台区太平桥西里 38 号　100073）
	http://www.zhbc.com.cn
	E-mail:zhbc@zhbc.com.cn
印　　刷	北京瑞古冠中印刷厂
版　　次	2013 年 11 月北京第 1 版
	2013 年 11 月北京第 1 次印刷
规　　格	开本/700×1000 毫米　1/16
	印张 27½　插页 4　字数 320 千字
国际书号	ISBN 978 - 7 - 101 - 09707 - 8
定　　价	125.00 元

出 版 说 明

　　实施文化名家暨"四个一批"人才工程，是宣传思想文化领域贯彻落实人才强国战略、提高建设社会主义先进文化能力的一项重大举措。这一工程着眼于对宣传思想文化领域的优秀高层次人才的培养和扶持，积极为他们创新创业和健康成长提供良好条件、营造良好环境，着力培养造就一批造诣高深、成就突出、影响广泛的宣传思想文化领军人才和名家大师。为集中展示文化名家暨"四个一批"人才的优秀成果，发挥其示范引导作用，文化名家暨"四个一批"人才工程领导小组决定编辑出版《文化名家暨"四个一批"人才作品文库》。《文库》主要收集出版文化名家暨"四个一批"人才的代表性作品和有关重要成果。《文库》出版将分期分批进行，采用统一标识、统一版式、统一封面设计陆续出版。

文化名家暨"四个一批"人才

工程领导小组办公室

2012年12月

潘鲁生

1962 年 11 月生，山东曹县人。艺术学博士，教授、博士生导师。现任中国艺术研究院设计艺术院院长、山东省文联主席、山东工艺美术学院院长，中国民间文艺家协会副主席、中国美术家协会工艺美术艺委会主任。致力于艺术学、设计学、民艺学理论研究。近年来主持或参与国家级、省部级课题 30 余项，编著有《民间文化生态调查》、《设计艺术教育笔谈》、《匠心独运》、《手艺农村》等。提出高等设计教育创新与实践教学理念，主持"国家广告设计师职业标准"制定工作，主编多部教材。主持完成上海世博会山东馆的总体设计、第十一届全运会视觉形象系统设计等任务。先后在中国美术馆、中华艺术宫、意大利国家陶瓷博物馆等举办个人画展，作品入选第 52 届威尼斯国际艺术双年展等，代表作收藏于中国美术馆等。《中国民间美术全集》（神像卷、供品卷主编）入选中宣部精神文明建设"五个一工程"，并获"国家社会科学基金项目优秀成果"一等奖。是全国政协委员，享受国务院颁发的政府特殊津贴。

目 录 | CONTENTS

导　论

在当下的社会语境中，围绕设计，我们从社会的现实出发，探寻文化创造力与发展方式等动因，有深刻的反思，更充满热切的希望。希望设计能唤起和凝聚一种力量，能成为开阔和拓展的一扇窗户，能成为我们民族复兴的一次机遇。

导 论

曾几何时，历史上巧夺天工的"中华造物"变成了当下的"中国代工"、"中国制造"，历史上的"天时、地气、材美、工巧"或作为造物文化定格在过去的时空，或伴随一个个传统村落的变迁甚至消失，随着新的生活节奏与生活方式的演进生成，逐渐失去自身生成壮大的空间和活力。我们仿佛身处一个巨大的断层中，一面焦急于祖辈留下的丰厚的传统文化资源散落飘零甚至湮灭消亡，一面经受着"全球化"深度的冲击和改写；一面是许许多多我们身边的传统技艺、民俗事象、古村落空间难以为继；一面是缺少一种创新驱动和引领的精神力量。更严重的是，当数以亿计的青壮年农民涌向"贴牌代工"的流水线，当越来越多的城市人以境外购物、奢侈消费来印证自己的品位，当我们的衣、食、住、行、用越来越缺少自己的文脉而充满了工业化、商品化、全球化的元素和形式，那么，比代工生产和创意仿造更可怕的事情发生了，那就是文化的复制。这种复制的背后，是一个民族文化创造力的深刻的危机。

中国设计

一个民族的发展，需要一种内在的精神力量的支撑，需要文化传承和创新，这是民族复兴"中国梦"的精魂所在。如果我们无力构造一种新型中国式的生活方式，如果我们难以使物质生产和精神生产成为自己文化的表达和呼应，那么，关于"中国设计"的问题显然不只是一个实现更高利润和附加值的产业话题，而是一个关乎民族文化创造力的文化命题，更需要一次深刻的文化意义上的反思。

设计关乎民族的文化创造力。历史上的中华造物是一个庞大的文化生态体系，设计作为血脉周流贯通，使"物的体系"与传统社会的风俗伦理、秩序规范融合为一。无论是《周易·系辞上》所谓"鼓天下之动者存乎辞"，强调承载思想和追求的观念符号对现实世界的影响，还是"器以藏礼"，在传统社会体用合一的文化系统中，"设计"嵌入其中，是集体创造力的鲜明表达。当现代化的进程改写了传统的轨迹，在被动开启的转型过程中，遭遇猛烈冲击的还有心灵深处关于文化的自觉和自信。事实上，发展绝非"后发"对"先进"的模仿和复制，我们更需要传承意义上的"返本开新"和发展意义上的"融合创新"，从旧的里面发现新的，以开放的心胸和宽广的视野吸

中国设计网

2011北京国际设计周

中国创新设计红星奖

奥斯卡金像奖

收新的，形成我们这个时代的文化的创造。那么，设计不能缺位，更不应失语，而应成为最积极、最活跃的力量，成为一个文化大国、经济大国发展的策略和机遇。

今天的设计，是一种战略，是一种社会整合协调的机制，一种发现和探究的视野，更是一种生产力和创造力。

设计是一种战略，涉及产业的创新驱动、文化的传承发展和社会不同发展阶段重点问题的应对和解决。从国际经验看，将设计提升为国家战略，建立激发设计效能的举国体制，是一个较为普遍的策略和趋势。一方面是由于20世纪70年代的美国石油危机进一步引发对于极度膨胀的商业主义设计的反思，西方政府明确意识到"设计抉择涉及重大的社会和政策问题"；另一方面，进入21世纪以来，设计在促进产业升级和文化传播、解决具体民生问题方面发挥了重要作用，成为创新经济时代国家战略选择与政策组成部分。我们呼吁制定和实施中国的设计战略，推进设计及设计产业发展，着力使根植文化的设计创新拓展到产业发展的各个层面并惠及全体国民。不仅要形成总体方略，将设计纳入经济、文化、教育等政策系统进行规划，而且要将

伦敦设计周　　　　　　　　香港设计营商周

有关设计的国家战略落实到政府各个部门、地方机构以及相应的各领域，形成有机联系的政策系统和"中央政府总领导，跨政府部门齐运作"的机制，并使设计的国家战略落实到企业行为上。因为我们需要千千万万个强大的设计个体，形成设计集群和设计实力。只有一个个设计个体发展壮大了，设计创新的基本细胞成长发展起来了，才能承担起设计创新的造血功能。

　　设计是一种有效的协调机制。充分发挥设计效能，真正使科技的创新与文化、艺术的涵养生成相融合，使过去的传统与日新月异的发展并非完全割裂，使物质的生产消费与自然生态并非紧张对立，使蓬蓬勃勃的商业发展与道德主体的建构和精神上对于崇高的追求相协调，具有重要意义。就此，我们需要更加主动地加以规划，启动设计的机制。当然，设计并非万能，但根本目标在于找回生活的本质，协调科技和文化、商业和资本、生态和资源、人类和社会，实现对生活方式的优化和创造。从这个意义上看，生活中的设计如果不足，面临的后果不言而喻：放弃发展的主动权，承受环境污染、资源浪费以及片面追求经济效益和膨胀的消费文化带来的解构，包括一桩桩考验社会道德人心的事件折射出的缺失与废墟。设计是一种协调，一种建构，可以是设计师恪守的伦理守则和追求的人文理想，可以是具体而明确的行业规范和标准要求，可以是产、学、研充分结合的一种动力机制，可以是扶持鼓励并有所规约的设计政策。总之，它应以人文的、制度的、实践的不同形式发挥作用，在我们这个时代的"物的体系"里，在虚拟流动的信息符码里，在不断健全的服务系统里，发挥应有的作用。我想，如果说设计的本义在于预设之计，那么确实需要更自觉也更自信地启动设计这一协调机制。这就是，在工业品中植入文化的芯片，在物质消费中融入人文的精神，在内容产业里集聚和迸发新的创造力，在城市交通、防洪排涝以及建筑形态、公共艺术等种种与民生相关的环节里形成更合理、更优化的设计意识和规划，并在城镇化发展、传统村落保护与发展中实现一种生产、生活、生态更加协调的发展机制。

同时，设计是一种探索和发现的视野。如果说20世纪六七十年

深圳设计之都

日本设计最高奖G-mark奖

德国红点奖

美国IDEA奖

代的设计，意义在于"满足我"，八九十年代是"吸引我"，21世纪初到现在是"改变我"，未来将是"理解我"，那么，设计的确是社会的触角。它不同于单纯的学术探究和科学探索，而是涵盖所有人群的理解和发现，也是使历史的、传统的文化资源转化并融入当今生活的探索和发现。尽管我们从未缺少科学的研究和学理的思辨，但我们确实更需要一种行之有效、落地生根的方式，在更加大众化的层面，在衣、食、住、行、用中，在产业的、文化的、教育的、政策的相关领域和环节，开展和实践这样一种探索和发现。比如发现历史的、传统的文化资源在今天传播发展的空间和活力，它可能使一个积淀传承千百年的视觉符号活跃于今天的图像空间，并激起我们内在的共鸣，它可能使一项古老的技艺在今天的时尚产业链中凸显出应有的文化价

值，它也可能使我们这个民族对生活、对自然一种朴素的理解作为审美的形式或意味融入今天的生活，总之，我们需要这样的理解和发现。它是沟通历史时空和文化血脉的桥梁和纽带，否则，将使丰厚的资源变成文物和遗产的遗憾和荒凉。同时，设计的理解和发现还将面向未来，更深刻地理解人性，理解万物之中人的存在，唯有如此，才会有更深刻的人文关怀，也才会有更好的生活方式受人追捧，让我们体味生活的品质，设计应当是一种社会

一级方程式赛车

2007G-Mark设计奖，KATO出品日本N700系新干线

责任和人文关怀。

当然，设计更是一种生产力和创造力。当前我们最迫切的需求，是形成"中国设计"、"中国制造"和"中国需求"整体发展的格局。以往我们以"中国制造"低廉的成本和国际资本及技术结合，创造了全球化的红利。但是现在，随着"3D打印+智能技术"为代表的"美国制造"的强势回归，全球兴起"再工业化"的浪潮，一些发展中国家具有比我们更低廉的成本优势，而发达国家仍然不遗余力地争取并掌控着设计创新的主导权，形势无疑是严峻的。更重要的是，"中国制造"与十几亿人口的衣、食、住、行、用相关，这是一个庞大的消费市场，吸引着全球的企业。从具体数据来看，商务部的统计显示，目前全球500强企业中已有480多家在中国投资设立了企业，跨国公司在中国设

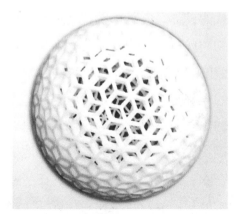

依靠3D打印制造出来的球体

微软最新产品Window7操作系统

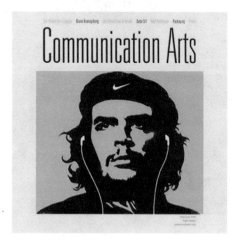

美国国家设计类杂志

2008年北京奥运会形象标识

2012年伦敦奥运会形象标识

立研发中心近1000家。仅2010年，外商在我国就新增研发中心194家，目前外商在华投资的研发机构已达1400余家，而且有越来越多的全球企业把研发设计的部门放在靠近消费需求的中国。而另一组数据则显示，作为全球第一制造业大国，中国制造业占全球的比重达19.8%，但制造业研发投入却不到全球制造业研发投入的3%。显然，我们需要使"中国设计"、"中国制造"和"中国需求"真正有机地结合起来。如果说，需求是客观存在的，制造业基础是新中国成立几十年来发展奠定的，那么，迫切需要提升发展并发挥作用的正是"中国设计"。

作为一种生产力和创造力，设计将引领科技创新。历史上，设计与科技相互促进和发展，那么，当今设计已不只是技术成果的物化，更是关乎发展、承担使命的战略；设计不再是技术的追随者，而是科技的开掘者和应用者，具有主导作用。可以看到，工业革命引发生产方式和生活方式的深刻变革，形成现代生产、流通、分配经济体系，设计在产业革命中获得了独立、自觉的地位，设计环节的知识积累和技术进步直接与市场效益和市场范围相关，不断纳入公共知识库，进一步释放创新能量，与产业发展互为影响和推动，随着一系列新发明、新技术、新工艺先后问世，带来了生产力的巨大发展。就当前而

《阿凡达》引领电影技术革新

好莱坞大片中的美国英雄

言，设计与科技联系已不只是协同促进，更在于发挥导向和引领作用。正如绿色设计、生态设计等，设计创新显然不只在于应用新的技术和材料，而是为了实现人与自然的亲善和谐、为了创造宜居生活环境而创造性地开发、运用新技术和新材料。也正是在战略性设计理念的引导下，科技、工艺不只是单纯的工具，更承载了人文理想。

作为一种生产力和创造力，设计具有文化的内核。事实上，社会的发展真正具有掌控力和影响力的仍然是"文化"。如同世界历史的风潮所印证的，英国曾拥有遍及全球的殖民地，绝非仅靠船坚炮利，还有包括语言在内的文化的渗透和扩张；美国极力塑造的美国梦更大程度上是电影里的美国文化，是一个个强有力的文化传播符号。同样，城市规模并不大的华盛顿，有着数百家顶级智库，与此相比，高楼大厦只能算城市的肌肉和躯干，更重要的是头脑和中心。正所谓"主持经济命运前景的是文化，而不是质量、价格或其他"，而扶贫如果只有经济的手段而没有文化的感召，也只会常扶常贫。事实证明，文化弱，则设计弱；强设计，则有望强文化。设计是促进文化传承、创新和推广的有效机制，可以充分调动和整合经济、社会、文化的资源有效力量，形成源头性的驱动而非枝节性的优化。例如，我们要充分发掘农村的资源，重视农村这一传统文化的重要载体，激发农民的文化创造力，立足乡土，文化创富，解决农村空心化等一系列问题。又如，在新的城镇化发展过程中，使相关设计

德国斯图加特梅赛德斯—奔驰博物馆

法国巴黎蓬皮杜艺术中心

产业与优化的生活方式跟进协调，使城镇化具有生产和生活更好发展的基本内涵。

总之，设计是关乎社会发展方式的问题。发展不能完全以数字衡量，更是一个协同推进的过程，包括文化方式、生产方式、生活方式和自然生态的有机协调，应发挥民族内在的创造活力，通过完善的机制予以实现。正如"设计"在学理上所呈现的内涵，作为一门建立在实践基础上的应用型学科，"设计"集艺术和科学为一体，具有集成性、开放性和跨学科特点，涉及哲学、美学、艺术学、心理学、工程

学、管理学、经济学、方法学、生态学等知识领域，也应当在实践中发挥协调发展的作用。

中华民族是一个充满智慧的民族，设计运筹古已有之，《战国策》所谓"计者，事之本也"，《广雅》之"计，谋也"。在社会发展演进的过程中，设计虽从传统造物中独立出来，成为现代产业的一环，更在信息技术和服务经济

《战国策》书影

发展的过程中，回归运筹的本义。在当下的社会语境中，围绕设计，我们从社会的现实出发，探寻文化创造力与发展方式等动因，有深刻的反思，更充满热切的希望。希望设计能唤起和凝聚一种力量，能成为开阔和拓展的一扇窗户，能成为我们民族复兴的一次机遇。也是带着这样的理解和期待，展开了一次关于设计的思考和观察，是现象的观察，也是原理的辨析，涉及具体的领域，也有着最本质的规律和期许，希望探索发掘我们的设计能量，立足现实，在有效的"设"—"计"、运筹中实现更好的发展。

一、设计原理

一、设计原理

  设计属于人类造物活动的基本范畴，是与人们的生活和社会本身紧密结合的社会实践性活动，是建立在特定目的并围绕这一目的进行策划实施的过程和结果，这一目的就是通过"按照美的规律创造事物"来满足人类生活需要。从社会发展的角度讲，设计是人类征服自然、改造自然、创造美好生活的方式的手段，设计意味着创造，意味着人类的生活形态、生活技术、生活方式和生活秩序，所以说社会具有社会性；从设计的发生的角度讲，人们经常要问设计是如何起源的？设计的发生、发展、风格是如何进行的？其发展进步的驱动因素是什么？与人类文明的进步存在什么样的关系？从设计实践的角度讲，人们最关心的是设计到底如何进行？什么样的设计是好的设计？设计考虑的基本要素是什么？设计与科学技术的关系是怎样的？从学科的角度讲，设计学到底是怎样的学科？设计学与哪些学科密切相关？如何从实践层面、理论层面、哲学层面、应用层面去思考设计学科问题？从思想史的层面，设计者在设计前及设计过程中的思维方式及逻辑模式是什么？设计家在其普遍设计行为内的一贯使用设计思维方式是什么？这些问题，都是设计、设计学的本元问题。对这些问题"形而上"的思考是当今设计学界必须面对的问题。对设计的学理思考，是设计发展成熟的标志。设计行为始于智人的出现，设计学的发展成熟则经历了工业革命之后的漫长的历程，直到赫伯特·亚历山大·西蒙从管理学体系倡导"设计科学"建立的必要性，设计学才逐渐成为独立的学科。当然，在中国，设计思想是非常丰富的，甚至从哲学高度去思考设计的问题，但从学科的层面则经历了"图案—工艺美术—艺术设计—设计艺术学"等若干历史阶段，标志性的事件则是2011年，设计学一级学科的建立。

    "设计原理"部分首先从学科层面探索设计学的交叉学科属性，立体地构建设计学的学科体系，阐明设计学与其他学科的关系，以及设计学研究的核心问题；"设计要素"问题，则是对设计实践本身的关注，是设计实践必须面临的现实问题，如设计中"人与物"、设计与环境、设计与材料、设计与技术、设计的功能与结构等一系列问题；"设计思想研究"既是实践经验的总结，也对设计实践具有指导意义，设计思想既有哲学层面的，也有设计实践层面的。对设计学原理的探究，在探索设计本质问题的同时，对提升设计的学科意义，并指导设计实践具有重要意义。

（一）设计学理

设计学或称"设计科学"[①]，是以人类设计行为的全过程和它所涉及的主观和客观因素为对象的，涉及哲学、美学、艺术学、心理学、工程学、管理学、经济学、方法学、生态学等诸多学科的交叉学科。设计学是一门建立在设计实践基础上的应用型学科，集艺术和科学为一体，具有集成性和跨学科特点。同时，设计学又是一门开放性的学科，目标是在造物活动中实现实用与审美的统一，在人们物质生活与精神生活中发挥积极作用。

赫伯特·亚历山大·西蒙

1. 设计学学科体系

"设计科学"最早是由美国科学家赫伯特·亚历山大·西蒙（Herbert Alexander Simon，1916—2001）在1969年提出的。他对广义设计科学的研究，并把设计科学与管理学等相关的自然科学和社会科学结合

---

① "设计科学"最早是由美国科学家赫伯特·亚历山大·西蒙在其著名论文《关于人为事物的科学》中，从人的创造思维和物的合理结构之间的辩证统一和互为因果的关系出发，总结出设计科学的基本框架，包括它的定义、研究对象和研究的意义。因为在管理科学和广义设计科学方面的成就，他获得了1978年的诺贝尔经济学奖。

起来，使得设计科学逐渐成为一门涉及众多自然科学和社会科学的交叉学科。设计科学把研究对象放在人类社会实践的主体——"人"的造物过程、造物的结果（产品或某种物品），以及这种结果对使用者——"人"的影响等方面上，因此涉及人的思维、实践、心理等广泛领域，设计科学的研究与生理学、思维科学、哲学、逻辑学、方法学、文化人类学、民俗学等密切相关，并且借助这些学科的研究方法和成果为自己服务。设计科学是一门综合的交叉学科，包括：设计发生学（设计起源、设计内涵、设计发展史、设计风格）、设计现象学（设计分类学、设计经济学）、设计心理学（设计思维、创造心理学、消费心理学），设计生态学（自然生态、社会文化生态）、设计行为学（设计方法学、设计能力研究、设计程序与组织管理、设计表

设计科学是一门综合交叉学科

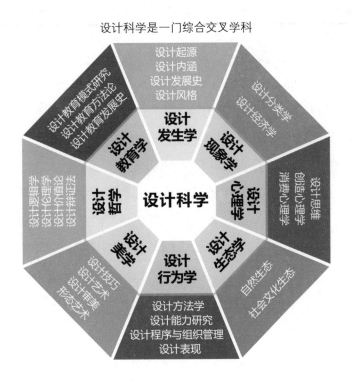

现等）、设计美学（设计技巧、设计艺术、设计审美、形态艺术）、设计哲学（设计逻辑学、设计伦理学、设计价值论、设计辩证法）和设计教育学（设计教育模式研究、设计教育方法论、设计教育发展史）。西方设计学界将设计学划为三个主要研究领域[①]：设计现象学：设计史、设计分类、设计技术；设计行为学：设计行为学、设计模式、设计计量学；设计哲学：设计价值论、设计哲学、设计认知论、设计教育。同时，认为设计哲学研究人，确定人与设计之间的伦理关系；设计行为学研究设计的过程，通过逻辑的方法研究设计实践过程；设计现象学研究产品的形式、结构，确定基本的美学原则。

克洛斯（Cross）的设计学体系观

| 过程（逻辑） | 设计行为学 | 研究设计实践和过程 | 20世纪60年代 |
| 产品（美学） | 设计现象学 | 研究艺术品的形状和结构 | 20世纪20年代 |

2.设计学研究对象

设计学的研究对象首先是人。设计的主体是人，人的设计智能是建立在大脑这一特殊物质的特殊思维功能基础之上的，因此，设计学第一位的研究对象是人和人的思维活动。其次，设计的过程体现为人类按自己的设计目标改造世界的历程，因此，人对客观世界的把握和纳入人的认识领域的一切客观因素的可选择性或审美特征，是设计学次位的研究对象。它和人的思维相对称，构成设计的主客双方，互相依存，不可或缺。第三，设计的结果最后要物化为某种形式（如产

---

① Edited by Simon Wolfgang Jonas. Mapping design research（《设计研究》）Basel：GMBH, 2012, 15.

阿瑟（Archer）的设计学体系观

1. 设计历史	研究设计的历史是什么和事物是如何发展到今天的模样的。
2. 设计分类	研究设计现象的分类。
3. 设计技术	研究事物运行的原理和设计形成的体系。
设计行为学	
4. 设计行为	研究设计行为的本质、组织和构成。
5. 设计造型	研究人类将设计理念转化为可识别的形状、外部特征并进行传递的能力。
6. 设计度量	研究对设计现象的度量，特别是在数据不恒定的情况下。
设计哲学	
7. 设计价值	研究设计的价值，特别是在与技术、经济、道德、社会和美学的关系中的。
8. 设计哲学	研究设计表达主题的逻辑。
9. 设计认知	研究如何自然地、正确地认知、信赖和感受设计。
10. 设计传授	研究有关设计的讲授原则和教学实践。

品、建筑、广告、生活环境、工作环境等），这种物化结果对消费者的影响和心理感受也是设计学研究的内容。第四，人类设计活动必然处于某种环境（包括自然环境、社会环境和文化环境）之中，环境与设计之间是一种互动的"生态系统"，如何保持这种生态系统的平衡性是设计科学所面临的新课题。"人（设计的主体）—产品（设计的结果）—环境（设计所处的环境及产品的消费环境）"这一设计系统涉及人、产品、环境三个要素。随着人类生存环境的变化和人们生态意识的提高，"环境"要素的地位逐渐提高。设计所涉及的"环境"并非单纯指人类生存的自然环境，而是一个生态系统，包括自然的、文化的、社会的，等等。"生态学"本来是研究生物的生存方式与其生存条件和生存环境间相互关系，以及生物彼此间交互关系的一门科

《北京宪章》——国际建筑师协会第20届世界建筑师大会1999年6月在北京通过

学。当代美国著名人类学家斯图尔德（Julian Haynes Steward）最早提出"文化生态学"概念，将人类文化创造活动及其产物与围绕他们的生物的、非生物的环境条件的相互关系作为研究对象。设计作为人类文化和实践活动的一部分也具有其文化生态属性，并与环境存在密切的关系，但不同于简单的"文化生态圈"。随着设计学科的发展，设计对人类经济、文化及生活的影响不断增大，学界又积极倡导建立"设计生态学"，认为"设计生态学应当是一门研究设计主体及其设计行为和设计产品所处的环境条件的相互关系以及诸设计的存在和表现方式之间交互关系的学科，尤其侧重于作为设计主体的个人或群体所处的环境与设计之间的交互作用"。环境有自然的、社会的和文化的，也就是说设计活动不再是单纯为满足某种需要的造物行为，而是一种处于人类局部"生态圈"中的活动。在1999年于北京举办的世界建筑师大会上发表的《北京宪章》①中，提出"建筑师的职责是创造宜人的生存环境"，这里的"宜人的生存环境"不再是包豪斯主张的方盒式功能主义建筑，也不单纯是后现代主义建筑注重形式、隐喻、象征的设计风格，而是把设计与自然环境、社会环境、文化需求相互融合而产生的生态体系——"宜人"的生存空间，既满足人的生理和心理需要，又强调人与自然环境的和谐相处。这也是未

① 奚传绩编《设计经典论著选读》[M]，南京：东南大学出版社，2002年版，第351页。

来设计的发展趋势。

3.设计学研究任务

综合人类设计实践活动的各个方面，设计科学的任务应该是研究和把握科学而正确的设计规律，以保证人类改造客观世界的目标得以完美地实现。设计学研究的任务包括：以科学的认识论为基础，研究人类设计思维的过程和规律；以人的社会集群关系为依托，研究在各种社会关系条件下设计的客观条件和因素，建立合理平衡的设计生态体系；以"目标—手段"为线索，研究设计过程中涉及的物理的和心理的要素，以及它们在能动地创造过程中的作用和特征；在阐述设计学的基本概念、基本范畴和历史演进的基础上，探索当代和未来设计思想和设计实践的发展和演变。

以人为本的设计过程

（二）设计要素

设计是人类创造活动的基本范畴，涉及人类一切有目的的活动领域，是针对一定目标所采用的一切有形（智力构思）和无形的方法的过程和达到目标产生的结果，反映着人的自觉意志和经验技能，与思维、决策、创造等过程有不可分割的关系。广义的"设计"将外延延伸到人的一切有目的的创造活动；而狭义的"设计"则专门指在有关美学的实践领域内，甚至只限于实用美术范畴内的各种独立完成的构思和创造过程。就语义的构成而言，在汉语中，"设计"指的是"设想"和"计划"，是人在从事创造活动之前的主观谋划过程。它在英语中的对译词是"design"，由词根"sign"加前缀"de"组成。"sign"的含义十分广泛，有"目标"、"方向"、"预兆"的意思，"de"指"去做"。因此，"design一词本身含有通过行为而达到某种状态、实现某种计划的意义"。设计是人类依照自己的要求改造客观世界的、自觉地创造性劳动过程的第一步，是人类在自身所能获取的经验基础上，把创造新事物的活动推向前所未及的新境界的一种高级思维活动。在这一活动中，人的判断、直觉、思维、决策等心理过程发挥着重要的作用，并且由此而必然指向改造客观世界的实践过程，以达到自由地、"按照一切物种的标准"来制造新产品的目的，也就

是马克思说的"人是按照美的规律创造事物"的观点①。

设计以物为媒介完成物与物、物与人、物与环境的协调关系，这些关系中的各种要素构成了设计的基本内容，成为设计活动的基本要素。随着科学技术的发展、设计领域的不断拓宽，影响设计的因素也日益复杂，对于每一个具体设计而言，往往涉及一系列相关因素，而且一个因素的变化，往往影响到其他因素，乃至对生产、生活产生关联影响。设计科学是一门高度交叉的新兴学科，现代设计如果不采用多学科交叉方式进行研究，很难获得突破，因而设计要素还要受到技术条件的限制。设计师要想设计出理想的设计物，必须考虑多方条件，充分利用设计各个要素，设法使设计要素之间保持一种最佳状态。从设计与人、环境的关系来看，设计要素可以被归纳为人的要素、环境要素、技术要素、材料要素、设计自身的功能及结构要素等几个方面。

1.人的要素

人是设计的主体，同时又是设计的消费者。人的因素包括人的生理因素和心理因素。设计与人的关系体现为设计与人的物理尺度、心理尺度和社会文化尺度的关系，而满足这些尺度的基本体现就是设计满足人的需求，这种需求的研究和发展，形成了设计学的若干分支学科，如设计尺度学、设计心理学、人体工程学等。人的生理因素是指

———
① 马克思《1844年经济学—哲学手稿》。

人形态和生理方面的特征，与设计的物理尺度密切相连。设计的物理尺度是指根据人的身体和生理结构，以及技术、结构要求确定的尺度。人作为设计的主体和产品的使用者，是地球上所有生命体中最完善、最合理、最精巧、最严密的有机体，其整体形态、局部结构以及整体与局部之间的关系，包含着严密的科

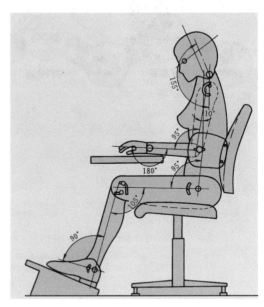

坐姿人体模板侧视图

学法则，人在造物活动中要遵循这些法则。这包括人的身高、体重、构造、骨骼、肌肉、腺体、器官等相对稳定的状态。这些相对稳定的状态是设计的基本尺度，如根据身高确定房屋门的高度，根据坐姿来设计桌椅板凳，量体裁衣，根据手的大小设计各种工具……稳定状态下人体相关数据的获得要通过人体测量学、统计学、人体解剖学、人体工程学等学科手段获得，并且要针对不同民族、群体、地域、年龄区别对待。在设计学研究中，人们往往把一些典型设计的物理尺度与人的生理结构关系归结为各种尺度，如"建筑是供人居住的尺度，家具是供人起居的尺度，工具是供人使用的尺度，服装是供人穿着的尺度，器皿是供人生活的尺度"等等。为了更好地解决设计物理尺度的相关问题，设计必须要借鉴人体工程学的相关研究方法和数据，即在借助解剖学、生物学、人体测量学等学科的基础上，全面考虑设计中

设计的物理尺度与人的生理结构关系

"人的因素",为设计师提供人的动态和静态尺寸资料,以决定产品的尺寸,产品材质的轻、重、冷、暖等。当然,设计的物理尺度除了人的身体和生理结构要求外,还与产品的技术要求或结构要求有密切关系。人类第一台电子计算机ENAIC占地135平方米,功率150千瓦,重量30吨,由约18000个电子管组成,运行速度每秒5000次,与现在每秒运行几亿次的笔记本计算机相比,无论从功能还是尺寸上都有天壤之别。究其原因,人类初期计算机技术不过关,计算机的结构上采用体积较大的电子管元件,而现在计算机摆脱了电子管、晶体管元件,由集成电路和大规模集成电路组成,其结构更加紧密,所占空间更小。有人做过实验,人类第一台电子计算机体积虽如此巨大,但其功能仅相当于今天普通电子表小芯片的功能。

设计的心理要素涉及人的需求心理、价值观、文化意识、生活观念等,与国家、民族、地区、时间、性别、年龄、职业、文化程度

人类第一台电子计算机

等有直接关系，是难以量化的因素，但又对设计有着重要的影响。因此，仅仅依据人的生理结构、产品技术和结构要求确定的物理尺度进行产品设计，还不能满足人的多方面需求。设计师在决定设计尺度时，除了考虑人的生理尺度外，还要考虑人的心理尺度，人的感觉、知觉、兴趣、感情和审美精神要素对设计尺度有某些特殊要求。这是人类高层次的精神尺度，也是人区别于其他动物的根本所在，主要表现在尺度、色彩、形式的感知和联想上。如果依据人的生理尺度设计房屋，居室高度2米高足矣，但人在其间顶天立地，如同蚕之入茧，生理尺度够了，但心理高度不够，会有压抑、沉闷的感觉，所以多层楼房的首层层高为2.8—2.9米，二层以上为2.7米左右，以求满足人的心理空间需要。视错觉引起人对色彩、线条和形式感的联想，也是影响造型设计的一种尺度。水平线条感觉宽广，曲线活泼，斜线有力，圆形丰满，方形坚固，正三角形安定，倒三角形危险……鲜艳色彩使人兴

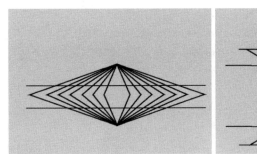

冯特错觉

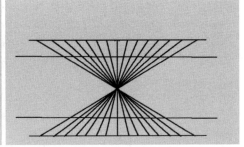

黑林错觉

奋，灰色使人抑郁……视错觉可以分为形的错觉和色的错觉两大类。形的错觉有长短、大小、远近、高低、轻重、对比、残像幻觉等；色觉有温度、重量、距离、光渗以及色彩疲劳的错觉等。比如两个相等的圆，一个放在小圆之中，另外一个放在许多大圆之中，看起来前者比后者要大，这是形的错觉；暖色有扩散、前抢、密度大的感觉，而冷色则有收缩、后退、远离的感觉，同样大小的形，红、橙、黄一类要比绿、青、蓝、紫一类显得尺度大；白色有扩散感，黑色有收缩感，所以同样大小的物体，白色显得大些。对视错觉既要加以利用，又要注意修正。在某些精密仪器的设计中，必须对视错觉加以矫正。例如，由于竖线本身显得比横线长，在设计中通常相应缩短竖线或增长横线，以矫正视错觉带来的误差。在设计中，巧妙利用错觉，有意识地将错就错，会产生一种特殊的造型效果。例如，在电视机的设计中，为了使屏幕显得突出些，往往采用黑色或深色的外框和机箱，以便与屏幕形成鲜明对比，这是利用形与色彩对比的错觉；如人民英雄纪念碑，当人们从下面仰望时，碑的四边好像都是直线，而实际四边都是向外微凸的曲线，类似腰鼓形状。这是因为在蓝天白云下，高大的纪念碑如果采用直线会产生一种凹陷感，而凸出的弧线正好矫正了视错觉。顶部采用中国传统的出檐檐顶，四周向上微翘，耸入云霄，矫正了高大的碑石产生的塌陷的视错觉，并使纪念碑更加雄伟。设计师只有充分考虑人的生理和心理尺度，使设计的点、线、面、体、质、量、形式法则相配合，才能设计出优秀的产品。

2.环境要素

设计环境包括以材料和能源利用为核心的自然环境，以及由文化、经济、政治等内容组成的社会环境。随着环境因素在设计中地位逐渐加

人民英雄纪念碑

强，出现了设计生态学、设计社会学、环境生态学、情感化设计、可持续设计、绿色设计和生态设计等交叉学科和设计分支学科。设计与自然环境之间的关系问题本质是设计材料的使用和能源消耗问题，要求设计师在从事设计时考虑以下问题：设计方案会不会造成材料或能源的浪费？设计材料是否可以回收利用？产品会不会造成环境污染？在资源有限、环境污染严重的当下，如何设计出绿色、环保、可持续的产品是全球设计界的共同目标。曾获2002年德国iF设计奖的一次性纸鞋设计体现了设计师对产品回收利用的重视。该鞋以废弃的植物纤维为原料，将其粉碎后制成纸浆，再将纸浆块放入铝制铸模，真空成型后在太阳下晒干，一次能使用一周，可以广泛用于家庭、饭店、计算机房、电子产品组合加工生产线等需要防灰防尘的地方。鞋带以结

2008年国际创意产业展览会展出的"纸桌椅"

实的生物分解型棉制成，固定在鞋面上。这种纸鞋用过以后可以重新利用，制成新鞋，整个循环利用的过程不会造成新的资源浪费，也不会造成污染，远胜于日常所用的塑料鞋套、拖鞋等。同样的成功设计案例还有很多。如2008年10月上海举办的"国际创意产业展览会"上展出了一种以纸板为原料生产的"纸"桌子、椅子、书柜等，十分结实，能回收利用，充分体现了设计者在设计时对回收利用的考虑。实际上，回收利用的需要也成为厂商的要求，奥迪汽车、西门子洗衣机、施乐复印机、惠普激光打印机等，往往设计成可拆卸的结构，并使零件能够充分利用，以便回收重复使用。

除了考虑设计与自然环境问题外，还要综合考虑设计市场、消费环境、民族环境、政策与法规等相关社会环境因素。"设计—生产—消费"是一个共生的社会生态体系，设计的目的是为了企业合理地生产，生产是把设计理念进行物化，而消费则是使生产中"物化"的设计在市场中得到承认，真正使设计为社会接受。这一切都是在一定社会环境中进行的，因而我们可以称"设计"是社会生态体系中有机的一环。设计、生产、消费构成的社会生态体系如果能够良性运转，并与自然生态体系（自然环境）和谐一致，设计就能够真正起到应有的作用。在一定程度上，甚至可以说设计的社会性是设计成败的关键因素。设计的目的是供人进行消费，人本身具有社会和文化属性。日常生活中所见和所使用的物品，如交通工具、家用电器、餐具、娱乐用品、灯具、床上用品等设计、生产、流通、开发、废物处理等每一个环节都包含着社会性因素。如果不考虑产品使用的社会文化环境，设计是很难成功的。尽管每一个人都有自己的爱好、个性、生活方式、审美趣味等，但是人作为社会的主体，人与人之间的社会性生活方式决定着人不可能生活在世外桃源，因而设计必须充分考虑到设计所处的社会文化环境，从而使设计具有社会和文化属性。

3.技术要素

技术是人类造物的能力和知识，是社会生产力的重要因素，是社会变革和生产发展的真正力量，并形成了研究技术一般规律和方法的哲学分支学科——技术哲学①。"技术"一词最早源于古希腊"techne"（工艺、技巧）和"logos"（言词、演说）的组合，指完美的手工技艺与实用的演讲技艺。至20世纪，"技术"一词的含义趋于广泛，既包括工具、机器，又包括工艺程序、工艺技巧等。目前我们所说的设计技术包括生产技术、产品技术和操作技术等几个方面。生产技术是指生产者在造物过程中运用的知识、工具和物质手段。生产技术通常作用于设计师的工作过程，设计者必须依靠一定的设计技术、工艺技术和管理技术，才能物化、加工、传递自己的设计构思，有效地将各种客观材料、能源等内容按照设计意图组合成具有一定结构、形式和功能的人造物。产品技术是指设计物本身的技术技能，是由物的结构、材料组合而成的技术品质，是消费者在用物过程中所要

---

① 邹珊刚《技术与技术哲学》[M]，北京：知识出版社，1987年版，序。

达到的功能目的和手段。操作技术指消费者控制、使用产品时的知识、经验和能力。一般来讲，产品技术越复杂，对消费者操作技术的要求越高，这就要求设计者从消费者的角度考虑，进行安全、方便、舒适的操作技术设计，才能真正体现出人造物的完美功能。

设计是强调审美的实用艺术，是技术与艺术相结合的产物，其实用功能的实现以技术为基础，其优美的艺术形式也是由特定的技术手段所赋予的，因此可以说在一定程度上设计是技术的产物。具体来讲，设计与科学技术之间的关系体现在：第一，科学技术的重大发展给设计提供新的设计手段，如手工设计、机械设计、计算机辅助设计（CAD）、模拟现实（VR）设计、3D打印等，人类设计手段总是与当时的科学技术水平分不开。计算机辅助设计和模拟现实技术在设计中的应用是人类设计史上最大的飞跃，它从根本上改变了手工时代、机械时代的设计思维、设计方法、设计过程、设计教育等。计算机辅助设计和模拟现实设计是数字技术、电子技术、计算机图形图像技术、动画技术、视频技术综合发展的结果。第二，科学技术的发展给设计提供了新的设计材料。设计材料的发展大致经历了从自然材料到金属材料，从金属材料到复合材料，以及磁性材料等几个阶段，每一种新材料的出现，都意味着科学技术的重大发展。在一些重大设计中，材料技术也是设计成败的关键，如飞机的设计中，材料技术是一项复杂而艰巨的课题。第三，科学技术的发展，为设计师提供了新的设计课题。计算机硬件和软件设计、光纤系统设计、传真机设计、计算机网络设计、航天飞机设计、卫星设计等，都是随信息时代科学技术发展而出现的新设计课题，这些课题在农业文明、工业文明的科学技术条件下是不存在的。第四，设计也是科学技术发展的重要组成部分，设计可以为科学技术服务，如1972年，美国著名设计雷蒙德·罗威①参与月球登陆飞船的室内设计。由于飞船的室内环境有特殊的功能，与地球上生活的环境不同，空间小，且要集工作、休息、睡眠等活动于一处，他根据航天飞行的实际需要、宇航员的心理和生理需要，提出自己的设计方案，大大改进了航天飞机的室内环境，减少了舱内上千个开关和按钮，使宇航员有了安定感和平衡感。

美国工业设计之父：雷蒙德·罗威

科学技术是现代设计的重要因素，人类每一次技术上的重大发展都会给设计带来重大变革。美国未来学家阿尔文·托夫勒在《第三次浪潮》中指出，农业革命是人类社会的第一次变革；从英国开始的工业革命，摧毁了农业文明赖以生存的生产关系和生产工具，创造了标准化、专业化、集中化的工业文明；今天，由于科学技术的发展，人类正在或已经进入信息社会，工业文明赖以生存的能源、工具、生产方式正在被核能、太阳能、计算机、自动化生产方式所取代。人类社会的每一次重大变革，设计都会发生质的变化，农业文明的设计是以

---

① 雷蒙德·罗威(Raymond Lowey)是20世纪美国著名的工业设计师，对美国工业设计的发展和工业设计师的职业化，以及设计学科的建立作出了重要贡献，他所从事的设计领域非常广泛，参与的项目多达几千个。因其在设计实践、设计理论及设计学科发展中的突出贡献，被称为"美国工业设计之父"。

阿尔文·托夫勒著《第三次浪潮》书影

手工设计为主的个性化设计，"设计—生产—消费"往往是一体的；工业文明是以机械为主导，批量化、标准化的设计，并且出现了专门从事设计的设计师，"设计—生产—消费"出现分离，被市场这一无形纽带连接起来；信息社会的设计是以计算机辅助设计为主导的信息型设计，即"设计—生产—消费"之间通过信息传递和市场紧密联系起来，而且信息在"设计—生产—消费"体系之间的作用逐渐取代市场的作用。设计在人类文明各个时代的不同特点是由科技发展水平决定的。古今中外，设计的发展均与技术的发展密不可分，技术的大发展给设计提供了新的设计手段、新的设计材料、新的设计能源乃至新的设计课题。人类社会从手工艺设计、工业化设计到信息化设计的阶段性发展在很大程度上是由技术的变革促成的。在原始社会至手工业社会阶段，技术主要表现为手工劳动的技艺，是劳动者在长期的造物实践中积累起来的经验和技能，包括工艺制作方法、手段和配方等。这一阶段，主要依赖人力或畜力提供的简单动力，技术变革相对缓慢。受技术发展缓慢的制约，设计形式受自然界提供的物质材料的限制，产品品类相对单一。同时技术手段的单一，使原始社会至手工业社会较少社会分工，人造物的生产制作基本由一人完成。工匠多是身兼艺术家与技术家于一身，凭借工艺经验的积累进行创造，受自然潜能的局限，工匠不可能超越自己的双手和感官达到的范围进行创造。在技术传承上，往往是父传子、母传女、师徒相传等方式进行，技术处于静态发展中，更新较慢，所以在几千年的时间里，虽然工匠创造了精美多样的装饰体系，但造物的功能和形式结构本身没有太大的起伏变化。

工业化社会阶段，技术以机器生产为主要特征，设计者个人对手工技能、经验的依赖程度降低，人的技艺特征被融入机器的技术装置中，技术更新较快，设计与技术的结合比手工业时代更加密切。随着技术的进步，出现了职业化设计师，形成了以机械生产为主导，标准化、批量化设计为主流的设计生产新模式，"设计—生产—消费"等环节出现分离，并受到市场供求关系的明显影响。伴随技术的进步，现代设计的面貌也发生了巨大变化，从工艺美术运动对机械生产技术的否定到新艺术运动对机械生产技术的适应，新建筑形式、新产品形

贝聿铭设计的法国卢浮宫新入口

态层出不穷，至崇尚技术文明的现代主义设计发展时期，不仅产品的功能甚至产品的外在形式也具有了强烈的技术色彩。如在建筑领域出现了大量美观实用且轻巧坚固的钢筋混凝土、玻璃等材料的建筑，由贝聿铭设计的卢浮宫新入口以钢架与平板玻璃构成的现代金字塔，正是凭借轻灵的现代技术感与卢浮宫老建筑群的传统魅力交相辉映。

20世纪40年代开始兴起的信息技术以电子技术为基础，引发设计及生产模式的新变革，使设计从有形设计扩展到了虚拟的无形设计，高科技成为现代设计的明显特征，"设计—生产—消费"之间通过信息传递和市场双重纽带连接起来，信息传递的连接作用越来越明显。在信息技术极大发展的今天，高科技为设计师的创作提供了新的平台，使设计师们拥有了更大的创作和想象空间。计算机辅助设计软件的运用，极大地提高了产品设计的质量和速度，产品设计越来越智能化。微电子技术的发展，对新材料、新能源的开发与应用，完成单个产品功能所需要的时间和成本都在下降，设计师们可以不必花费很多时间制作成品，而把大部分精力花在设计的构思和创意上。可以说，信息技术的发展从根本上改变了人们的生产、生活方式，数字化生产方式给人们带来了空前的"人造物"繁荣景象，使人们开始有精力思考设计在资源消费与社会可持续发展中应该承担的作用，设计也正在利用各种多媒体信息技术进行着新的尝试，可持续设计已成为设计发展的主流。

综观设计发展历程，可以看到设计与科学技术是不可分离的。设计是科学与艺术的结晶，产品设计中的材料、结构、功能等因素与科技是息息相关的，材料的开发、制造技术的应用、表面处理、废料处理与利用等都离不开科学技术的作用。每一种新技术的出现都为设计的发展输入了新的动力，促进了新的工艺品类的产生。技术与设计是共同促进发展的，技术为设计的发展提供了物质和技术条件，设计则

科学设计（以科学或其他为基础的设计）	科学设计就是现代的工业化设计——区别于工业革命前的手工设计——是以科学知识为基础进行的，且有意无意间运用了设计技巧。"科学设计"的概念或许不会引起争议，它只是现代设计实践的现实反映。
设计科学（设计即科学）	设计科学是指一种精心设计的、合理的和完全系统化的设计；不仅仅在艺术品中运用到了科学知识，而且从某个方面来讲设计本身就是一项科学活动。这显然是一个争议很大的概念，很多设计师和设计理论家都对此提出了异议。
设计学科（设计作为一个科学研究目标）	W.Gasparski 和 A.Strzalecki《对设计科学的贡献：行为透视》刊载于《设计方法和理论》1990年第2期第24页，认为"设计学科（应该）理解为就像一门科学学科一样，是把设计作为引起人认知欲望的目标结合起来的分支学科"。 所以后一种观点认为设计学科用于研究设计——就和我在别处所定义"设计方法"相类似；用于研究设计原理，实践和过程……对设计的研究为解释设计的本质打开了大门，所以我在此建议设计学科定义为实质的工作，即通过科学的（换言之，系统化的、可靠的）研究方法来提升人们对设计的理解。而且我们应清楚"设计学科"不同于"设计科学"。
设计，即一门学科	实证主义者西蒙提出"设计学科"可以为脑力工作与艺术、科学和技术的联系奠定根基。他的意思是设计研究可以成为一门跨学科的研究，能够参与到所有制造人工世界的创造活动中，所以设计是一门学科，即意味着可以根据自身的情况，按照自己严格的文化进行研究。它可指以设计反映的现实为基础的一门学科：设计是一门学科，但不是科学……深层意思就是这门学科包含各种各样的知识，在设计实践中不同的专业领域之间的差异很大，考验着每个人的悟性和能力，特别是设计师……我们应避免让我们的设计研究陷入科学或艺术所产生的不同文化的泥潭之中。

将技术成果以物态化的形式表现出来，使技术更方便地应用于人类的生产和生活。作为一名优秀的设计师，必须及时了解国内外科学技术新动向，要经常考虑如何应用新技术、新材料、新工艺来改进现有的产品，开发新产品，增加产品的附加值。因此，科学技术是开发设计新产品、提高产品质量、增加产品附加值、树立良好企业形象的重要保证。设计师应保持清醒的科学技术意识，有人也因此提出设计教育必须变革，强调"设计离不开科学技术"[①]，引入科学技术人才从事设计教育，如世界著名设计教育学府英国皇家艺术学院[②]与英国帝国理工学院的紧密合作就是为解决设计与技术的问题。北欧设计教育强调以建筑为中心，以生态学、人机工程学、美学、材料学科为支撑的设计体系，处理设计与科学技术的关系，形成了具有北欧特色的柔性有机功能主义设计风格。美国设计教育强调设计学院与工程学院、商学院共同合作教学，来自设计、工程和市场三个专业领域的老师与学生一起研究，探讨关于新产品设计开发的理论、方法和工具。

4.材料要素

材料是设计的载体，同时材料本身具有审美因素，因而材料是设计过程必须考虑的因素，甚至在材料学研究的基础上，逐渐形成材料学与设计学的交叉分支学科——设计材料学，研究设计材料的物理

---

① Why design education must change. Donald Norman, core77, November 26, 2010.

② 英国皇家艺术学院（The Royal College of Art, RCA）创建于1837年，原名为"The Government School of Design"，从事研究生教育，没有本科生，设有建筑学院（含建筑、室内设计专业）、视觉传达设计学院(含动画、信息体验设计、视觉设计)、设计学院（含交互设计、产品设计、创新工程设计、服务设计、交通工具设计）、美术学院（含绘画、摄影、版画、雕塑）、人文学院（设计批评与历史、艺术与设计批评、现代艺术策划管理、设计史）、材料学院（含玻璃与陶瓷、男装设计、女装设计、金银首饰设计、纺织品设计），一些专业导师是英国帝国理工学院的教师，在职教师中有众多具有理工技术教育背景。

与美学特性。在设计发展历史中，材料的开发、使用和完善贯穿其始终。人类的设计文化从石器时代、陶器时代、铜器时代、铁器时代步入当今的人工合成材料时代，材料的特性促进了相应加工技术的发展，标志着人类文明的发展和时代的进步。随着设计发展经历的原始社会、手工业社会、工业化社会等不同的历史时期，设计材料的演变与发展也经历了几个不同的发展阶段，并成为设计阶段性特征的明显标志。原始社会是设计发展的起源和形成期，造物活动以天然材料的直接获取为主，如木材、竹、棉、毛、皮革、石材等，不改变材料在自然界中所保持的状态，或仅施加低度加工。漫长的历史进程中，从三四百万年前南非古猿起至新石器晚期，人类在通过劳动与自然斗争的过程中完成了从猿到人的转变，其标志是生产工具的制作，生产工具的加工与制作是此阶段设计发展的重要内容，石器、骨角器、木器等主要生产工具无一例外都是从自然界获取的天然材料。从原始社会后期开始，伴随着陶器、金属等工艺文明的发展，工艺技术的进步，人类进入了手工业社会时期，人造物开始使用不同程度的加工材料，这些材料均已改变了自然界中原始材料的形状及状态，如纸、金属、玻璃、陶瓷等。在一定程度上，由于材料加工程度及加工水平的不同，手工业社会设计发展出现了明确的阶层界限。如精致华丽的宫廷造物、清雅脱俗的文人造物与质朴实用的民间造物等。18世纪末19世纪初，机器大工业生产逐渐渗透到设计的各个领域，新能源、新动力带来了新材料的广泛运用，传统的木、砖、陶等天然及加工材料被优质钢材、轻金属及塑料、橡胶、纤维等合成材料大量代替。第二次世界大战之后，设计材料进入了广泛使用人造材料的阶段，复合材料、半导体材料、磁性材料等广泛应用于设计之中。在一些高新技术领域，如飞机、电子等行业，设计材料技术已经成为决定设计是否成功的关键因素之一。目前，世界上传统的设计材料已经有几十万种，而新的设计材料正在以每年大约5%的速度增长。材料的不同，必然带来设计的不同，新的材料产生了新的设计、新的造型形式，给人们带来了新的感受。20世纪90年代后，信息技术的运用，材料更深刻地影响了设计发展。

设计发展的历史也是设计材料的发展史。设计作为一种为满足某种需要的造物活动，首先要考虑到不同材料的性能、特性，包括材料物理特性，如重量、热学特性、电学特性、声学特性、光学特性等；化学特性，如耐久性、耐腐蚀性；力学特性，如弹性、塑性、黏性、韧性、粘度、硬度等；与人的生理、心理相关的感觉特性，如冷暖、庄重、色彩等；经济特性，设计是商品，商品就要考虑成本，材料的经济与否是设计考虑的因素。其次，设计要考虑材料的美学特征，充分利用材料固有的形式美。设计师选用材料要充分考虑材料的特性与产品功能之间的关联性，充分利用材料本身的质感、肌理创造美的产

设计材料的特性示意图

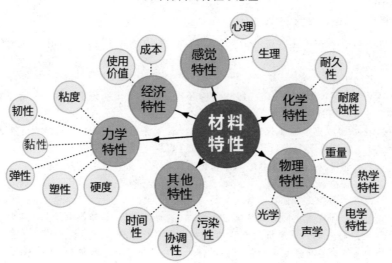

品。第三，设计材料的运用要考虑环保的要求。由于新科技、新工艺的不断出现，设计竞争的加剧，以及人们生活水平的日益提高，材料在设计中的地位也越来越重要，"设计—生产—消费—报废"过程中，材料对环境的影响也是设计师要考虑的问题。环境意识在人们心目中的地位日益提高，一方面，设计师要考虑设计的产品在使用时是否对人本身及其生活环境构成污染；另一方面，设计的产品在报废后是否对自然环境产生污染。

不同的材料有不同的质感、肌理，会产生不同的视觉语言。以家具中椅子的设计为例，其设计造型的变化与材料的应用和发展是密不可分的。传统的木质家具强调保留材料美感，重视工艺。18世纪以来，各类新材料、新工艺的出现，给椅子的设计与制作带来了新的契机，如由于合成树脂的迅速发展和高频胶合技术的应用，产生了一种新的椅子形态——胶合板椅。胶合板材料改变了原有木材的特性，椅子的结构、强度等均发生了变化，赋予椅子新的造型风格。芬兰建筑设计大师阿尔托[①]在20世纪30年代将富有韧性和弹性的多层桦木单板胶合起来然后模压成胶合板，制作了这一时代最具影响力的椅子。他通过改变胶合板的几层单板之间的相对位置使椅子背部弯曲成卷轴的形

---

① 阿尔托（Alvar Aalto，1989—1976）是芬兰现代主义建筑师，人情化建筑理论的倡导者。1921年毕业于芬兰赫尔辛基技术学院，后到欧洲各地考察建筑。回到芬兰后，在中部城市韦斯屈拉市开设自己的建筑事务所，开始了自己的设计生涯。1927年，把自己的设计事务所迁到图尔库市。1928年参加了国际现代建筑学会，1955年当选芬兰科学院院士。阿尔托在建筑上的贡献非常大，其知名度与美国的弗兰克·莱特、德国的格罗佩斯、米斯·凡·德·罗、法国的勒·柯布西耶等人齐名，与其他现代主义设计大师相比，他在功能主义的设计上有其独到之处。在处理建筑与环境、建筑形式与人心理需求之间的关系等方面取得了一定成就，是其他现代主义建筑设计师所没有做到的。他强调有机形态和功能主义原则相结合，在建筑中广泛使用自然材料，特别是木材等传统建筑材料与现代材料综合运用，创造一种与众不同的设计风格，在现代主义普遍缺乏人情味的设计中独树一帜。在强调功能的同时，注重设计的人文主义色彩和满足人们的心理需求，奠定了斯堪的纳维亚设计风格的基础。

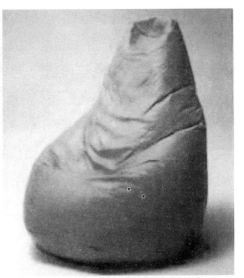

阿尔托设计的弯木成型椅　　　　　　　　皮尔罗·加提、凯撒·保利尼、弗兰科·特奥多罗设计的
　　　　　　　　　　　　　　　　　　　布袋椅 ，1968

状，造型简洁大方，充满雕塑感。又如新的合金技术和合成化学技术为椅子提供了各类高性能的轻质合金材料及高分子聚合材料，这一系列材料的问世，为椅子的造型设计开辟了更广阔的领域。设计师皮尔罗·加提（Piero Gatti）和凯撒·保利尼（Cesare Paolini）用乙烯基布看似随意地缝制成了一个锥状袋子，内装颗粒状聚苯乙烯泡沫球做成了布袋椅，该款椅子完全抛弃了传统椅子设计的结构感和造型规律，使用者可以随意而坐，在椅子的设计语言上是一次极大的突破，这种突破在一定程度上得益于新材料的创造性使用。

　　正因为材料作为设计载体的重要地位，所以设计材料学正在成为当今设计不可缺少的一门科学。它是保证设计对象物质功能实现的一种手段。任何设计都是通过物质材料实现的，从而对材料性能、规格、特性和用途的研究是设计师必须具备的知识。产品的功能包括物质属性的实用功能和精神属性的心理功能，因而在设计中要考虑设计材料的物理属性和审美属性。因而设计材料学要从材料的两个方面进行研究，一是保证产品实用功能的，如比重、强度等的研究；二是材料的形状研究，如质感、肌理、与人的远近感，以及自然材料、人工材料的审美特性研究。设计材料学和设计物理学是实现设计的理论和物质依据。设计的实用功能和审美功能是一个有机整体，设计材料学为二者的有机结合提供理论依据和最优的设计方法。设计材料学虽然刚从材料学脱胎出来，但其发展非常迅速，尤其是在高科技领域，其作用日趋重要。

设计离不开材料，设计师只有充分认识设计材料的特性，并结合设计加以合理利用，注意材料的加工技术，才能设计出真正的好产品。

5.功能要素

设计的目的是实现设计物的功能以解决人们生活中的某一问题，只有在实现设计物功能的基础上，再考虑其他因素才有意义。相对于设计物的材质、色彩、结构、装饰等显性元素，功能是一个抽象概念，只有在使用过程中才能体现出来。设计物的功能虽然不能被设计者和使用者直观地把握，但它是设计者设计行为的核心，也是使用者购买行为的目的，所以设计师在进行设计行为之前，首先要明确设计对象的功能结构体系，才能明确设计的方向，做到设计行为有的放矢。设计的功能是设计物满足人需求的实际效用，人的需求包括生理需求和心理需求两个层面，因此按照设计功能满足目的的不同，设计物的功能也应当包括物质功能与精神功能两个方面：

第一，设计物的物质功能是指设计物能够满足使用者物质需求的实用价值，是人自身生理功能的扩展和延伸，是设计物精神功能的物

理查德·萨伯：调料盛具设计，1984

质载体，如建筑设计是为了创造和改善居住的内外空间，交通工具的设计是为了更安全快速地抵达目的地。消费者在选购产品时，首先应当注意的就是设计物的物质功能，"当这些工业产品走上'公共广场'和面对消费者的检验时，就不能靠说大话，而是靠其真正的功能和它给人们带来的真正的满足"[1]。各国设计界对设计物物质功能的重视是毋庸置疑的，即使以打破功能主义著称的意大利的阿莱西公司，在推出作品时，也要考虑实用功能的合理化，比如设计师理查德·萨伯1984年设计的一款调料盛具，瓶盖设计为转轴倾斜样式，当使用者倾倒调味品时，盖子自然打开；放置盛器时，盖子自然盖上，方便而卫生，很好地解决了物质功能问题。物质功能的实现一方面与设计物本身的技术性能有关，即操作的便捷性、安全性及功能的多样性等技术条件，另一方面也与产品使用的环境密切相关，即该产品在设计、制造或使用过程中要考虑温度、噪音、废弃物等对环境造成的影响。总之，物质功能是设计物的核心，设计者必须在保证实现设计物物质功能的前提下，综合考虑材质选择、工艺加工、形态色彩等设计细节以及与设计物使用环境的关系问题。

第二，设计物的精神功能主要包括设计物的认知功能、象征功能和审美功能。首先，认知功能是由设计物的材质、肌理、色彩、装饰等外在设计语言指示和传达设计物的功能特性和使用方式，提示使

① [法]马克·第亚尼《非物质社会——后工业世界的设计、文化与技术》[M]，滕守尧译，成都：四川人民出版社，1998年版，第63页。

用者应该如何使用设计物，如书籍设计的版面、文字排列方式等对人们阅读方式和阅读行为的指示和引导，家用电器设计的造型、色彩及界面设计对使用者操作过程的提示等。认知功能是人通过感觉器官接受设计自身信息的刺激，形成整体的知觉，再产生相应的概念或表象实现的，包括设计物指示功能和展示功能。指示功能是设计实用功能的外在说明和表征，如洗衣机上的各种开关展示着自身功能如何运行等。展示功能以图像、声音或概念直接传达、表达复杂的思维成果，是实用功能的传播者，如产品包装、广告、橱窗、展览、陈列、报纸、杂志以及音像制品都具有这种功能，随着信息技术的发展和完善，认知功能对人的影响日趋增大。象征功能则是设计物的色彩、材质、结构等设计符号所具有的象征意义，它折射了设计物的社会意义

山西王家大院

和设计伦理观念，如服装设计对使用者经济地位、社会地位、个人品位、职业特征及个性特征等情况的反映。以建筑设计为例，古代汉族民居建筑受儒家文化影响明显，在布局、结构和规模上，都体现了封建礼制观念。如著名的山西王家大院是清代民居建筑的集大成者，由太原王氏后裔——静升王家历经康熙、雍正、乾隆、嘉庆四个时期建成，包括高家崖、红门堡两大建筑群和王氏宗祠等。高家崖、红门堡东西相对，红门堡建筑群的总体布局，隐含一个"王"字在内，又附会着龙的造型。高家崖各厅堂及居室，依照"尊卑分等，贵贱分级，上下有序，长幼有伦，内外有别"的封建礼制设计。设计的审美功能是通过它的外在形式，如色彩、装饰、造型引起人的审美感受，从而满足人的某种审美要求。设计美属于设计哲学的范畴，并形成独立的设计学科——设计美学。有关设计审美问题是当今的热点问题，本书亦有专门叙述。

6. 结构要素

自然辩证法里的"结构"是同"功能"相对的一对范畴。结构是指物体各系统内组成要素之间相互联系、相互作用的方式。客观事物都是以一定的形式存在、运动和变化。物质结构可以分为时间结构和空间结构，任何事物的系统结构都是时间结构和空间结构的统一。功能是指物质系统所具有的功效、作用和能力。物质系统一定的结构规定并限制物质系统功能的性质、水平、范围、大小。对设计而言，结构就是设计材料在整个产品系统中，利用一定技术的组合方式和存在方式。结构与材料不可分，设计结构总是由一定的材料组合起来的，材料也是按一定结构组织起来的，同种材料采用不同的结构就会产生不同的功能。做一张桌子，腿与桌面采用何种结合方式，采用钉

2010年上海世博会中国馆"东方之冠"的造型来源于斗拱结构　　悉尼歌剧院

子钉、榫头铆、绳子捆、焊接还是一次成型，肯定受到桌子材料（如木材、钢材、塑料）和不同历史时期设计技术的限制。石器时代用石头加工木、陶等，其结构自然简陋。即使如此，我们祖先也创造出了令人惊叹的技巧和结构，如大汶口遗址出土的石斧，用钻孔的方法穿过绳索和苇条把它固定在木棒的另一端。冶铁技术的出现，使铁制工具的使用成为可能，人类开始利用锋利的铁器凿制复杂的木质产品结构，相传鲁班用从高粱秆编蝈蝈笼子获得灵感，创造了中国传统建筑的梁椽结构。在技术和材料高度发达的信息时代，设计的结构技术更复杂多样，电子线路、集成电路、核反应堆以及北京"鸟巢"、悉尼歌剧院的建筑都是新技术、新材料的应用所造就的非常独特、精妙的设计结构。

　　任何一种设计都是由某种材料以一定方式结合起来，具有一定功能的物质系统。材料、结构、功能、形式是一切设计的基本属性，它们从不同方面构筑了一件件的具体设计。19世纪西方建筑界，如美国的芝加哥学派①开始从材料、结构、形式、功能关系中研究设计中的美学问题。现代技术美学、设计美学也以设计作品为出发点，分析设计构成，把握材料、结构、形式、功能之间的关系。设计结构具有"层次性、有序性和稳定性"。结构的层次性是指设计的结构由若干层次组成，而每一个层次又由它赖以存在的材料组成；结构的有序性是指任何产品的结构是合目的性与

芝加哥学派代表人物沙利文设计CPS百货公司大楼

规律性的统一，因为设计是按照设计意图和一定工艺技术，结合客观需要，有目的、有规律地建立起来的；结构的稳定性，是指产品一旦成为客观存在，成为一个有序的整体，它在空间结构和时间结构上，构成它的各种材料之间具有相对的平衡性，使设计具有安全性、可靠性，在一定时期内发挥其自身的功能。材料是设计结构的承担者，材料按照一定结构排列就构成设计的功能；形式是设计材料和结构的外在表现形式，同时材料本身的某些属性如色彩、质感、肌理、软硬等直接作用于人的感观，本身具有形式因素；结构则是设计要素内部组合方式，决定设计的功能，有什么样的结构就有什么样的功能；材

① 芝加哥学派：在欧洲的新艺术运动传入美国之前，19世纪70年代美国建筑界就出现了一个重要的设计流派——芝加哥学派。它以大胆的现实主义态度和符合工业化时代精神的设计理念，在设计史上占有重要的地位，尤其是在高层建筑的发展上作出了卓越贡献。学派的主要代表人物有伯纳姆(Daniel H Burnham, 1846—1912)、詹尼(William Le Baron Jenny, 1822—1907)、鲁特(Wellborn Root, 1850—1891)、艾德(Dark Mar Adler, 1844—1900)、沙利文(Louis·H Sullivan)等。芝加哥学派在设计发展上的主要贡献表现在：在建筑材料上，大胆采用新材料；在建筑形式上，大胆采用钢架结构的高层建筑形式；在建筑理念上，追求"形式服从功能"。

料、结构、形式共同作用实现设计的功能；结构和材料是设计的物质基础；形式是设计认知和审美功能构成的重要因素。

设计涉及的因素有很多，在设计中绝不能孤立考虑某一因素，而应从具体的设计要求出发，将各因素综合起来进行研究，遵循实用、经济、美观的原则，做到设计技术的先进性与生产现实相结合、设计中可靠性与经济性相结合、设计的创造性与科学的继承性相结合。

（三）设计思想

设计思想是指设计师在设计构思及设计过程中的思维模式及逻辑模式，亦指设计师设计行为一贯遵守的设计思维方针及模式，是对设计本质问题的思考与观点，涉及设计的本质、设计的功能、设计生态、设计管理和设计批评等众多领域。设计思想一般贯穿于整个设计行为的始终，是设计师设计风格的内在表现。当一件设计作品具有设计深邃巧妙思想时，会被称为富有设计思想的作品。意大利评论家乌别托·艾克说："如果其他国家把设计看做是一种理论的话，那么意大利则有设计哲学，或者设计意识形态。"①

中国虽然现当代设计实践落后于西方发达国家，但古典设计文献孕含的设计思想远远超过西方发达国家，具有丰富的思想内涵。

首先，中国古代设计思想具有丰富的哲学内涵。古代工艺美术、建筑以及水利工程设计都取得过突出成就，但在占统治地位儒家的"农桑为本，工商为末"、"重义轻利"、"不尚技巧"、"形而上者谓之道，形而下者为之器"等主张影响下，从事具体设计实践的工匠不被重视。但针对"形而下"设计实践的"形而上"思考却十分发达，而且形成独特的设计理论体系。先秦诸子文献表现得最为突出，《墨子》、《老子》、《韩非子》和《管子》等都包含着丰富的设计思想，并通过

---

① Penny Sparke. Design in Italy（《意大利设计》）. New York：Abbevlle Press，1987年版，前言。

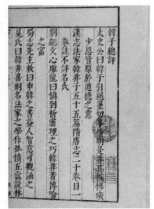

《墨子》，清光绪二年浙江书局刊本　　《韩非子》，明万历间刻本

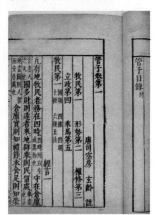

《老子》，明芸窗书院刻本　　《管子》，明万历十年（1582）赵用贤刻本

具体事情或寓言故事表现出来。《墨子》设计思想是其经济思想的重要体现，经济上主张"强本节用"，在设计（工艺）上则"注重产品的实用功能"，"其为衣裳何以为？冬以圉寒，夏以圉暑。凡为衣裳之道，冬加温，夏加清者，芊鉏；不加者，去之。其为宫室何以为？冬以圉风寒，夏以圉暑雨。有盗贼加固者，芊鉏；不加者，去之。""其为舟车何以为？车以行陵陆，舟以行川谷，以通四方之利，凡为舟车之道，加轻以利者，芊鉏；不加者，去之。"（《墨子·节用上》）强调衣服、

宫室、舟车设计制造要以实用功能为出发点，并主导着墨子造物观念，升华为一种设计伦理思想。《老子》"有无之说"更是从哲学高度阐释了人类造物"虚实"、"有无"等空间转换关系。"三十辐共一毂，当其无，有车之用；埏埴以为器，当其无，有器之用；凿户牖以为室，当其无，有室之用。故有之以为利，无之以为用。"（《老子·十一章》）老子这里所说的就是"有"、"无"的辩证关系，即实在之物与空虚部分的辩证关系。美国建筑师弗兰克·莱特非常推崇老子的"有无之说"，并提出"有机建筑"思想。《韩非子》设计思想多通过寓言故事表现出来，最具代表性的就是"玉卮无当"和"鲁人迁越"。"堂谿公谓昭侯曰：'今有千金之玉卮，通而无当，可以盛水乎？'昭侯曰：'不可。''有瓦器而不漏，可以盛酒乎？'昭侯曰：'可。'对曰：'夫瓦器，至贱也，不漏，可以盛酒。虽有千金之玉卮，至贵而无当，漏不可盛水，则人孰注浆哉？'"（《韩非子·外储说右上》）阐述的是产品实用与材料贵贱（材料本身的价值，包括审美和礼教功能）之间的关系，也可理解为产品实用与审美的关系。这一问题是现代主义和后现代主义设计争论的焦点之一。"鲁人身善织屦，妻善织缟，而欲徙于越。或谓之曰：'子必穷矣。'鲁人曰：'何也？'曰：'屦，为履之也，而越人跣行；缟，为冠之也，而越人被发。以子之所长，游于不用之国，欲使无穷，其可得乎？'"（《韩非子·说林上》）阐述的是产品设计、生产与市场之间的关系，而市场形成又与自然、社会等多种因素密切相关。在自然经济占主导地位，商品流通不发达的社会条件下，在不穿鞋、戴帽的地区设计和生产这两种产品，其结果可想而知。

其次，中国古代设计思想大多以"考工"之名分布于各类文献之中。"考工"是古代职官名，汉朝少府属官有"考工室"，太初元年（前104）更名为"考工"，主管制造兵器、弓弩及织绥诸杂工①。从古典文献记载看，"工"是主管某一行业的官员，如："五鸠，鸠民者也。五雉为五工正。五雉，雉有五种：西方曰鷷雉，东方曰鶅雉，南方曰翟雉，北方曰鵗雉，伊洛之南曰翬雉。贾逵云：西方曰鷷雉，攻木之工也。东方曰鶅雉，抟埴之工也。南方曰翟雉，攻金之工也。北方曰鵗雉，攻皮之工也。伊洛之南曰翬雉，设五色之工也。""帝尧命垂为工以利器用。"《左传·昭公十七年》）"《礼记·曲礼》六工有土工、金工、石工、木工、兽工、草工。《周礼》有攻木之工、攻金之工、攻皮之工、设色之工、抟埴之工，皆是也。"②《古今图书集成·经济汇编·考工典》辑录的是古代与

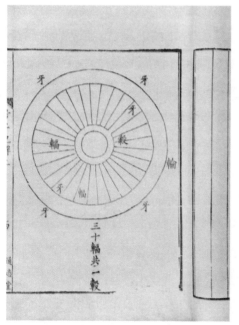

［宋］林希逸撰《虞斋考工记解二卷》，［清］纳兰性德辑，清康熙十九年通志堂刻本

① 广陵书社编《中国历代考工典》[M]，南京：江苏古籍出版社，2002年版，第1页。

② 广陵书社编《中国历代考工典》[M]，南京：江苏古籍出版社，2002年版，第1—2页。

设计密切相关的文献，共250卷，分154部（类）①。辑录文献涉及工艺、建筑、日常用品、生产工具等内容，有的图文结合，对研究中国古代设计具有重要作用。以《考工记》②为例，该书是中国第一部

① 《古今图书集成》是中国现存最大的类书，康熙四十年至四十五（1701—1706）由陈梦雷主持修成，雍正四年至六年（1726—1728）蒋廷锡重新校正编写，并排成铜活字印刷，共6编，32典，即历象汇编，包括乾象、岁功、历法、庶征4典；方舆汇编，包括坤舆、职方、山川、边裔4典；明伦汇编，包括皇极、宫闱、官常、家范、交谊、氏族、人事、闺媛8典；博物汇编，包括艺术、神异、禽虫、草木4典；理学汇编，包括经籍、学行、文学、字学4典；经济汇编，包括选举、铨衡、食货、礼仪、乐律、戎政、祥刑、考工8典。共6109部，每部包括汇考、总论、图、表、列传、艺文、选句、纪事、杂录、外编等。这部类书几乎把古代重要文献都涵盖在内，功能相当于"二十四史主题分类汇编"、"十三经主题分类汇编"一类的工具书，收录文献多为整段、整篇、整部的古籍原文，且注明出处，便于查核、检索和深入研究，内容极其丰富，英国科学史家李约瑟称该书为"康熙百科全书"，他在撰写《中国科技史》时，"经常查阅的最大百科全书是《古今图书集成》"。《考工典》包括考工总部、工巧部名流列传、工巧部总论、木工部、土工部、金工部、石工部、陶工部、染工部、漆工部、织工部、规矩准绳部、度量权衡部、城池部、桥梁部、官室总部、宫殿部、苑囿部、公署部、仓廪部、库藏部、馆驿部、坊表部、第宅部、堂部、斋部、轩部、楼部、阁部、亭部、台部、园林部、池沼部、山居部、村庄部、旅邸部、厨灶部、厩部、厕部、门户部、梁柱部、窗牖部、墙壁部、阶砌部、藩篱部、窦部、砖部、瓦部、器用总部、玺印部、仪仗部、符节部、伞盖部、幡幢部、车舆部、舟楫部、尊彝部、卣部、壶部、盉部、罍部、瓮部、瓶部、缶部、甒部、瓶部、爵部、斝部、觚部、觥部、斗部、角部、杯部、卮部、瓯部、盏部、觞部、瓢部、勺部、玉瓒部、杂饮器部、鼎部、釜部、甑部、鬲部、甗部、簠簋部、笾豆部、盘部、匜部、敦部、洗部、钵部、盂部、盆部、碗部、匕箸部、杂食器部、几案部、座椅部、床榻部、架部、柜椟部、筐筥部、囊橐部、机杼部、梳栉部、杖部、笏部、扇卷部、拂部、枕部、席部、镜部、衾部、灯烛部、帷帐部、被褥部、屏幛部、帘箔部、笼部、炉部、唾壶部、如意部、汤婆部、竹夫人部、熨斗部、锥部、钩部、剪部、椎凿部、铃柝部、砧杵部、管钥部、鞍辔部、槽枥部、鞭策部、绳索部、杂什部、耒耜部、锹锄部、镰刀部、水车部、桔槔部、杵臼部、磨碨部、连枷部、箕帚部、杂农部、网罟部、磁器部、奇器部、古玩部、棺椁部、溺器部。

② 成书于春秋时期，是齐国人记录手工业技术的官书。西汉河间献王刘德整理先秦文献时，因《周官》缺《冬官》而以《考工记》补入。刘歆将《周官》改为《周礼》，因而又称《周礼·考工记》。《考工记》入《周礼》自有其道理，《周礼》是记载先秦政治制度的文献，分天官、地官、春官、夏官、秋官和冬官六篇。"冬官"管"百工之事"，《冬官》篇散失，以《考工记》补充，顺理成章。

工艺著作，也是世界上最早的科技文献，记载了"百工"之事，涉及工艺技术及设计理论等。《古今图书集成·经济汇编·考工典》记载："攻木、攻金、攻皮、设色、刮摩、抟埴之工仍皆隶于冬官。……《周礼·冬官》则记考工之事，与此不同，盖本缺《冬官》，汉儒以《考工记》当之也。"①《考工记》内容包括：总论叙述了"百工之事"的缘由及特征，而后几篇主要叙述古代官营手工业及家庭手工业的工种、做法及规则；攻木之工，

明代造纸工艺图——图出宋应星《天工开物》

木工艺，包括轮、舆、弓、庐、匠、车、梓，共七工；攻金之工，金属工艺，包括筑、冶、凫、栗、段、桃六工；攻皮之工，皮革工艺，包括函、鲍、韗、韦、裘五工；设色之工，染织工艺，包括画、缋、钟、筐、帧五工；刮摩之工，雕刻工艺，包括玉、楖、雕、矢、磬五工；抟埴之工，制陶工艺，包括陶和瓬两工。《考工记》记载的技术大多已经失去实用价值，但对中国古代设计史、科学技术史、美学史研究具有重要作用。英国科学史家李约瑟认为《考工记》是"研究中国古代科学技术史的重要文献"，美学家朱光潜认为《考工记》是"研究中国美学史的重要资料"，科学史家钱宝琮认为"研究中国科学技

---

① 广陵书社编《中国历代考工典》[M]，南京：江苏古籍出版社，2002年版，第2页。

术史，应该上抓《考工记》，下抓《天工开物》"①。《考工记》的学术价值早已受到重视，并出现了一些研究《考工记》的专门著作。著名艺术学家张道一先生在《考工记注译》一书中从"人与物、物与社会的关系；创物与造物；工艺的概念与定义；设计和制作原则；人的尺度；功能的发挥；实用与审美的统一；总体规划与设计；工艺技术的综合运用；科技成就的记录；人文观念；象征意义"等方面系统概括了《考工记》的价值②。《考工记》除了设计史、美学史、科技史研究的价值外，其包含的设计思想对当今设计实践具有指导意义。"天有时，地有气，材有美，工有巧。合此四者，然后可以为良。材美工巧，然而不良，则不时，不得地气也。"结合今天的设计实践，可以阐释为设计与材料、设计与工艺、设计与环境（可以拓展为自然和人文环境）的关系，这些问题都是现代设计理论所关注的，可以理解为"生态设计"观，也折射了贯穿于中国古代设计实践中"天人合一"的设计哲学思想。

1."天人合一"设计生态观

在中国，长期占据统治地位的哲学思想无疑是"天人合一"思想，这一思想不但在儒家思想的经典论著中有鲜明的阐释，而且释、道两家也坚持"天人合一"观念。"天人合一"作为一种哲学观，已经深深融入我国文化的广泛领域，在受西方工业文明影响之前的中国传统设计，也蕴含着丰富"天人合一"设计思想。文化生态学者认为，自然环境与主体价值观念之间是一种弱相关的关系，两者之间存在着多种变量，只有充分理清人、自然、社会、文化等各种变量之间

---

① 闻人军《考工记导读》[M]，成都：巴蜀书社，1996年版。

② 张道一注译《考工记注译》[M]，西安：陕西美术出版社，2004年版，绪言。

的关系，才能说明环境诸因素在文化发展中的作用和地位，进而阐释文化类型和文化模式怎样受制于环境。根据人在影响环境时发挥能动作用的弱强，依次可以划分为地理环境、经济环境、制度环境三个层次。按照马克思唯物主义理论，这三个层次由前至后，是一种决定主导关系，即一定的地理环境决定了处于此处的人们的经济环境，而经济环境进一步决定了人们的制度环境。制度环境其实是一种形而上的意识形态文化的集合，中国古代设计所遵循的"天人合一"思想属于其中的一部分，其与中国古代特定的自然环境和经济环境有着密切的关系。成书于战国时期的《礼记·王制》认为："凡居民材，必因天地寒暖燥湿，广谷大川异制，民生其间者异俗，刚柔轻重，迟速异齐，五味异和，器械异制，衣服异宜，修其教不易其俗；齐其政不易其宜。"①分析了自然环境对人们生产生活乃至文化的影响，自然环境的差异导致了不同地域文化差异。当人与自然发生矛盾时，中国先人注重从主体分析原因，以实现人与自然的和谐统一；而西方则力图对自然进行改造，以达到人的目的。"古希腊的哲学家们大都是自然科学家，他们注重自然奥秘的探索，认为知识是构成德行的最主要的部分。在亚里士多德看来，要有德行必得有知识，道德就在于认识真理……培根大声疾呼'知识就是力量'。爱尔维修认为，'真正的幸福是对知识的爱'，有了知识，'人就有了一切'"②。因为西方文化对自然探索的热衷，其自然科学才发展迅速，促进了工业文明的发展，从而西方科学技术和社会发展进程加快。但是由于只沉浸在征服自然的获取中，忽视了环境生态问题，发达的科学技术也带来了前所未有的环境恶化问题，于是西方又将目光转向

---

① 转自毛曦《地理环境影响文化发展的理论思考》[J]，《唐都学刊》，2001年，17（3），第55—61页。

② 许苏民《中华民族文化心理素质简论》[M]，昆明：云南人民出版社，1987年版，第54—55页。

中国几千年来推崇的"天人合一"思想。季羡林先生说过:"东方哲学思想的基本点是'天人合一'。什么叫'天'?中国哲学史上解释很多。我个人认为,'天'就是大自然,而'人'就是人类。天人合一就是人与大自然的合一。"① 在中国人心中,"天"就是义理、道德、命运、人格等方面的主宰,就如同自然之天一样具有强大的威力,能够惩恶扬善。所以"天"就是自然之天,"人"与"天"的关系就是人与自然的关系。只有将"天"落实到客观实在——自然界的基础上,人们才能够真正地感受到"天人合一"的效应。一个比较现实而又容易理解的行为就是造物。其中包含两层涵义,一个是创造的主体,另一个是创造的客体。主体指的是人,而客体则是存在于自然界中的各种材料。只有将人的主体能动性和自然材料的客观存在有机结合起来,才可能产生另外一种原本世界上不存在的物体——人造物。如果没有人类,造物就根本无从谈起;如果没有客观的各种材料,那么造物就失去客观存在的基础。所以只有将"天"(自然)与"人"统一起来,才能设计出生活所需的物品。

2. "材美工巧"设计的系统论

《周礼·考工记》明确提出"材美工巧"造物思想,也是"天人合一"哲学思想在设计实践中的体现。从字面意义来分析,"材美工巧"思想包含了四种设计因素(天时、地气、材美、工巧),将"天时"、"地气"、"材美"、"工巧"四个原则按照系统论方法进行现代"语释"就具有丰富的设计思想内涵,并对当今设计具有重要指导意义。关于"材美工巧"造物思想的含义,笔者认为应该从以下两个方面对其进行理解:

---

① 季羡林《"天人合一"方能拯救人类》[J],东方出版社,1993年版。

其一，"材美工巧"是一种系统设计观，体现了"天时"、"地气"、"材美"、"工巧"四项设计原则是相互联系、密不可分的。"天时"对"地气"有影响，"地气"对"天时"也有反作用，最重要的是"天时"和"地气"又会对"材美"产生重大的作用，因为造物活动最终是人与物发生关系，可以说"材"美与否在很大程度上取决于"天时"和"地气"是否适宜。这种思想在《考工记》里面也有系统分析和论证。在阐述"天有时，地有气，材有美，工有巧。合此四者，然后可以为良。材美工巧，然而不良，则不时，不得地气也"设计原则的同时，《考工记》列举一系列的例子证明这一设计思想：

橘逾淮而北为枳，鸜鹆不逾济，貉逾汶则死，此地气然也。

郑之刀，宋之斤，鲁之削，吴粤之剑，迁乎其地而弗能为良，地气然也。

燕之角，荆之干，妢胡之笴，吴粤之金锡，此材之美者也。

"地气然也"，在设计领域最终体现的是"人"与"物"的关系，虽然在造物过程中"地气"因素不可忽视，但是在材料生长（如木材等植物材料）或蕴藏（如铜或铁等矿物材料）过程中，"地气"的影响也是非常大的，不同的地理环境中产生的材料在质地、肌理、分子结构等方面可能是不同的，因而"地气"更多的作用是对"材美"的影响。"郑之刀"、"宋之斤"、"鲁之削"、"吴粤之剑"一旦"迁乎其地"，到了另一个全新的环境中，材料就"弗能为良"了。这说明一个地域特殊的环境对当地材料的影响是非常明显的。"燕之角，荆之干，妢胡之笴，吴粤之金锡"更说明不同地域的材料在不同环境的影响下，会出现不同的物理或化学特性，从而使得不同的地域盛产不同优质的材料。

其二，"材美工巧"是主观与客观有机结合的设计思想。"天

《考工记》有关弓的六材及要求

六材	功用	材料来源	选材要求	季节与材的加工
干	以为远	柘、檍、㮾桑、橘、木瓜、荆、竹	凡相干，欲赤黑而阳声	冬析干
角	以为疾	牛角	凡相角，欲青白而丰末	春液角
筋	以为深		凡相筋，欲小简而长，大结而泽	夏治筋
胶	以为和	鹿胶、马胶、牛胶等	凡相胶，欲朱色而昔	
丝	以为固		丝欲沉	
漆	以为霜露		漆欲测	

时"、"地气"可理解为外在客观条件，"工巧"在于人主观能动性的发挥，而"材美"既包含了外在客观的因素，也蕴含了人类主观意识的选择。所以"天时"、"地气"、"材美"、"工巧"四项设计原则，可以归纳为客观规律性和主观能动性。在历代《考工记》注释中都有解读，如"天有时，地有气，材有美，工有巧。合此四者，然后可以为良。材美工巧，然而不良，则不时，不得地气也"。"王昭禹曰：'阴阳寒暑，在天运之以为时者也；刚柔燥湿，在地化之以为气者也。万物盈天地间，得时以生，得气以成，及其成材，天地之美具焉。'故曰工有巧，此四者相有以相成，合而用之，阙一不可。故曰，合此四者，然后可以为良。""郑锷曰：世不明寒暑燥湿之理，徒谓吾有美材矣，有工巧矣，不患乎器之不良也。而器之成，卒不甚善者，上不得天时，下不得地气而已。定故斩木者必顺其阴阳。阳木必斩于仲冬，阴木必斩于仲夏。……"[1]可见，"天时"、"地气"、

---

① 广陵书社编《中国历代考工典》影印本（共4卷）[M]，卷一，南京：江苏古籍出版社，2003年版，第6页。

设计原理

…059

"材美"、"工巧"四项设计原则应该是互相联系，共同作用于材料的形成以及造物的整个过程中。

3."用之所适，施之所宜"的设计观

除《考工记》阐述"材美工巧"是中国"天人合一"哲学观在设计上的体现外，该思想在《淮南子》[①]一书中也得到了充分体现，该书内容繁杂，兼收各家各派学说，但主要以道家思想为主，尤推老庄道家学派，以顺应自然、遵从自然规律为宗旨，强调"天地与我并生，万物与我为一"。在《淮南子·齐俗训》提到："马不可以服重，牛不可以追速，铅不可以为刀，铜不可以为弩，铁不可以为舟，木不可以为釜，各用之于其所适，施之于其所宜。"即人们不能使用马去拉非常重的车载，不能骑牛追求更快的速度，不能使用铅制作刀具，不能用铜制作弩箭，不能用铁制作舟船，不能用木材制作饭锅，要恰当地利用各种材料特性，将它用于制作合适的工具。它阐述的是设计与材料的关系，可以理解为设计过程要"物尽其用"。"用之所适，施之所宜"强调"宜"，"宜"可以理解为符合自然规律。造物的美是有条件的，必须"用之所适，施之所宜"，即必须各自都用在适当的方面，置于合宜的地方，这样才能发挥它们的有用性。判断一种造物材料是否具有价值，并不是看这种材料是否稀有，是否珍贵，用之于造物时是否形式美观，而是在于用这种材料制作某物品是否符合自然规律，是否符合材料的适用范围，是否使造物更具有实用性。一个用"宜"的材料制作的物品是美的，这样才能体现出材料的价值。当

① 《淮南子》又名《淮南鸿烈》《刘安子》，是我国西汉时期创作的一部论文集，《淮南子》之名始于唐，因其由西汉皇族淮南王刘安主持撰写故而得名。该书在继承先秦道家思想的基础上，综合了诸子百家学说中的精华部分，对后世研究秦汉时期文化起到了不可替代的作用。

然，"宜"也是有条件的，"宜"必定是符合自然规律，无论人设计制作什么物品，都要尊重材料本身的自然规律，这样才能造福人类。说明了实用美是不以人的主观意志为转移的，必须尊重客观规律。"夫竹之性浮，残以为牒，束而投之水则沉，失其体也。"（《淮南子·齐俗训》）改变了自然物的存在状态，破坏了材料的自然属性必定将失去其应有的使用价值。事物的美在于人的造物活动中的"宜"，是一种主观与客观的统一，人与自然的"和合共存"理想境界。人的主观意念必然会贯穿设计活动过程，材料的"适"与不适、"宜"与不宜都是通过主体的人来衡量与判断的，材料经过人类改造而出现的属性只有符合人的需求，才能把最终完成的物品称作是"宜"的。设计材料无贵贱之分，《淮南子》中在提出"用之于其所适，施之于其所宜"的基础上，并进一步阐述："夫明镜便于照形，其于以函实，不如筐；牺牛粹毛，宜于庙牲，其于以致雨，不若黑蜧。由此观之，物无贵贱。因其所贵而贵之，物无不贵之；因其所贱而贱之，物无不贱也。"把造物材料应用到它所最适用的地方，并且与人的需求不谋而合时，此造物材料的价值是无与伦比的，这与《韩非子》记述的"玉卮无当"的寓言故事具有同样的设计内涵。《淮南子·泰族训》还谈到人与自然材料关系问题："夫物有以自然，而后人事有治也。故良匠不能斫金，巧冶不能铄木，金之势不可斫，而木之性不可铄也。埏埴而为器，窬木而为舟，铄铁而为刃，铸金而为钟，因其可也。"意思是说自然万物按照自己的规律存在，然后人才能顺之而去制作。技术再高的木匠不能砍斫金属，技艺精湛的冶工不能熔炼木材，这是因为金属的特征决定了不能被砍斫，而木材的特性决定了不能被熔炼的缘故。揉和黏土制作陶器，挖空木头制作舟船，冶炼铁矿石制作刀具，浇铸金属制作乐钟，这些之所以能够成行，是

［宋］李诫撰，《营造法式》，大木作殿堂结构示意图

因为遵从了各种材料的特性。这段话强调必须承认自然材料的客观属性为先，人类施以合适的工艺在后，才能制作出合目的性的器物。这是在顺应自然事物客观规律的基础上，人类与之"合一"而造物的典型设计思想。

中国设计思想非常丰富，但没有形成系统的理论体系，其根本原因是缺少现代"语释"，西方文艺复兴的重要内容就是对古希腊罗马文化思想的解读和"语释"。中国古代文献浩如烟海，与设计思想相关的文献比较分散，这类文献包括以下几种类型：其一，零散的设计思想言论，先秦诸子及经学文献中这类设计思想丰富，阐述设计的根本问题，包括设计哲学、功能与形式、造物伦理观念等。如"为衣服，适身体，和肌肤而足矣，非荣耳目而观愚民也；为舟车也，锢轻利，可以任重致远。"（《墨子·节用》）"古之良工，不劳其智以

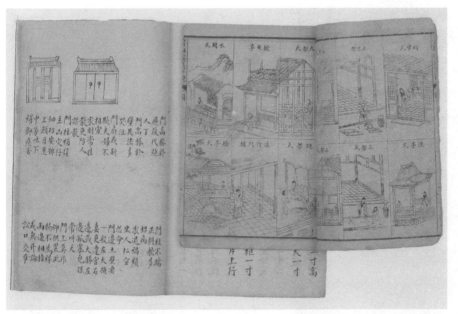

［明］午荣编，《鲁班经》，旧抄本

为玩好，是故无用之物，守法者不生。"（《管子·五辅》）"百工者，致用为本，以巧饰为末。"（《管子·潜夫论》）其二，单篇的文献，多收在古代文人别集中，如唐柳宗元《梓人传》、唐白居易《草堂记》、宋苏舜钦《沧浪亭记》等。其三，著作及后人注释、注疏、校勘等，如《考工记》及研究《考工记》著作，北魏杨衒之《洛阳伽蓝记》①、五代宋初喻皓著《木经》②、宋李诫撰《营造法式》、元朱景石撰《梓人遗制》、元王士点《禁扁》、明宋应星《天工开物》、明午荣编《鲁班经》、明黄大成撰《髹饰录》、明计成撰《园冶》、清朱琰撰《陶说》、元李斛《工段营造录》、清官府颁布《清工部工程做法》、清姚承祖撰《营造法原》等。其四，设计图录。古

---

① 一部记述佛寺建筑园林风物的专著。
② 已佚失，《梦溪笔谈》中略有记载。

人有"左图右书"①之说，文字文献是古典设计文献的重要组成部分，也是设计思想、设计史研究的主要资料来源，但不可忽视图录的设计文献价值。设计图录主要包括三类：金石文献中有关金石器物的图谱，如宋王黼《宣和博古图》、清梁诗正等奉敕编《西清古鉴》等；综合性文献中图文结合的设计文献，如明王圻编《三才图会》、明章潢《图书编》，明解缙、姚广孝编《永乐大典》，以及清《古今图书集成》等。《古今图书集成·经济汇编·礼仪典》、《经济汇编·考工典》的服饰、工具、器物、机械等图谱资料最为集中。仅《经济汇编·考工典》第二百四十九卷"奇器部"就收录"起重"设备11种，"引重"设备4种，"转重"设备2种，"取水"设备9种，"转磨"14种，"解木"工具4种，"解石"设备1种，"代耕"工具

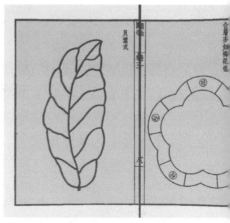

［明］计成撰《园冶》，民国二十年(1931)涉园陶氏据崇祯本重印

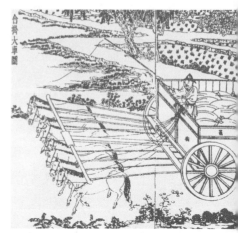

明代北方合挂大车——图出宋应星《天工开物》

1种，"水铳"4种，并配文字说明，是研究中国古代技术和设计的最重要的直观资料；设计专著的插图，李诫《营造法式》、宋应星《天工开物》等都有插图。其五，文人笔记或著作。文人别集、随笔、著作，特别是明清以来的文人著作，有关设计作品的描述，或对工匠的

---

① [明]郑棠《长江天堑赋》："桂楫兰舟，左图右书。"

记述，是研究古代设计思想和设计史的重要文献，如唐柳宗元《柳河东文集》之《梓人传》、白居易《白氏长庆集》之《草堂记》，北宋欧阳修《欧阳文忠公文集》、王安石《临川先生文集》、沈括《梦溪笔谈》、宋敏求《长安志》、李格非《洛阳名园记》，南宋张淏《艮岳记》，宋末元初周密《吴兴园林记》，明陶宗仪《南村辍耕录》、文徵明《王氏拙政园记》、王稚登《寄畅园记》、王世贞《弇山园记》、《游金陵诸园记》、文震亨《长物志》、刘侗、于奕正《帝京景物略》、祁彪佳《寓山注》，清顾炎武《历代宅京记》、李斗《扬州画舫录》、李渔《闲情偶寄》、钱大昕《网师园记》、袁枚《随园记》、吴长元《宸垣识略》、徐松《唐两京城坊考》等。欧阳修在《古瓦观》诗中说："砖瓦贱微物，得厕笔墨间。于物用有宜，不计丑与妍。金非不为宝，玉岂不为坚。用之以发墨，不及瓦砾顽。乃知物虽贱，当用价难攀。岂惟瓦砾尔，用人从古难。"（《欧阳文忠公文集》卷五十二）"于物用有宜，不计丑与妍"强调产品实用价值，与《韩非子》"玉卮无当"阐释的道理是一样的。王安石认为器物功能与装饰的关系："要之，以适用为本，以刻镂绘画为之容也而已。不适用，非所以为器也，不为之容，其亦若是乎？否也。然容亦未可已也，勿先之其可也。"（《临川先生文集》卷七十七）对于器物最重要的是"适用"，但也没有否认外观装饰的作用。李渔主张："一事有一事之需，一物备一物之用。"（《闲情偶寄·器玩部》）并从功能美的角度阐述了对建筑的见解："居宅无论精粗，总以能蔽风雨为贵。常有画栋雕梁、琼楼玉栏，而止可娱晴，不堪坐雨者，非失之太敞，则病于过峻。""窗棂以明透为先，栏杆以玲珑为主。然此皆属第二义。具首重者，止在一字之坚，坚而后论工拙。"（《闲情偶寄·居室部》）"明透"、"玲珑"是通过设计获得的形式美感，而

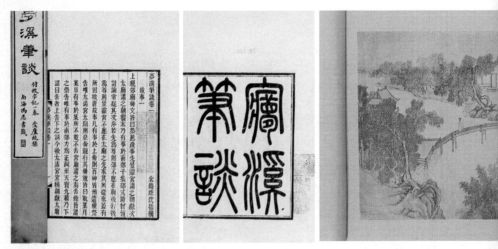

《梦溪笔谈》书影

李渔认为窗棂和栏杆的造型问题不是第一位的，最重要的是"坚"，即结实、耐用和实用，符合功能要求。"坚而后论工拙"是李渔设计思想的核心。中国古典建筑以木结构为主，木材作为建筑的框架，从使用寿命来考虑，就不能进行过分雕镂加工。"木之为器，凡合榫使就者，皆顺其性以为之者也。雕刻使成者，皆戕其体而为之者也。一涉雕镂，则腐朽可立待矣。"（《闲情偶寄·居室部》）由此可见，文人随笔、著作的设计学价值是不可忽视的。

分布于古代各类文献中的中国设计思想是非常丰富的，从阐述的内容来看，这些思想包括设计哲学思想、功能与形式的关系、设计与材料的关系、设计与环境的关系、设计的结构与造型问题、设计的工艺与技术、设计批评问题以及设计管理问题等与现代设计密切相关的范畴。在当今设计学迅速发展的时期，利用文献学和设计学的方法对古代设计思想进行整理和解读是设计学研究的重要内容之一。

二、设计伦理

二、设计伦理

伦理学或称道德哲学，是一门在人类社会复杂关系中，以道德和道德关系为主题进行研究的学科。"伦"原来指人与人之间的关系，"理"是道理和规则，"伦理学研究道德的起源和发展，人们的行为准则，道德的社会作用，道德教育和道德修养的方法等"①。设计伦理则是伦理学研究领域的拓展和丰富，它确定的"道理"和"规则"既包括设计系统中人与人之间的，也包括人与物、物与环境的，或者说设计伦理学是研究设计生态系统之间复杂的生态关系的伦理学分支学科，同时也是设计哲学下分支学科。设计伦理学是建立在伦理学基础上，将伦理观念与各种社会关系相联系，通过人的思想意识，运用一定的手段作用于设计生态系统之中，跨越物质社会（设计活动）的社会关系与思想的社会关系，展开的物质与伦理观念的矛盾研究，其任务是运用一定的伦理学观念与发展规律，基于人因和特定条件与环境，正确设置的行为准则与社会规范，通过物质的人工设计，从道德观念上求得人类社会的共同生存、平等、进步、秩序和安全，给予人类社会容易接受的造物实体，并促进整个社会道德教育。

---

① 《简明社会科学词典》编辑委员会编《简明社会科学词典》[M].上海：上海辞书出版社，1984年版，第350页。

　　本书"设计伦理"部分首先探索了设计伦理的学科属性问题，阐明了设计伦理学的交叉学科属性，涉及人体工学、材料学、行为科学、美学、市场学、社会学、系统工程学、设计表现技法等学科，在行为准则的基础上，把这些相互制约、相互联系的学科，与最终设计活动中的某一具体条件和环境中统一起来。对设计伦理学研究对象、方法和目标的探索，最终目的是指导设计实践。设计伦理学必须在作为设计者的人和作为消费者的人之间建立起和谐的关系准则，或者说是设计如何服务社会的问题，也是尊重人性的问题，这是一般伦理学也探索的问题。其次，设计伦理学研究要树立设计的文化意识，建立设计的传统及文化准则，促使设计在尊重文化的基础上创造文化，解决设计与文化的和谐问题。同时，设计伦理学研究必须建立起设计与自然环境的伦理法则，设计要尊重自然环境，使设计与自然之间建立起和谐的关系。树立设计的知识产权意识，尊重设计的劳动价值，建立设计师之间的和谐关系，也是设计伦理学的研究内容之一。这些问题都是设计过程面临的伦理问题，也是设计伦理无时不体现在设计实践之中的具体体现。

（一）设计伦理学

从设计学的学科体系看，设计伦理学属于设计哲学的范畴，是设计哲学的分支，哲学是各学科形而上的思考，是学科成熟的标志。设计哲学是个大概念，但对具体设计而言，主要指设计的原则、宗旨和目的。哲学观念直接影响人们对生活和实践的完整看法。无论设计师承认与否，设计都必然受到他的世界观、认识论和方法论的影响。

1.哲学与设计伦理学

设计的实现往往是一定哲学观念的产物。"设计哲学好像船上的舵，靠它能继续沿着有意义的方向前进。"设计哲学不仅影响设计师的设计风格、设计目的，还由此影响整个社会的精神风貌和设计价值观。科学技术发展的不同阶段，设计的原则、宗旨和目的就不同①。手工时代的设计，设计和制作一体，主要满足自身需要。机械时代的批量化生产和人们对物质的极大需求，出现了现代主义功能至上、"形式服务功能"的设计哲学。这种设计哲学符合当时社会需要，产生了巨大影响。中国古典哲学的"人法地，地法天，天法道，道法自然"、"天人合一"等哲学思想顺应了当时的科技、经济、文化、社会条件，为当时的造物活动提供了有力的理论支持。今天，我们仍然

---

① 邹珊刚《技术与技术哲学》［M］，北京：知识出版社，1987年版，第379页。

可以从中获得启迪，道家的"无为而无不为"思想完全可以成为指导设计在市场经济中生存的法则。

2.设计伦理学内涵

伦理学或称道德哲学，是一门在人类社会复杂关系中，以道德和道德关系为主题进行研究的一门学科。道德是关于人类行为是非善恶的信念和价值，体现在关于人类行为的规则或准则中。伦理学是对道德的哲学反思，对人类行为的规则或准则进行分析，提供论证，以解决在新的境遇中不同价值冲突引起的道德难题。设计伦理学是建立在伦理学基础上，将伦理观念与各种社会关系相联系，通过人的思想意识，运用一定的手段作用于设计活动的一门科学，是以道德关系为基础跨越物质社会（设计活动）的社会关系与思想的社会关系而展开的物质与伦理观念的矛盾研究，其任务是运用一定的伦理学观念与发展规律，基于人因和特定条件与环境，正确设置的行为准则与社会规范实物，通过物质的人工设计，从道德观念上求得人类社会的共同生存、平等、进步、秩序和安全，给予人类社会容易接受的造物实体，并促进整个社会道德教育①。设计伦理学是运用一般伦理学原则解决设计实践和设计学发展过程中的设计道德问题和研究设计道德现象的学科，它是设计哲学的一个重要组成部分，又是伦理学的一个分支，是运用伦理学的理论和方法研究设计领域中人与人、人与社会、人与自然关系的道德问题的一门科学。

---

① 朱铭、奚传绩《设计教育大事典》[M]，济南：山东教育出版社，2001年版，"设计伦理学"词条。

（二）设计伦理学的研究对象

伦理学的研究对象是人的道德问题。设计的主体及服务对象都是人，设计学以人类实践活动的"目标—手段"中一系列相关内容为自己的研究对象，不单纯是产品的装饰问题，更重要的是把自己的设计领域深入到人类的创造性思维和设计机能等众多方面，把设计的主体和客体以及"人与物"之间的关系都纳入自己的研究范畴[①]。因而设计伦理学可以理解为设计学与伦理学的交叉，是以伦理道德为出发点和理论依据，研究设计的道德属性，真正做到设计活动的伦理思考。但就设计而言，至少涉及人、人造物以及环境三个因素，并形成设计系统。设计伦理学的任务是在设计系统中分析、评价和提示人类的设计思想、设计目标、设计方法、设计成果等与设计有关的诸多方面所涉及的道德标准问题，或者说设计伦理的目的和任务就是建立设计道德，并促使设计师遵守设计道德。道德是人际关系的基本规范，设计道德是人类设计系统行为应该遵守的基本规范。设计系统包括人、物和环境，主体是人，包括作为设计者的人和作为消费者的人，物即为设计的结果，环境是人类设计活动所处的某种环境（包括自然环境、社会环境和文化环境）。如果回溯到古希腊人对伦理学的最初概念，即"获得幸福的生活方式"，那设计伦理学则是"通过设计获得和谐

① 朱铭、奚传绩《设计教育大事典》[M]，济南：山东教育出版社，2001年版，"设计学"词条。

生活方式的规则"，其最终目标是实现设计系统的和谐与可持续发展。

1.设计伦理学与"人"

设计伦理学必须在作为设计者的人和作为消费者的人之间建立起和谐的关系准则，或者说是设计如何服务社会的问题，也是尊重人性的问题。最早提出设计伦理的是美国的设计理论家维克多·巴巴纳克（Victor Papanek），他在20世纪60年代末出版的著作《为真实世界的设计:人类生态与社会变化》①中明确地提出

美国版《为真实世界的设计》（第二版）封面，该书的副标题是"人类生态与社会变化"

了设计的三个主要问题：设计应该为广大人民服务，而不是为少数富裕国家服务，他特别强调设计应该为第三世界的人民服务；设计不但为健康人服务，同时还必须考虑为残疾人服务；设计应该认真地考虑地球的有限资源使用问题，设计应该为保护我们居住的地球的有限资源服务②。维克多·巴巴纳克提到的前两个方面的问题——设计服务

①　维克多·巴巴纳克是一名设计师和教育家，提倡设计对社会和生态负责，他反对生产不安全、华丽、不好用，或者说本质上无用的产品。作为一个设计领域的哲学家，他致力于提倡关注社会和生态的设计目标和设计方式。认为设计已经变成一种强有力的工具，人们运用设计这个工具塑造出器具和环境。他认为如果设计仅仅停留在技术层面或仅仅考虑外观风格的话，就会失去人类需要这个根本目的。著作包括：《为真实世界的设计：人类生态学和社会变化》（1971年）、《游牧家具：如何制作和从哪里购买轻质的可以折叠、拆卸、堆叠、充气或循环使用的家具》（1973年）、《游牧家具2》（1974年）、《How things don't work》（1977年）、《依据人体尺度的设计》（1983年）、《绿色的必要性：真实世界的自然设计》（1995年）。

②　Victor Papanek. Design for the Real Word：Human ecology and social change（《为真实世界的设计：人类生态与社会变化》）.London：Thames and Hudson，1992，215.

对象的问题，设计的目的是为人民服务，设计服务对象具有普遍性原则，同时具有个性化趋势，既要服务大众，同时也要考虑不同文化、宗教信仰、风俗习惯、行为习惯、心理、生理、年龄等个性因素。这是设计伦理学必须确定的服务准则。2006年欧洲设计院校联盟在法国南特高等设计学院召开年会，会议的主题就是"设计道德规范和人文主义——产品、服务、环境和设计师的责任"，在会议上Cumulus前主席、赫尔辛基艺术与设计大学前校长Yrjo Sotamaa在《伦理学和全球责任》演讲中，也谈到设计师要"学习为人类服务，为所有人设计，或者说把人的需要放在首位已经成为欧盟的重要使命之一。建立一个人人可以享有的无障碍社会对国家来说是必须的，对经济来说也是有益的，因为它将提高平等程度，也会扩大市场前景。"①

　　确定设计的服务对象是设计伦理学建立的前提，在这一前提下如何建立作为消费者的人与设计结果的和谐关系是设计伦理学必须考虑的，那就是对人性的尊重，这种对人性的尊重可以具体为设计对"人的尺度"的尊重或切合，包括生理尺度、心理尺度和社会文化尺度，最终目标是"人—物"的和谐。设计的目的是创作出具有某种功能的产品，如椅子、住宅、洗衣机、汽车等具有特定的功能，能够满足消费主体的需要。"设计产品时，首先必须考虑的是，产品为了满足什么目的，换句话说，是要求怎样的机能。机能这个词用于设计时，一般不只停留在物理的层面，而是作为心理的、社会的、机能的综合体而赋予更为复杂而广泛的意义。"②设计结果作为艺术和技术相结合的产物，其美具体表现为功能美、结构美和形式美，这种美的最高理想

　　① Yrjo Sotamaa. Ethics and the global responsibility[C]（《伦理与全球责任》）. In: Yrjo Sotamaa, eds. Cumulus Working Papers. Helsinki: University of Art and Design Helsinki, 2006. 5—6.

　　② 大智浩、佐口七郎编《设计概论》[M]，杭州：浙江人民美术出版社，1991年版，第139页。

表现为人与产品之间的一种和谐，满足消费者对产品多重需要，既包括物理功能，也包括精神功能。"人与物"的和谐的理想就是实现人对这些美的需要，使产品适合于"人的尺度"。当然这种尺度既包括与产品结构和功能相关的物理尺度，也包括与人精神和心理需要相关的心理尺度，还包括一定的文化尺度。"人与物"的和谐问题是人体工程学研究的重要课题。国际人体工程学会的会章对人体工程学下了这样的定义："这门学科是研究人在工作环境中的解剖学、生理学、心理学等方面的因素，研究人—机器—环境系统中的交互作用的各组成部分（效率、健康、舒适、安全）在工作条件下，在家庭中，在休假的环境里，如何达到最优化的问题。""人与物"的和谐是美学上的一种境界，也是设计遵循的伦理原则，这种境界的获得表现在设计的尺度处理上，即人体尺度、心理尺度和文化尺度。"人体尺度"是依据人体各部分尺度确定的设计尺度，是人体测量学处理的问题，并与生理学和人体解剖学密切相关；"心理尺度"是根据产品对人的心理影响来确定的设计尺度；"文化尺度"是指各民族的传统文化与风俗习惯对设计产生影响，与宗教、民俗、伦理、文化观念等有直接关系。人造物与人的这些尺度的合理关系的处理是设计伦理学处理的核心问题，"物"为人所用是艺术设计的出发点，"物""合"人用是艺术设计追求的理想。"物"的尺寸与结构与人体尺寸的协调是"人与物"之间关系是否和谐的关键因素之一。"人与物"之间关系是否协调在很大程度上取决于人的心理因素。人体工程学研究色彩、形状、空间、光线、声音、气味、材质和环境对人造成的影响，以及"物"之形式因素对人的特殊作用，是解决这一问题的关键环节。会场设计要庄重，学习用品要简洁大方，职业服装设计要统一大方等与人的心理尺度密切相关。人的心理因素直接关系到人对物尺度的确

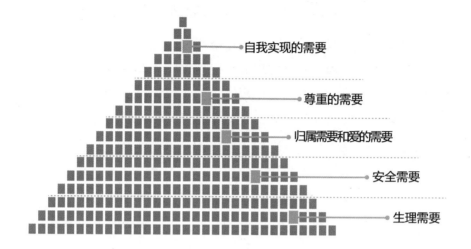

马斯洛需求理论示意图

- 自我实现的需要
- 尊重的需要
- 归属需要和爱的需要
- 安全需要
- 生理需要

定，鲁迅在和萧红的一次谈话中就涉及这个问题，他说："人瘦不要穿黑衣裳，人胖不要穿白衣裳，脚长的女人一定不要穿白鞋子，脚短的则一定要穿白鞋子。"这是利用人的色彩视错觉引起的尺度变化。在设计中经常运用视觉、感觉、触觉引起的"尺度"或状态的变化，优化一些设计方案，使产品的形式美更能满足人的心理尺度要求。

设计对生理尺度、心理尺度、文化尺度的综合考虑是设计中"人与物"和谐的基本要求，这些尺度的综合考虑是"人与物"和谐，创造理想的设计之美的最高境界，可以把这种综合的尺度称为"设计尺度"，是通过对人的心理、生理、文化等多元因素综合考虑获得的。"设计尺度"的获得与具体消费者直接关联，美国人本主义心理学家马斯洛在其代表性著作《超越性动机论》中，将人的需要概括为五个层次，即生理需要、安全需要、归属需要和爱的需要、尊重的需要、自我实现的需要。人只有满足较低层次的需要的前提下，才能追求更高层次的需要，"人与物"的和谐层次也与其需求层次密切相关。普罗斯针对设计的伦理性强调："人们总以为设计有三维，美学、技术和经济，然而更重要的是第四维——人性。"他将"人性"这一维度的重要性放在了美学、技术、经济的前面，说明设计的人性，即设计的伦理价值在一定程度上比设计是如何做成的或如何开发一个高利润的市场更为重要。

2.设计伦理学与文化

设计伦理学研究要树立设计的文化意识，建立设计的传统及文化准则，促使设计在尊重文化的基础上创造文化，解决设计与文化的和谐问题。"文化"是"人类生活方式的总和"，是人类在生活发展和生产实践中所创造的一切器物、语言、行为、组织、观念、信仰、知识、艺术等的总和，即所谓"第二自然"。传统是文化的积淀，正如《辞海》所言"是由历史传承而来的思想、道德、风俗、艺术、制度等，如革命传统、传统节日等"。我们平常所说的传统是指文化艺术

"二十四孝"是封建社会宣扬的所谓尽孝的典型人物及他们尽孝道的故事

领域在过去长期积累的经验、样式和手法等。例如中国古代的陶瓷、刺绣、蓝印花布、书法、京剧、园林、民间玩具、民间生产生活工具等。设计即造物，是在文化传统基础上的创新，是生活方式的设计，也是一种文化创造。在现代设计中，注重传统文化思想及设计元素的汲取与运用是设计伦理观念的具体体现。设计与文化传统的关系的和谐处理主要体现在两个方面：

其一是加强传统设计伦理思想研究与现代"语释"，在新的社会环境下指导设计实践。就中国古代设计而言，具有丰富的设计伦理思想，深刻阐述了设计与人、设计与市场、设计与环境、设计形式与功能等伦理关系，诸如"文质彬彬"、"物以载道"、"顺物自然"、"玉卮无当"、"重己役物"、"铸鼎象物"等都具有丰富的设计伦理内涵，而这些关系同样是当今设计面临的问题。《考工记》之"天有时，地有气，材有美，工有巧。合此四者，然后可以为良。材美工巧，然而不良，则不时，不得地气也"的观点，可以阐释为设计与环境、设计与材料、设计与工艺的伦理关系，这些问题都是现代设计理论所关注的，可以理解为"生态设计"观。目前关于明式家具的探讨和研究不计其数，大部分研究者只是从形态、材料、结构等方面分析明式家具如何典型优秀，如何符合人体工程学，坐上去如何舒服等。但"坐明式椅不是一种最佳的休息方式，它更多是社交的、伦理的"，说明明式家具是具有伦理文化内涵的，本身携带了一种深刻的文化信息。

其二是现代设计活动要尊重传统与文化，"尊重全球文化多样性"①。设计尊重产品使用的文化环境，如不同的民族、地域和生活

① Yrjo Sotamaa. Ethics and the global responsibility[C] 《伦理与全球责任》. In: Yrjo Sotamaa, eds. Cumulus Working Papers. Helsinki: University of Art and Design Helsinki, 2006. 6.

LV2011年春夏系列旗袍设计

海尔兄弟

环境等，如中国人喜欢岁寒三友，日本人忌讳荷花，意大利人不喜欢菊花等。现代工业设计是基于基础科学之上的，是用世界各国共同具有的技术、材料和生产方式进行的，设计不但要考虑到世界各国共同具有的审美取向，同时还要考虑各个民族不同自然环境、不同历史文化和民族传统，以及不同的生活方式和情感，使产品合乎各国的风俗和环境、符合各国的生活方式；设计是一种文化创造，要有文化责任感，既要满足现实需要，又要具有超前性。现实与传统往往是一个问题的两个方面，设计是人类创造"第二自然"——"文化"的手段，文化在人类设计实践中，一旦被创造出来，它就既是现代的又是未来社会中传统的文化积淀。"好设计"必须立足于民族文化，中国旗袍、日本和服都是传统的服装，看似是即将退出历史舞台的文化，但在现代设计师的努力下，以新的设计形式使旗袍和和服的文化价值重新被认识，走出了中国和日本。中国的海尔是世界知名品牌，其产品标志"海尔兄弟"在欧洲、中东以及中国本土市场上出现的形式、尺寸是有差别的，原因就是对这些地区文化及生活习惯的尊重，这是设计伦理在具体设计中的体现。设计伦理学在处理设计与文化传统的关系时应该遵循文化的生态原则，美国当代著名人类学家斯图尔德(Julian H Steward)提出"文化生态学"概念，解决人类在进行文化创造活动及其产物与围绕他们的生物的、非生物的环境条件相互关系的协调问题。设计作为人的创造活动，应该尊重文化生态原则，这也是设计的基本伦理准则之一。

3.设计伦理学与自然

设计伦理学研究必须建立起设计与自然环境的伦理法则，设计要尊重自然环境，使设计与自然之间建立起和谐的关系。《辞海》中对"环境"的解释是：周围的情况，如自然环境、社会环境。"设计环境"是接受设计产品的消费主体（设计美的审美主体——人）进行消费活动（包括审美活动）时所处的空间，包括自然环境和社会环境。"物与环境"之间的和谐是设计追求的另一理想境界——生态设计原则。物与环境之间是密不可分的，环境制约着设计，设计又服务于特定的自然、文化和社会环境。前面已经谈到过设计与文化的关系，这里主要讨论设计与自然的关系。在2006年法国Cumulus年会上，提到"人类现在面临着很多问题：如何实现可持续发展，如何解决环境问题，如何平衡南北之间的贸易，如何缓解不平等现状，如何激发及体现对每个个体的发自内心的尊敬"。设计（物）与自然环境的和谐问题是当今世界面临的主要问题之一，而会议的主题也谈到"环境和设计师的责任和伦理问题"。人类面临的可持续发展问题、自然环境恶化问题等都与人的实践活动（或者说设计）直接关联。

在环境伦理的基础上，尊重自然，避免"人类中心主义"，是设计应该遵守的伦理原则之一。长期以来，人们抱着征服自然和改造自然的态度，忽视了设计与自然环境之间的关系，由此带来了严重的环

弗兰克·莱特作品：落水山庄

境问题。20世纪60年代，维克多·巴巴纳克明确提出"设计应该认真地考虑地球的有限资源使用问题，设计应该为保护我们居住的地球的有限资源服务"，阐述设计与自然环境之间基本的伦理原则。20世纪70年代席卷西方社会的石油危机，使人们意识到人类与自然环境之间关系"和谐"问题的重要性，并在哲学层面上由西方古典哲学的"人是世界的最高主宰"转向中国古典哲学的"天人合一、顺物自然、尊重生命、无为而无不为"等设计伦理思想，以探索人与自然环境之间的合理关系。美国现代主义著名设计师弗兰克·莱特（Frank Lolyd Wright）"有机建筑思想"[①]就是在汲取老子《道德经》中"凿户牖以为室，当其无，有室之用"的"无为而无不为"思想，在其作品《落水山庄》得到实施，是建筑与自然环境和谐相处的代表作品。

设计师按照生态学的原理和思想，设计出体现环保思想和生态保护需要的产品，从而使设计与环境协调，人与自然融合。在生产活动

---

① "有机建筑"（Organic Architecture）理论主张"建筑是自然的，真实的。设计要自内而外地进行，要突出建筑形象的内涵，要与周围环境密切结合，要表现材料本身质感"。1953年，弗兰克·莱特给建筑上使用的"有机"下了一个定义："有机的，指的是统一体；也许用完整的或本质的更好些。"他信仰"真"、"纯"、"诚"、"朴"的设计理念，认为"土生土长是所有真正艺术和文化必要的领域"，"像民间传说那样产生出来的房屋比不自然的学院派更有研究价值"。

中把环境的保护放在首位，改变了原来把经济利益放在首位的做法。因而提出了许多"RE…"口号（"重新"），如REUSE、RECYLCE、REDUCE（再利用、回收再利用、减少自然材料的运用）等，即在设计生产中尽量使用可重复使用、不造成污染的"绿色材料"(Green Materials)，能够满足"整体、和谐、循环、再生"的生态学原

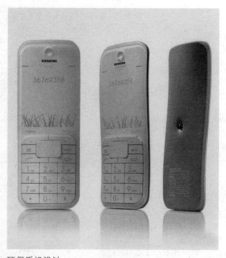

环保手机设计

理。设计界根据这些要求提出环保设计或绿色设计（Green design、Eco design、Ecological design、Earth Friendly Design…）这一概念。设计师在选用材料时，尽可能使用单一材料或便于分离的复合材料；使用无害于环境的涂料；选择报废后，自然界能够自然分解且无害于环境的材料；充分利用可回收利用的材料。同时，设计师在考虑整体设计方案时，要考虑：这样的设计方案会不会造成材料和能源的浪费？设计用的材料是否可以回收利用？产品会不会造成环境污染？产品有没有过度包装？设计活动是否影响整个生态平衡？设计是否合乎环境标准？

4.设计伦理学与设计产权

树立设计的知识产权意识，尊重设计的劳动价值，建立设计师之间的和谐关系，是设计伦理学的研究内容之一。设计的目的是为人而用，因而设计是对人有用的价值，产品对人的价值既包括实用的、经济的，又包括审美的、文化的、心理的（如从众心理、名牌心理）。

2009年我国共授权专利分布比例图

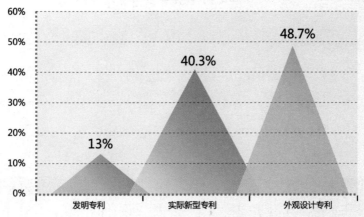

这些价值是设计师创新的结果，是具有知识产权属性的。以工业设计为例，随着我国自主创新战略的推进，工业设计正从早期的模仿设计进入设计创新时期，工业设计知识产权的创造运用、保护和管理等方面仍然存在着诸多问题，制约着行业发展。对设计产权保护依据主要是专利法、商标法，2009年我国共授权专利581992件，发明专利占13%；实际新型专利202113件，占40.3%，外观设计专利234282件，占48.7%。但就设计而言，专利法、商标法并没有涵盖设计的全部，政府应该有效运用产业政策，为企业、设计机构、高校的设计创新活动提供较为宽松的环境，营造良好的法制环境、市场环境、文化环境，构建完善的设计产权体系，为设计的产权保护提供充分保障。除了政府外，社会、设计师个人还要树立知识产权意识，既要保护自己的设计产权，也要尊重别人的设计产权，这也是设计伦理应该遵循的基本原则之一。

（三）设计伦理学研究方法

伦理学属于哲学范畴，设计实践和设计学的研究与哲学的关系与哲学和其他具体科学的关系是一致的。设计的实现，往往是一定哲学观念的产物。设计哲学对设计而言，主要指设计的原则、宗旨和目的。设计师的设计行为都要受到其世界观、认识论和方法论的影响。设计哲学影响设计师的设计风格、设计目的，以及影响整个社会的精神风貌和设计价值观。随着科技的日益进步，设计承载着多种责任。这种责任既包括设计与自然生态持续发展的关系，又涉及设计与人类社会健康发展和谐处理，以及与设计相关的人与人之间的对应关系等诸多问题。在人类逐渐进入后工业社会后，设计对社会生活的影响发展达到前所未有的程度，设计的目的不再局限于功能、形式，更在于设计行为本身包含着影响社会生态体系的因素。因此，设计也必须包括对社会的综合性思考，而设计伦理正是以调和设计与人之间的关系为切入点，使设计最终达到理想状态，即与周围诸要素和谐共生。在对设计伦理高度关注的同时，更要注意科学的研究方法。

1.一般伦理学研究方法

从学科关系的角度讲，设计伦理学是伦理学分支，而伦理学是哲学的分支，因而设计伦理学的研究首先必须借助哲学、伦理学以及其他分支伦理学的研究方法。哲学、伦理学经过了若干年的发展，已经形成了成熟、科学的概念和方法体系，在设计伦理学的研究中应该借鉴。同时，随着伦理学的不断深入和发展，出现了各种类型的分支伦理学，如经济伦理学、金融伦理学、环境伦理学、文化伦理学、生物伦理学、医学伦理学、宗教伦理学和机械伦理学等。在设计伦理学的学科概念、体系建立及系统研究中，与这些分支伦理学研究有着密切关系，甚至在研究对象上有交叉，如设计伦理学研究设计"人"（设计师和消费者）、"物"（人造物）、"环境"（自然和人文环境）和"市场"

纽约库伯—休伊特设计博物馆举办的"为另外90%的人设计"（2007）

环保自行车设计

等，而这些又是经济伦理学和环境伦理学所关注的。以环境伦理学为例，"环境伦理学旨在系统阐释有关人类和自然环境间的道德关系。环境伦理学假设人类对自然界的行为能够而且也一直被道德规范约束着。环境伦理学的理论必须解释这些规范，解释谁或哪些人有责任，这些责任如何被论证"[①]。20世纪70年代，设计责任意识兴起。1970年3月22日，数百万相关人员在美国

① [美]戴斯·贾丁斯著，林官明、杨爱民译《环境伦理学》[M]，北京：北京大学出版社，2006年版，第12页。

三星braille phone盲人手机，2009年红点设计大奖

德国环保节能房屋设计

庆祝"地球日"，倡导保护我们生存的环境。到20世纪70年代中期，这种活动成为全球活动，设计界倡导的"绿色设计"、"生态设计"、"可持续设计"等，与其说是一种设计理念，倒不如说是一种"设计伦理意识"，为后来设计伦理学的建立和发展打下了坚实基础，其研究对象与环境伦理学、经济伦理学有密切关系，只不过关注的方式和途径不同。设计师从尊重自然和社会伦理角度考虑设计问题，如生产对自然的损害问题、残疾人需求问题、老年人需求问题、第三世界需求问题。1976年由国际工业设计联合会（ICSID）组织的伦敦年会以"为满足需求而设计"（design for need）为主题，积极探讨设计对自然、社会和文化责任问题。

2.交叉学科研究方法

在设计伦理学研究中，除了借鉴哲学和其他分支伦理学研究方法之外，特别要系统总结前人的研究成果，并加以现代"语释"。马克思提出"劳动的异化论"思想是设计伦理学的研究的理论支撑和哲学基础。就设计作品与人的道德关系问题，墨子早有论述，其"非乐"、"非美"思想阐述了在生产力尚不发达时代，设计应遵循先

"质"后"文"的理念，即实用为先、装饰在后的设计原则，奥地利阿道夫·卢斯所著的《装饰即罪恶》，美国的戴斯·贾丁斯的《环境伦理学》等，都

吉利集团英伦TX4无障碍轿车设计

对设计伦理学进行了相应论述。1964年，英国设计师肯·加兰德（Ken Garland）起草的《首要事情首要宣言》（First Things First Manifesto）是设计伦理最重要的文献之一，1971年美国设计理论家维克多·巴巴纳克在《为真实世界的设计》一书中率先提出了设计的伦理性概念，深化了设计理论基础，由此也推动了设计观念的发展。近年来，国内设计界对设计的伦理问题也给予了密切关注。

设计伦理学研究还要从设计学的交叉学科属性出发，探索设计伦理的现实问题。设计伦理学是建立在设计学和伦理学两门学科基础之上，在研究过程中除立足设计伦理之外，还要关注其他研究领域，如哲学、经济学、社会学、人类学、伦理学、生态学等，将相关学科系统科学的研究方法引入设计伦理的研究之中，能够借助多学科的融合共生来启发设计伦理研究的新思路。设计伦理学以伦理学的视角为切入点，以求解决设计与自然生态、社会经济等各方面和谐发展的问题。设计伦理的关注点在于设计过程中人的道德以及影响道德的因素，并力图在设计师、设计作品和设计批评主体之间建立一种理性的关联，这种关联即为一种道德规则，包括三个方面：其一，设计师必须具备伦理意识。人在设计活动中占主导地位，设计伦理使这种地位

得以加强。"伦理学是'道德哲学'，设计伦理学就是设计的道德哲学，也就是设计师的道德哲学。"对设计师的道德规范研究是设计伦理学的核心问题，设计师的道德取向直接影响设计作品的形式、材料等诸多因素，决定了设计最终物化形式，从而进一步改变设计消费者生活方式，在潜移默化中对他们价值取向产生影响。其二，设计过程中道德传播的问题，即设计师和消费者、设计批评者之间通过"物"建立的互动关系法则问题。设

domo的手工艺品展手工艺品

计学的诸多研究都是围绕"人与物的关系"这个中心展开的。人类根据需求造物，物又会反作用于人。在分析设计伦理问题时，物（设计作品）是最关键、最直接的因素，是作为设计师的人与作为设计批评主体的人相联系的媒介，是设计师伦理道德观念、审美观念的外在表现形式和传播载体。设计作为生产力作用于人类社会的一种具体形式，是人类征服自然的能力的体现，也承载着一定的文化使命。生产力的发展提高影响着设计的表达方式，在各种表达方式传递内容中，道德是不可或缺的重要因素。在设计过程中道德传递的媒介是物化的设计作品，这是研究设计伦理应该抓住的关键环节之一。当生产力发展到一定程度时，形式在设计作品上的体现也会发生相应的变化。设计重"质"亦或重"文"对受众的引领产生两种不同取向，无论物资

意大利时装设计

匮乏还是丰裕，做到"兼爱"、"节用"都是一种美德，都是对资源、环境的爱惜。其三，探讨设计批评对设计实践的反馈，关注设计伦理对设计批评的引领作用。作为设计批评的主体，不同人群或个体评价标准不同，而设计伦理学原理是建立批评标准的重要依据，朱铭先生倡导建立"设计尺度学"，认为"设计尺度"是设计伦理学在"人的生理尺度"上的道德体现、在"人的心理尺度"上的道德体现以及在"人的群体尺度"上的道德体现，这些在设计批评者身上体现出来的信息都是设计伦理应该关注并加以挖掘的研究内容。伦理不同于道德，伦理即关系，设计伦理研究的是设计逻辑行程当中设计师、设计作品以及作为设计批评主体的设计受众三者应该处于怎样的状态，旨在探讨设计伦理在解决人与自然、人与资源、人与社会的关系等方面所应起到的导向作用。

3.个案分析方法

在设计伦理学研究中，通过典型设计个案进行实证分析，是非常重要的研究方法。大量设计实践现象为设计伦理学研究提供了丰富的素材，同时也引发形而上的思考。设计伦理从实践出发，最终归于设计实践，指导设计实践满足消费者的伦理诉求。当今丰富多彩的设计，确实给人类生活带来了便捷，但人们在享受设计的同时有没有考虑过由此带来的负面影响？换一个角度去探索设计，会得出截然不同的结论：今天的建筑，钢筋水泥，高楼林立，哪里还是自然中邻水草而居的温暖屏障？拥挤的城市，哪里还有"有之以为利，无之以为用"的观念？今天丰富多样奢侈品，有多少还坚持"兼爱"、"节用"的原则？有多少还遵守"文质彬彬"的规范，而只是一味地追求满足着人们的欲望与奢靡？今天的设计，又有多少不是"令人遗憾的艺术"而没有沦为商家的帮手？又有多

苏州园林

美国景观设计

少还一贯坚持"实用、经济、美观"这样最本质的设计原则？这些疑惑都是设计实践带给我们的思考，思考的结果关乎设计伦理的真正价值。设计伦理是比较抽象的，将现实中设计实践的具体行为及其产生的影响作为实例进行解析、评判，以具体的设计伦理准则指导设计实践，最终满足正确的伦理诉求，同时也可以实现了理论与实践相互结合，强化设计伦理原则对现实的规范与指导。

设计伦理学的个案研究是指以某一典型的设计实践及其产生的

影响为具体研究对象，通过对其内在要素的调查研究，来了解类似设计实践的一般规律及对周围的人、自然、资源的影响，在此基础上建立积极的设计伦理模型。并把由个案分析设计逻辑推广到一般的设计实践中去。如荣获2012年普利兹克建筑奖的王澍及其作品就具有非常明显的代表性，传达出独特的设计伦理特征，值得设计界研究。中国设计的问题是世界设计的大问题，也是设计学界不可回避的问题。怎样的设计在体现中国特质的同时又能与西方设计一起融入设计整体发展趋势呢？王澍的设计具有典型性，其作品深深地根植于中国文化环境又具有普遍性的设计价值，超越了设计关于过去和未来的争论，也打破了中国和西方各自关于设计的视点。他的代表作《宁波历史博物馆》直接感觉颇有勒·柯布西耶《朗香教堂》之风，而建筑墙面纹理处理又完全不同，这也是该建筑的亮点之一。在该建筑中使用了上

宁波历史博物馆

百万块青砖、瓦以及碎掉的缸片等宁波旧城改造时留下的废弃材料，墙的处理沿袭了宁波慈城地区对墙面的处理的传统形式，造就了博物馆本身的历史感。这是一个成功的设计案例，设计实践通过改善人与周围环境、资源有效利用，从而达到设计实践在伦理层面上的表现，这是值得设计伦理研究者认真思考的。就社会范围内的设计逻辑过程看，设计活动始于设计师，终于设计受众，二者是该过程中出现的两大人群，他们靠设计作品这个媒介有机联系在一起。正确的设计伦理观念能够促进人与物、人与人及人与环境之间的和谐，因此，设计师具有怎样的伦理意识，能够直接影响设计逻辑过程中的各个环节。设计师作为设计活动中的主体，是设计伦理的中心所在，也是设计伦理的价值趋向。

设计伦理包含内容的多元性决定了对它的研究应建立全方位、多层次的结构，研究方法和思路应根据目前掌握资料和思考维度来确定。正确的研究方法能够使研究者对现有资料和现象进行深刻体会和分析，有利于对所要研究问题的历史和现状形成一个宏观、多维结论，能够做出对设计伦理问题较为科学的评判，从而进一步找到解决问题的方法，提出科学、准确、系统化的应对方案。

（四）设计伦理学目标

美国著名经济学家奈特曾说："人类最主要的问题不是经济问题，而是道德问题。"作为一名经济学家，在他的思考领域并没有将自己的专业摆在社会最重要的位置，而是认识到了道德问题相对于经济问题的独特价值。我国专业的艺术设计教育主要集中在各大艺术院校、设计院校以及综合性大学的个别学院。

1.设计伦理意识目标

目前，上述高校中的艺术设计教育模式大同小异，教育的知识构成框架也大部分雷同，基本上都是以设计方法基础、设计史、艺术设计概论、设计美学、设计思维方法等课程为主干课程，缺少设计生态学、设计伦理学、设计职业道德等内容，也就是说，我国目前的艺术设计教育还主要集中在方法论的层面上，环境意识、生态意识、道德观念、伦理情感等"软件"教育太缺乏。这样一种以实用主义为主导、人文精神比较匮乏的教育体系，使得学生在校期间或毕业工作之后从事设计行为的时候，观念中很少有设计的人性化意识的存在，他们所考虑的主要是设计的经济性，即如何更好地将设计转化为经济效益，如何更好地刺激消费者的购买欲望等，缺乏相应的伦理思考。从设计教育的目标来看，学校培养学生的目的不应该只是教给他们单一

意大利家具、服装设计

的设计方法去应付就业，从更深远的角度考虑，树立学生正确的人生观和价值观，以及为全人类更好地发展的设计意识则显得尤为重要。从设计的性质和学科构成角度来看，也应当将设计伦理的教育纳入其中。艺术设计是科学与艺术的统一，是人类社会物质文化与精神文化的交叉点，直接关系到人们日常生活中的方方面面，在一定程度上还能改变现有的生活方式。所以艺术设计与人类社会中的伦理道德也是密不可分的。

2.设计伦理教育目标

在实际的设计教育中，不能只是将设计伦理教育当做一种口号，而是应该将之融化到实际的教书育人工作中去。首先，学校应该适时调整课程结构，在整个教学体系中加入设计伦理学、设计生态学、设计职业道德等相关课程，穿插于其他课程之间，逐步培养学生的社会责任感和设计道德意识，使他们的设计意识潜移默化地受到社会伦理的影响。当然，只是理论课的讲授还不够，教师还应该合理安排一些鲜活的案例，将伦理教育用实践的方式向学生传达。其次，在其他具体设计课程的授课过程中，教师应该尽量将这门课程寻找一个合适的角度与设计伦理内容相联系，切实将设计伦理与具体设计实践融合。如在讲授产品设计课程时，可以联系产品的人性化问题、产品的异化问题、产品的精神价值，以及整个社会的文化背景等内容。最后，我们可以借鉴西方发达国家先进的教育理念和教学模式。因为一些西方国家对设计伦理问题的研究相对于我国来说起步较早，它们已经积累了一定的教育经验。如美国的伦理教育现如今已经被纳入工程人员技术教育中，美国工程技术认可委员会也将"专业伦理"与"社会责任"教育列为在工科教育中新型的人文与社会科学学科内容。与此同时，一些美国大学，如加利福尼亚大学也设立了专门的职业道德训练课程。课程讲授的对象是三四年级学生，每周拿出两三个小时，采用设计师、教授、学生一起讨论的方式，商讨社会中专业人士经常遇到的伦理道德问题。这种方式可以极大地开拓学生伦理视野，为他们在走向社会后自己应付社会中的各种问题积累一定的经验。

　　另外，设计院校教师必须具有设计伦理意识。原来一般认为设计的要素是"实用、经济、审美"，这是对设计本身而言，而缺少设计的伦理思考。我们的教师既要用设计伦理观念指导我们的设计行为，同时在教学中要不断培养学生的设计伦理意识，并付诸于设计实践中，这是设计师的设计责任。作为高等设计院校教师，设计伦理学应该着眼以下几点：学科层面的设计伦理研究，解决伦理学与高等学校教师规范问题；设计教育与设计伦理的关系，解决如何把设计伦理思想贯穿于设计教育中，培养合格设计人才的问题；设计实践层面的设计伦理学，解决教师、学生如何在设计实践中自觉遵守设计伦理的

高等设计院校设计伦理学教学的侧重点

学科层面的设计伦理研究	解决伦理学与高等学校教师规范问题
设计教育与设计伦理的关系	解决如何把设计伦理思想贯穿于设计教育中，培养合格设计人才的问题
设计实践层面的设计伦理学	解决教师、学生如何在设计实践中自觉遵守设计伦理的问题

问题。只有高等设计院校的教师首先树立起强烈的设计伦理意识，不仅仅将设计当做一种方便人类生活的造物行为，而且更重要的是，要将设计看成是改善人机关系、优化生态环境、构建和谐社会的重要方式。只有这样，才能在教学过程中将伦理意识的传授变成一种自觉，使学生受到潜移默化的影响。

设计从本质上讲是属人的文化，所以无论什么年代，它的发展都应该从人的实际需求出发，真正做到以人为本，尤其是在满足实用功能的基础上，更加关注当前社会背景下人类的情感关怀，更好地体现人与人之间的和谐关系，设计伦理学所研究的内容就在于此。设计伦理的原则是在满足基本功能需要的基础上，在设计与人性、文化、环境及知识产权之间建立起和谐的伦理法则。关于设计的伦理问题，不管是具体的造物体现，还是深刻的设计思想，在我国传统社会中都有典型的反映。关注设计的人性化应该成为当代设计的主导意识，将其融入设计教育中，让设计师从更深、更广的角度把握设计，感受作为一名合格设计师的高尚与道德情怀，最终实现人、物、环境之间，以及设计师之间的和谐发展。

三、设计审美

三、设计审美

设计是人类生产活动中有意识、有目的的思维和造物活动，"设计的起源就是人类审美意识的起源"，设计美是伴随着设计的起源而产生的，因此马克思说"人是按照美的规律来从事生产的"，或者说设计师行为的结果就是创造审美对象，因而探索设计美的内涵，拓展设计师的美学视野，让设计师按照美的规律进行造物，就显得尤为重要。设计美是有形的，一是作为产品本身的功能，二是作为产品本身的形式，而二者的有机结合则要借助技术，因而设计审美往往归纳为功能美、形式美和技术美。设计美学以审美规律在设计实践中的应用为具体目标，为设计活动中的审美问题提供理论依据，提高设计师的审美感受力和创造力，拓展设计师审美表达范畴。

本书"设计审美"部分系统阐述了"美在和谐"理念在设计审美的具体体现，认为美在设计中表现为"人与物"、"物与环境"的和谐关系，这种和谐关系是建立在"功能"的基础之上的。从功能美、形式美和技术美的角度，系统探索设计审美的形式问题。同时，系统分析了设计美学的研究对象及其交叉学科属性，以及研究目标，提出"人与物之间的美学问题；正确处理设计功能

与形式关系问题；设计师的主观审美追求与客观条件制约的关系的问题"是设
计美学研究的核心问题。

（一）设计美内涵

设计作为物质文化与精神文化相统一的艺术，是科学和艺术的结合，设计美是非常复杂的，一方面，设计美建立在技术的理性基础之上，研究设计美审美往往涉及技术条件、结构功能上等因素。另一方面，审美主体具有广泛的差异性，"穿衣戴帽，各有所好"，设计很难满足不同消费群体的多元需要。同时，审美因受人们生活经验和文化积淀的影响，大量潜在审美需要并未被人们所认识。虽然设计审美的内涵十分复杂，但审美主体与客体的关系最终会表现为"人、人造物、环境"之间的和谐。"人"是设计行为的

雷蒙德·罗威设计的流线型机车

主体，也是设计的主体和审美主体；"人造物"是设计的结果；"环境"是人类所处的自然、社会与文化环境，以及设计消费过程所处的生存空间。这些要素构成的整个系统之"和谐"是设计美追求的最高境界。

"美在和谐"是古希腊和中国春秋时期就已经提出的美学命题。中国古代以"和"为美的美学思想范畴包括两个方面："其一，审美对象对审美主体的感官刺激要适度，不能超出一定的界限；另一个是指审美客体应该是多样的统一，艺术之美产生于各种要素所构成的和谐关系之中。"[①]"天人合一"是道家"和"的思想的代表，认为人与自然和谐相处才能求得"美"的境界，引申开来可以把"人"拓展为生活主体的"人"及其相关的实践活动或造物活动（设计），而"天"则包括人及其造物活动所处的自然、社会和人文环境。儒家也赞同"和谐为美"，《论语》说："礼之用，和为贵。先王之道，斯为美。"（《学而》）董仲舒说："举天地之道而美于和。"（《春秋繁露·循天之道》）儒家将"天人合一"解释为艺术之美乃是对天地之和的法象，如《乐记》中说："地气上齐，天气下降，阴阳相摩，天地相荡，鼓之以雷霆，奋之以风雨，动之以四时，暖之以岁月，而百化兴焉。如此，则乐者天地之和也。"

公元前6世纪古希腊的毕达格拉斯学派也是"和谐为美"观点的主要倡导者，该学派主要由数学家、天文学家和物理学家组成。毕达格拉斯学派以几何学观点探索世界，认为几何意义上的量化关系就是万物的本体。他们用数学和声学的观点去研究音乐节奏的和谐，发现声音的差别（如长短、高低、轻重等）都是发音体方面的数量差别决定的。音乐的基本原则在于数量的关系，音乐节奏的和谐是由高低、长

---

① 李泽厚、汝信名誉主编《美学百科全书》[M]，北京：社会科学文献出版社，1990年版，第185页。

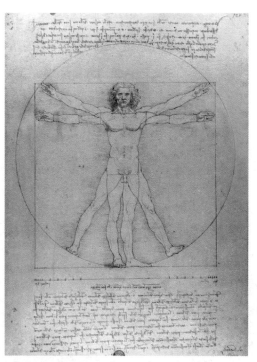

达芬奇绘画作品《维特鲁威人》

短、轻重不同的音调，按照一定数量的比例组成的。后来又把音乐中和谐的思想和道理推广到建筑、雕刻等其他艺术形式上，探索什么样比例才产生美的效果，得出一些经验性数据模型，"黄金分割"就是这种规范的具体例子，被广泛应用于具体的设计之中。

无论是古代中国还是古希腊，"美在和谐"阐述的是作为审美主体与审美客体之间的关系，它至少应该包括以下几个方面：

1.人与物的和谐

"物"是"人造物"，是造物活动的创造成果，也是设计审美的对象。"人"与"物"是审美主体与客体的关系，它们之间和谐就是"主客体的相互适应引起的喜悦与自我肯定"[①]。"人"是设计活动的主体和设计美的审美主体。"人与物"是一对主客体关系，黑格尔在论述主体与客体的关系时，提出主要有三种关系：第一是人与自然的关系，第二是人与自我创造物（所谓的第二自然）的关系，第三是人与宗教、法律、道德等方面的一般精神关系。人造物是在自然无法满

① 王朝闻《审美基础（下卷）》[M]，北京：三联书店，2011年版，第16页。

足人的所有需要的情况下，发挥主观能动性自己动手创造的所谓"第二自然界"，它泛指一切人造器物，大到飞机、轮船，小到一把钳子、一支笔、一个水杯，基本涵盖了

汽车仪表盘将复杂信息可视化

设计行为结果的方方面面。"人与物"的和谐问题是人体工程学研究的重要课题，它强调把人的主体地位放在首位。设计的最终目的是为了满足人的各方面需要，而不是物、技术或其他。在人与物和谐与否的处理上，人体工程学①研究具有重要意义，其突出特点是把人的因素作为产品设计中的重要参数，把人、机、环境统一考虑，为设计师在工业设计中解决人与机的关系提供了科学的方法。人体工程学研究包括生理方面和心理方面。从生理方面上讲，它必须研究人体结构的基本参数，如身高、手长、腿长、肩宽、运动方式、活动范围，以便把这些数据应用到房屋、轮船、服装、器皿等设计中去；从心理方面上讲，它必须研究色彩、线条、空间、形状、声音、气味、肌理等客观因素对人的感情、运动、意志、行为等方面的影响，从而在产品设计

———————

① 人体工程学也称"人机工程学"、"人机工学"，是20世纪初发展起来的一门独立科学，其主要目的是研究人与其使用的产品之间的协调关系，研究人—机相互作用时产生的心理和生理上的规律，是涉及技术科学、生理学、解剖学、心理学、生物力学、物理学、人类学、材料学等多学科的综合学科和边缘学科。

中注重造型、色彩、环境等因素的作用。人体工程学在设计中的作用主要表现在：首先，在设计中追求产品最大的安全性、可靠性和最高的使用效率。如在设计工具时要能够以最小的力做出最大的功，并且舒适安全。其次，在设计中，把美学因素与技术因素同时考虑，达到功能美、结构美、材料美和形式美的统一，满足人的生理和心理需要。

"人与物"的关系，通过审美对象对审美主体所发挥的"高效宜人"效用，使审美主体获得和谐美感。当今的设计已不仅仅是满足人功能性需要的技术设计，而是通过对"人—人造物—环境"系统地研究而达到"舒适+有效+美"原则的设计。"人造物"的有效性，"环境"的舒适性、审美性，都以满足人自身的生理机能和心理尺度为目标，即所谓的"宜人"性。具体体现为人在生活和生产劳动中能够更加自由舒展地发挥主观能动性，使潜能得到最大的发挥，人在使用和操作过程中获得生理上的舒适、心理上的满足和审美上的享受，力求"人造物"从人需求的各个层面都达到"宜人"的效果，真正达到"设计服务于人"的终极目标，体现出宜人高效之美。"人"与"人造物"的和谐互动状态是一种审美体验，任何审美的愉悦都产生于审美主体对审美客体采取的一种超功利目的的基础之上，它是一种精神上的享受。人在宜人的环境中，使用或操作功能与形式完美统一的"人造物"，同时又不受制于"人造物"，以一种自由的欣赏的方式工作，身心处于自由的状态，这便是"人与物"和谐关系所产生的效用。

2.物与环境的和谐

"设计环境"是接受设计产品的消费主体进行消费活动（包括审美活动）时所处的空间，包括自然环境和社会环境。"人造物"与环境之间是密不可分，环境制约着设计，设计又服务于特定的自然、文化和社会环境。

设计人文环境极其构成要素

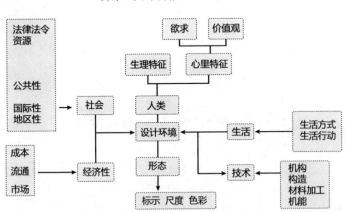

　　在人类的一切设计活动中，人与自然是主客体关系，是黑格尔论述主体与客体关系的第一种模式。自然是人设计实践活动的指向对象，但是人类不是单纯地占有自然物，而是通过设计活动积极地改造自然，同时人类的设计活动又受自然的限制。因而人造物与自然环境之间建立起密不可分的关系。自然环境为不同地域的人类提供各类物质资源，这样设计活动才有了可能性，如原始彩陶便是由自然环境中存在的水、土、火等物质资源，通过人的主观能动性创造加工而成的。同时，人为适应自然生态的发展也要创造不同功能和形式的人造物，满足人类的生活需求。例如，偏居我国东南沿海潮湿多虫地区的人类，为了防潮、防虫，必须适应自然环境、改造生态环境，创造出"干栏式建筑"，即一种在木（竹）底架上建造的高出地面的房屋。人与自然的和谐，通过人造物的途径建立起来，使人、人造物与自然

壮族民居：干栏式建筑

之间呈现良性的和谐关系。当然，自然环境提出的难题不同，解决的方式也不同，由此人类的造物活动变得多样化，人造物与自然环境的和谐美的体现方式也更加多样化。

　　自然环境提供给人类生存的物质资源与手段，也直接影响产品的设计风格。如"北欧的日本"之称的芬兰，在设计界以"芬兰设计"概念著称，设计具有浓郁的自然主义风格，这种风格与其所处的地理位置是分不开的，它西临波的尼亚海，南临芬兰湾，与俄罗斯、挪威、瑞典等国家接壤，森林资源非常丰富，气候十分寒冷，几乎只有冬天和夏天两个季节，领土50%以上位于北纬60度左右，冬天长达四个月，如此寒冷的自然环境也决定了芬兰人的生活方式，顺应环境和季节的变化以调节人与自然间的关系是他们生存的主要问题，在设计

德国宝马汽车公司电动汽车

领域，适合抵御寒冷需要的产品以及具有浓郁自然风格的产品就成了设计的重点。但是，人对自然资源的过度开采和工业化进程带来的环境污染，也使人、人造物与自然之间出现了不和谐音符，为了自然能源的可持续利用和地球环境的优化，设计以可持续发展为理念，通过对设计资源的节约、对零部件的回收利用等方式，调整人、人造物与自然环境之间的审美关系。所以，人与自然环境的和谐，是

动态发展的，它受人类社会生存与发展条件的制约。设计的自然环境探讨设计与自然的关系问题。一方面，设计师要充分利用自然赋予的各方面条件；另一方面设计师还要考虑设计过程、设计的产品在使用和报废后对自然环境的影响。进入21世纪，工业社会所产生有关自然资源开发与环境保护等方面问题日益突出，已经威胁到人类生存的生态平衡。噪音、环境污染、资源浪费等问题已经导致人类生存环境不断恶化，如由于大量使用塑料产生的白色污染，城市霓虹灯、玻璃幕墙带来的光污染，汽车尾气带来的空气污染等。这些问题的出现，给设计师提出了新的要求。要求设计师综合考虑设计活动对整个生态平

芬兰首都赫尔辛基当选2012年世界设计之都

衡的影响，而不是单纯从实用、经济、审美等传统角度考虑问题。

社会环境与人造物的关系比自然环境更密切。社会是以共同物质生产活动为基础而相互联系起来的人们的总体，是非常复杂的人们交互作用的产物，这种交互作用体现为诸多具体环境形态，例如经济环境、政治环境、军事环境、宗教环境、习俗环境等。人以社会的方式生存，并存在于社会的空间中，所以社会环境更易被人们直接地感觉到，对设计的影响也更明显。设计的目的是供人进行消费，人具有社会属性和文化属性。尽管每一个人都有自己的爱好、个性、生活方式、审美趣味等，但是人作为社会集团的一分子，人与人之间的生活方式决定着他不可能生活在世外桃源，因而设计必须充分考虑到设计所处的社会环境，从而使设计具有社会和文化属性。日常生活中所见和所使用的物品，如自行车、手表、家用电器、餐具、娱乐用品、灯具、床上用品、服装等的设计、生产、流通、开发、废物处理等的每一个环节都包含着社会因素在内。如果不考虑产品使用的社会环境，产品设计很难成功。人的社会性心理，如人的消费心理（从众心理、名牌心理等）、消费动机（实用、娱乐、浪漫、虚荣等）也是设计要考虑的因素。

社会环境影响设计的产生和发展。与社会环境相适应的设计与特定历史时代的社会环境相和谐，并得以稳步发展。当社会环境发生变化时，设计样式也会随之变化，直至二者再次形成"和谐"关系，体现为人造物与社会环境的"和谐"动态发展模式。例如，我国在宋代以前，人们多为跪或盘坐在席上，与之相对应的家具以席、案为主。宋代以后变为垂足而坐，家具的设计样式随之变化，以椅、桌为主，生活方式的变化促使家具设计不断与之适应而变化。"设计—生产—消费"是一个共生的社会生态体系，设计的目的是为了企业合理生产，生产是把设计理念进行物化，而消费则是使生产中"物化"的设计在市场中得

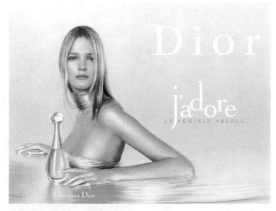

法国香水"迪奥"的宣传广告

雪铁纳(Certina)冠军系列超霸自动腕表

到承认，真正使设计为社会所接受。这一切都是在一定社会和自然环境中进行的，因而可以说"设计"是社会生态体系中有机的一环。设计、生产、消费构成的社会生态体系如果能够良性运转，并与自然生态体系和谐一致，设计就能够真正起到应有的作用。人造物与社会环境的和谐，是互相促进的关系。设计始终受到发展着的社会的制约和推动，设计发展过程既折射出社会发展的轨迹，也引导社会生活方式的变化。

设计主体在进行造物活动时，必须考虑人与物的关系，物与自然

《韩熙载夜宴图》（局部）中描绘的南唐家具

的关系，以及不同文化、宗教、习俗等对设计的影响，这些都是考虑设计是否和谐的审美标准。而设计美所追求的最高标准和理想就是由这些要素所构成的整个系统的"和谐"。设计师的目的就是把人、自然、社会的和谐最好地体现、寄寓在设计品中，以便让消费者在设计品的消费中获得最大的便利和精神愉悦，这便是设计美感。

（二） 设计美学

　　"设计美学"是以设计美为研究对象，探讨人类造物活动、机械生产及设计文化活动中有关美学问题的应用美学学科。设计是为了创造人类的生存方式（包括劳动方式、生活方式、娱乐方式、交通方式等），对人类的命运和未来具有重要作用。美国著名设计师瓦尔特·提格[①]（Walter Darwin Teaque，1883—1960）曾经预言未来是"一个为人类生活重新设计的世界"[②]。因此有人提出设计美学是研究如何使人类设计活动与客观环境变得和谐愉快的、涉及多种技术科学和社会科学的综合性学科。它主要解决设计美的基本理论问题，研究设计审美的本质和发展规律，设计美的原理和方法以及生产生活中设计美的具体技艺。

---

　　① 瓦尔特·提格（Walter Darwin Teaque，1883—1960），是美国最早的工业设计师之一，早期从事平面设计，是一位出色的平面设计家。20世纪20年代，瓦尔特·提格开始尝试进行产品设计，1927年曾经为美国柯达公司设计照相机包装；1928年又为该公司设计了适合大众消费的"名利牌柯达相机"；1936年为柯达公司设计了"班腾"照相机，是现在35毫米照相机的原型。第二次世界大战之后，继续为柯达公司进行设计，并担任了该公司的设计总顾问。到了20世纪30年代，瓦尔特·提格的设计范围和内容更加广泛，逐渐形成了自己的设计体系，是美国早期最为成功的职业设计师之一，曾参与波音707客机的内部设计。
　　② 《技术美学与工业设计》（丛刊），天津：南开大学出版社，1986年版，第256页。

从学科层面考虑，设计美学属于哲学范畴下的"设计哲学"。从应用美学的角度，它属于设计学的分支学科。在设计美学发展过程中先后出现过"劳动美学"、"技术美学"、"工业美学"、"商品美学"、"审美设计学"①等不同的提法，且各有不同的内涵和侧重点。"技术美学"和"设计美学"是其中最常见的称谓，有人把"技术美学"等同于"设计美学"，但就内涵而言，"设计美学"的研究范围应该大于"技术美学"，从"设计—生产—消费"的关系来看，"设计美学"最能体现设计审美的本质问题。

亨利·厄尔设计的汽车

餐具设计

从学科属性上讲，设计美学是社会科学和技术科学互相融合、互相渗透产生的交叉学科，是伴随着现代化工业生产的发展和设计学科的发展而逐渐形成的，其研究的核心问题包括三个方面：人与物（产品）的关系问题、功能与形式的关系问题、设计师主观创造性与客观条件的约束问题。这些问题是设计的本质问题，是设计学哲学层面的问题，就设计美学的应用性而言，设计美学主要研究包括功能美、结构美、材料美和形式美在内的设计审美形式问题。

① 叶朗《现代美学体系》[M]，北京：北京大学出版社，1988年版，第396页。

1. 设计美学的研究对象

笼统地讲，设计美学的研究对象包括设计的全部范畴:设计审美的基本理论问题，设计美的概念、范畴、类型、风格、境界、功利性，以及其他类型美的关系问题；设计美学性质学科性质问题，包括设计美学与其他学科的关系问题，如设计美学与哲学、设计美学与美学、设计美学与设计心理学、设计美学与消费心理学、设计美学、视觉心理学和符号学等的关系问题；设计过程的美学问题，如设计师审美观念的表达、形式美的运用、材料美的运用等问题；设计消费的美学问题，如设计消费的心理问题、文化问题、民族心理问题等；门类设计美学研究问题，即不同类型设计的美学问题，如建筑设计美学、家具设计美学、工业设计美学、广告设计美学等。

2. 设计美学研究的目标

设计美学研究虽然借助哲学和美学的概念范畴，但其研究目标不同于哲学及美学的概念思辨和"形而上"的思考，而是致力于解决设

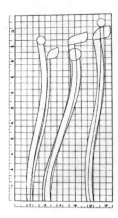

明式家具

现代家具

计面临的"形而下"的具体问题。具体表现在三个方面：

其一，人与物之间的美学问题。人与物之间的关系是复杂的，不单纯是美学问题，但从人是设计消费的主体而言，设计美学的目标之一是借助美学原则实现设计的"宜人化"，建立"人与物"的和谐关系。人与物的关系"不应该仅仅被理解为占有、拥有"①，而是和谐的、审美的感性关系，设计美的目的是使设计更加"合乎人性"。对于"人与物"关系的和谐问题的研究，必须借助多学科研究方法和成果，这也是设计美学的交叉学科属性的体现，如借助设计伦理学、环境伦理学、社会心理学、消费心理学、民族心理学、生态学、设计心理学、设计社会学、人机工程学等学科的研究成果，这些学科在一定领域所探索的人与物、人与社会、人与环境的和谐问题同样是设计美学所关注的问题。

新艺术风格的工艺品

其二，正确处理设计功能与形式的关系问题，"功能"与"形式"是设计矛盾体的两个方面，在不同历史时期各有侧重且体现为不同的设计风

书籍设计

---

① 《马克思恩格斯全集》（第49卷）[M]，北京：人民出版社，1956年版，第43页。

格，并形成不同的审美追求。就功能与形式的关系而言，结合设计史的历史分期，可以概括为以下几个基本阶段：

设计生产的萌芽期：功能至上，设计追求实用功能为目的，形式是功能的副产品。设计的手工业时期：功能与形式并重，产品的功能基本稳定，设计师在设计通过手工个性化生产创造各类具有形式美感的产品，西方称之为"技术与艺术统一"，中国古代追求"文质彬彬"、"体舒神怡"和"美善合璧"等。手工向机械化生产过渡期：功能与形式矛盾冲突期，机械化批量生产的前提是标准化，既有功能、结构的标准化，也有形式的统一标准化，导致产品形式的单一化，产品的功能和形式的矛盾冲突，19世纪末20世纪初西方兴起的"工艺美术运动"、"新艺术运动"和"装饰艺术运动"都是为解决"功能与形式"矛盾冲突而起。现代主义设计时期：功能至上时期，是工业设计的成长时期，从包豪斯的建立到20世纪50年代，是设计的现代主义时期，此时工业技术成熟，并广泛渗透到人们生活的各个领域。就设计领域而言，现代主义第一次被系列化、规范化、

威廉·莫里斯设计的家具

现代家具

标准化，并体现出理性、功能、实用的审美原则。设计无论是在理论、实践还是教育上都已形成了体系。"形式服从功能"、"少就是多"是现代主义设计思想的核心。后现代主义设计及设计的多元化时期：功能与形式关系冲突期，20世纪50年代之后，由于人们的审美趣味的变化，对现代主义设计统一、单调的设计形式日益不满，于是在设计界，首先是建筑设计出现了注重设计形式、装饰以及人们精神需要的设计，这就是人们所说的后现代主义设计时期。"后现代"没有明确的设计思想体系，往往采用现代主义的设计结构，古典主义、有机的、象征的、戏谑的等装饰形式，以满足人的生理和心理需求。如果说米斯·凡·德·罗主张的"少就是多"的设计理念代表20世纪50年代的现代主义设计主张，那么罗伯特·文杜里、丹尼斯·斯克特·布朗提出的"少令人生厌"则标志着20世纪60年代设计观念的冲突，设计在材料、方法、造型和风格上追求变化，观念追求创新，"形式不再服从功能，而是服从趣味"①。

伦敦的新地标

巴黎埃菲尔铁塔

---

① David Hanks. The century of modern design（《现代设计的世纪》）. London：Flammarion. 2010，181.

设计美学研究的目标

一、人与物之间的美学问题

二、正确处理设计功能与形式的关系问题

三、设计师的主观审美追求与客观条件制约的关系问题

其三，设计师的主观审美追求与客观条件制约的关系问题，这是设计美学的核心问题之一。设计与纯艺术最大的不同在于设计必须借助客观条件物化为具有特定功能的产品，而产品的物化过程必然受到客观条件的制约，设计师是在多种客观制约的基础上表达自己的主观审美观念。首先，设计美具有功利性，与艺术家追求的艺术美不同，设计师的审美观念必须建立在满足现实功能需要的基础上，因此有人把设计称之为"令人遗憾的艺术"；其次，设计行为往往是群体行为，设计审美表达是在一个设计团队中进行的，设计师在设计过程有分工协作，个人的审美理念必须服从整体，设计管理学科在很大程度上承担设计团队审美观念的协调问题；第三，设计与科学技术密切相关，设计师的审美表达必然受到科学技术条件的限制，设计对象、设计思维和设计手段都受到科学技术的影响，设计物化与技术及材料表现尤为突出；其四，设计与社会的关系问题，设计是一种设计行为，具有社会属性，设计既受到社会的制约，同时又为社会服务，并对社会发展起到巨大推动作用，德国权威杂志《形态》（form）认为"日本经济力=设计力"，可见设计与社会的密切关系。

设计审美

···117

（三）设计审美形式

　　设计审美是指使用者在获得设计物物质功能的过程中产生的审美感受，是功能与形式高度统一的复合体，设计的材料、结构和功能等内容要素是设计的物质基础，是设计美的重要媒介，而构成产品的形态、色彩则呈现特定的形式美感，同时设计者在创作过程中通过产品不同的造型及色彩等赋予了设计物以不同的情感，使产品在使用过程中获得了使用者的认同。意大利阿莱西公司创建者阿尔伯特·阿莱西曾经提出："一项设计是否优秀，不能仅以技术、功能和市场来评价，一项真正的设计必须有一种感觉上的漂移，它必须能转换情感，唤醒记忆，让人尖叫，充满反叛……它必须要非常感性，以至于让我们感觉好像过着一种只属于自己的、独一无二的生活，换句话说，它必须是充

产品设计

"Juicy Salif" 柠檬榨汁机

满诗意的。"[①] 秉承这种设计理念，阿莱西公司在20世纪90年代中期推出充满童趣造型和色彩感的厨具，赢得了消费者的广泛认同，其产品犹如玩具一样，在使用中获得乐趣，让人在产品背后得到更多的人文关怀。圭多·文图里尼1993年设计的一种"GINO ZUCCHINO"撒糖器，采用一个卡通形象，迎合了消费者追逐轻松化、趣味化的生活态度。法国设计师菲利普·斯达克强调设计"直觉和情感的作用高于理性"，他的设计追求"模糊技术与艺术界线"，热衷于戏谑、幽默或拟人化、仿生化的有机造型，具有强烈的"后现代主义"风格特征，认为"特定形式高于一切"，1990—1991年设计"Juicy Salif"柠檬榨汁机，具有浓郁的艺术色彩，被誉为20世纪的设计"符号"。

设计审美与日常生活密不可分，设计服务于日常生活，为日常生活的审美化提供了物质基础。设计的创造性成果在生活中的显现是无处不在的，设计品源源不断地进入生活，改变着人的物质条件、生活环境及生活方式，渗透到衣食住行等社会生活的方方面面。设计品是日常生活中的审美对象，审美主体包括设计者及使用者，他们通过对设计对象的使用、观察、发现、感受，去主动接受美的感染，领悟情感上的愉悦，在设计审美中展示自身的本质力量。这要求设计创造活动，既要遵循美的规律，又要满足人的审美需要，使设计兼具功能美与形式美，技术美与艺术美，具备激起审美主体审美感受和审美评价的特性。

1.设计的功能美

功能美是设计追求的美学境界之一，是设计美的核心范畴，它通过设计品或环境对审美主体预期要求的满足和共鸣而显示其审美价

---

① [英] 米歇尔·克林斯《阿莱西》[M]，李德庚译，北京：中国轻工出版社，2002年版，第18页。

值。功能是指设计产品具有的目的和效用，即合目的性原则，当一件设计产品能够符合和满足该产品的预定目的，实现其规定功用时，便具备了功能性。功能性是设计的根基所在，对设计起决定性作用。中西方对设计功能的认识和肯定由来已久。早在公元前5世纪古希腊著名哲学家苏格拉底就提出"功能即美"的观点，指出一件物品只要符合实用功能，那么它就是美的。法国美学家苏里奥认为一种产品只要正确地体现了预期的功能就具有美，西方现代设计中的格罗佩斯、勒·柯布西耶等设计大师，更充分肯定了设计功能的重要性，柯布西耶甚至提出"房屋就是居住

勒·柯布西耶：马赛公寓，1952

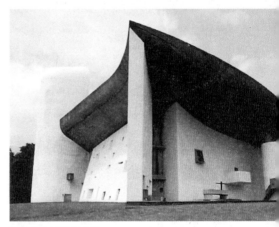

柯布西耶建筑设计作品

的机器"，沙利文主张设计"形式服从功能"。中国古代韩非子提出的"玉卮无当"也巧妙地说明了"功能第一"的原则，在功能与形式的关系上，中国古代设计史上"功能至上"的设计思想一直占有主导地位。

设计产品的功能充满物质功利性，是为了满足主体一定的目的和需要才被创造出来的，人与设计审美对象之间是利害关系。一把椅子能坐，一间房屋能居住，似乎和"美"相去甚远，但对设计美学而言，却是美的重要部分。人和设计品之间存在一种审美关系，是主体

与客体之间的价值关系，人类的实践活动一方面是为满足某种实际需要，或达到某种功利目的而进行的；另一方面，当这种活动和活动的成果能在一定程度上满足人的需要，肯定人存在的价值时，它就会在满足人的功利需要之外，引起一种精神上的愉悦，这就是本质意义上的美感。这种审美共鸣与西方传统美学观念是相背离的，传统审美观念具有"非功利性"特点，甚至将功利与审美直接对立，如康德认为："一个审美判断，只要是掺杂了丝毫的利害比较，就会是很偏私的，而不是单纯的审美判断。"[①]康德所认为的这种毫无功利的"纯粹美"确实存在，但它存在于一些没有目的交织在一起的线条或现实生活中的花卉、树木等自然环境中，这些审美对象的美本身毫无目的和欲望可言。这种美并不涵盖世间万物，我们毕竟生活在一个物质的世界中，现实生活中大量存在的还是与功利、欲望等密切交织在一切的"依存美"，即以对象的一个概念并以按照这概念的对象的完满性为前提[②]。

康德对审美的无利害感的强调，说明他片面强调审美的个人心理的主观直觉性，而忽视了审美的社会功利性，忽略了审美对象和社会之间的联系。设计的功能性是首要的，它的美不能脱离实用目的，

伊曼努尔·康德（Immanuel Kant，1724年4月22日—1804年2月12日）

① [德]康德《判断力批判》[M]，转引自朱光潜《西方美学史》[M]，下册，北京：人民文学出版社，1994年版，第13页。

② [德]康德《判断力批判》上卷[M]，北京：商务印书馆，1987年版，第67页，转引自徐恒醇《设计美学》[M]，北京：清华大学出版社，2006年版，第142页；康德提出"有两种美，即自由美和附庸美。第一种不以对象的概念为前提，说该对象应该是什么。第二种却以这样的一个概念并以按照这概念的对象的完满性为前提"。

因此既要服从自身的功能结构，又要与所存在的自然、社会及文化环境相和谐。功能美兼具个人心理的主观直觉性质和社会生活的客观功利性质，即功能美是带有功利性的美。美的最高境界都是精神化的，功能美是通过超越其固有的功利性而达到审美境界的。传统美学认为，如果人与客体之间有了某种利害关系，那么人就会被自身的目的所束缚，从而达不到根本意义上的所谓自由的精神境界，即"人被物所役"。但在设计中，功能需求的满足固然有限制精神的一面，但同时也为向精神的上升提供了可能性。设计功能主要是满足人的生理需要为根本，如操作的方便性、使用的先进性等，这一定程度上带给使用者生理上的快感，同时，在生理快感中还夹杂着由此而升华的复杂情感，如身心协调配合的舒畅感、良好人际关系的和谐感等。"一切产品都是人们为一定目的，按照自己掌握的客观规律对自然物质进行加工改造的结果，当产品实现它的预定功能时，合目的性与合规律性达到统一，人就取得一种自由，而能够充分体现这种统一的产品的典型形式或者说是它的自由的形式就表现出一种美，这就是功能美。"① 因此，功能美是人们在充分享受功能先进而带来的便利的同时，获得情感上的满足，即通过设计固有的功利性而达到的审美境界。

2.设计的形式美

形式是和内容相对的概念，是内容的组织形式，是内容各部分的组合方式。形式美是功能美的抽象形态，是指构成设计作品的物质材料的自然属性（色彩、形状、线条）以及它们的组合规律（比例、节奏等）所表现出来的审美特征，表现在设计的整体形象与环境之间、设计的整体与局部之间的协调关系上，是事物形式因素的自身结构所

① 徐恒醇《技术美学》[M]，上海：上海人民出版社，1999年版，第168页。

蕴含的审美价值。形式美构成因素包括两部分：一部分是构成形式美的感性材料，主要有色彩、形状、线条等，分别把它们按照一定的构成规律组合起来，就形成色彩美、线条美、形体美等形式美；另一部分是构成形式美的感性质料之间的组合规律，即形式美法则，这些规律是人类在创造美的活动中不断地熟悉和掌握各种感性质料因素的特性，并对形式因素之间的联系进行抽象、概括而总结出来的，如节奏、对称、比例等。形式美是一种具有相对独立性的审美对象，它在漫长的社会实践和历史发展过程中，将原有的包含着具体社会内容的心理、观念、情绪等内容，逐渐泛化为某种观念内容，形成某种规范化的形式，这种经过历史积淀的形式美，就成为一种根植于人类社会

形式美的构成因素

实践的"有意味的形式"①，成为独立存在的审美对象。

　　形式美是人类发展过程中的经验积累和总结，其产生与两方面因素密不可分：其一，在人类进化过程中，人的智慧是形式美产生的生

————————
　　① 英国文艺批评家克莱夫·贝尔（Clifve Bell，1881—1964）于19世纪末提出"有意味的形式"理论。他认为："在各个不同的作品中，线条、色彩以及某种特殊方式组成某种形式或形式间的关系，激起我们审美感情。这种线、色的关系和组合，这些审美的感人形式，我称之为有意味的形式。'有意味的形式'就是一切视觉艺术的共同性质。"

理和心理基础；其二，人的实践活动为形式美的产生提供了机会。当今人们常对新石器时代大量出现的几何图形表示惊讶，从这些几何化抽象艺术，不难发现形式美秩序的雏形。原始人怎样创造这些图形的？创造图形的灵感来自于何处？它们代表什么？虽然有些问题无法

1964年东京奥运会主体育馆——代代木体育馆

得出准确结论，但是某些问题是可以肯定的：人类大脑思维能力的不断加强，实践活动范围的扩大，以及对实践活动中接触到的"自然物造型"认知和总结是形式美产生的源泉。

首先，人类对几何、色彩、抽象图形的认识，源于实践中的观察、体味和抽象总结。在自然界，万物都有色彩、线条、形体、结构，例如树叶的对称组织、果实的结构、树木的年轮扩散以及植物花朵的多姿多彩、昆虫翅膀（如蜻蜓、蝴蝶等）的闪烁、鱼鳞整齐的排列、鸟儿羽毛的斑斓。

其次，人类也从自身机体的对称结构认识到了对称美的存在。就自然运动而言，对称结构是因为作用于客观物体的作用力均匀、平衡而产生的。如地球、陨石的圆形是宇宙中万有引力作用的结果。人类从自己的实践中发现自然界和自身的"形式"，并通过生产把它们赋予自己的产品的时候，人们才认识到它们的价值，逐渐把它们概括、

富勒设计的蒙特利尔世博会展馆

抽象，从而总结出对称与均衡等形式美法则。它是人们在长期生产实践中不断积累，经过抽象化、概括化和典型化的结果，其越高度抽象、概括，远离具象因素，就越具有跨时代、跨民族、跨文化性，这也是对称与均衡的形式美法则被广为接受的原因。

美国自然主义美学家乔治·桑塔耶纳在1896年曾断言："美学上最显著最有特色的问题是形式美的问题。"[①] 形式美是功能美的抽象形态。通过设计语言体现的形式美是设计师独特设计风格的重要体现。西班牙著名建筑设计师安东尼·高迪设计的米拉公寓，所有部位都尽量避免采用直线和平面，而采用曲线，墙面凸凹不平，屋檐和屋脊有高有低，呈蛇形曲线，房间的平面形状也几乎全是"离方遁圆"，本来是静态的建筑，却给人以动的视觉感受，这便是曲线的形式美和节奏、韵律的形式美带给人的美感享受。

3.设计的技术美

技术美是人类"在物质生产和产品设计过程中，运用艺术与技术

---

① [美]桑塔耶纳《美感》[M]，北京：中国社会科学出版社，1982年版，第55页。

相结合的手段对生产环境、工具、产品进行加工所形成的美"[1]。技术美是工业生产的产物，是人类技术活动的精神体现，最终体现在人类技术活动的结果——设计物。技术美根据技术发展所经历的两个不同阶段，而表现出不同的形态特征和风格。一是手工技术手段，即以手工操作方式为主进行的技术活动。此种技术多建立在个人生产的直接经验和主观感受的基础上。手工技术本身就具有一种审美趋向，设计主体在纯手工或借助工具进行操作的过程中，需要对尺度关系、分量、比例等进行反复的试验，最后总结经验，找到最佳的比例关系和剂量，这些是手工技术成功与否的核心要素。在手工制作过程中，主体把它自身的操作行为和个人痕迹赋予在产品的形式中，从而使手工技术具备了人文气息和情感因素。同时创作主体在制作过程中无意留下的手工痕迹，也成为形式美因素。例如中国陶瓷在轮制技术发明之后，手工艺人在制作过程中会无意中留下拉坯成型时的旋转痕迹，这种人为痕迹除带有人情味的情感因素外，还是一种审美对象。二是现代科学技术。近代以来，由于生产力的提高和经济的发展，科学实验逐渐向技术转化，科学与技术也相互渗透和结合。以机器大生产为主要生产手段的现代设计，在很大程度上依赖于

安东尼.高迪：米拉公寓，位于西班牙巴塞罗那（Casamila，1906—1910年建成）

① 邱明正、朱立元主编《美学小辞典》增订本[M]，上海：上海辞书出版社，2007年版，第36页。

人类对于科技成果的运用，科技成果的物态化越快越明显，现代设计的发展就越快。现代设计中科学技术的物化主要是通过新技术、新材料、新机器等方式完成，被称为"所有艺术之母"的建筑[①]最能体现设计的技术美。1851年第一届世界博览会，除了展示工业成就外，为举办展览而设计建造的建筑本身——水晶宫，凝聚着当时科学技术的最新成果，是利用新材料、新技术与新形式，对建筑的新尝试，在建筑史上具有革命性的意义，开辟了建筑形式的新纪元。当今被誉为世界第一高楼与人工构造物的哈利法塔，它共162层，总高828米。建筑设计采用了一种具有挑战性的单式结构，由连为一体的管状多塔组成，呈现出太空时代风格的外形。在建筑物材料和设备上，哈利法塔总共使用33万立方米混凝土、3.9万吨钢材及14.2万平方米玻璃。这些都是现代科学技术带来的新型工业材料。大厦内设有56部电梯，速度最高达每秒17.4米，是世界速度最快且运行距离最长的电梯。哈利法塔把科学技术用于建筑设计中，从塔的高度、结构、新型材料、新型技术及新

型设备中，人们体验到的是一种带有冲击性的生理快感和美感，技术美成为一种物化形态的审美对象。科学技术物化为可看、可观、可感受的直接美感，这

哈利法塔

————

① Edited by Octavia Reeve. the perfect place to grow: 175 years of the Royal College of Art. London: Royal College of Art, 2012, 79.

种美感是设计产品合规律性和合目的性的统一达到的一种自由境界。技术美的产生和发展，要求设计主体，不断从设计实践和设计理论层面探求技术的审美价值，并通过整合设计行为把科学技术与艺术结合起来，通过艺术的方式将科学技术展示出来，这是未来社会的发展趋势，也是现代设计的最终呈现。

设计审美是非常复杂的问题。首先设计美是建立在技术的合理性基础上，过分追求审美往往带来技术条件、结构功能上的问题；其次，审美主体千差万别，很难使产品满足不同消费群体的共同需要；第三，审美受人们的生活经验和文化积淀的影响，大量的审美需要并未被人们所认识。设计的生命在于创造，优秀的设计师应该具有较高的审美素养，在设计出满足大众审美需求产品的同时，更要不断提高大众的审美趣味，引领大众生活。

四、设计策略

四、设计策略

　　设计的本义是"谋划"，简言之，就是实现一种预想的目标。从人们创造"物的体系"来看，手工时代的设计与物的生产和使用融为一体，工业时代的设计是现代产业链上的独立环节，信息时代的设计更在于多领域跨界，成为一种综合的协作与运筹。从这个意义上说，设计即是策略，是造物的策略，是驱动生产和消费的策略，也是更深层次上文化价值观的整合、表达和传播。所以，无论是设计制造一件产品，还是设计规划一种体验流程，本质上都是满足某种需求、实现某个目标的过程。

　　因此，当我们关注中国如何从一个"生产大国"转变为"设计大国"的时候，更要回归设计的本义，因为它绝不仅仅是加强研发、促进原创等某一个具体环节那样简单，而是实现一种本质上的转变，是从专注于大规模地、快速地生产以创造利润，转向细腻地规划物用、体验以及其中的价值、意义和境界，这是一种心智模式的转变，也是一个民族创造力再激发的过程。

　　正如人们所探讨的，"慈母手中线，游子身上衣，临行密密缝，意恐迟迟归"，这既是对远行衣物牢固结实的一种功能设计，更有关怀的、情感的融入，如果我们将中华民族丰厚的精神文化资源转化融入到我们对产品、对服务等方方面面的创意和构想，通过细腻的设计，实现一种更深层次的交流、共鸣和关怀，使文化的创造力延展成产业，那就是低碳的、环保的、有中华文化血脉和基因的产业，具有真正核心的竞争力。

如果说每一种文化都有自身的基因，那么确实应当用好历史赋予我们的东西，并形成自身发展的策略。因为竞争本身就是战略的竞争。当前，疆域意义上对"大国"的定义已经让位于文化，韩国等小疆域的大国正是以设计、文化的全球扩张，成为全球化的大国。真正从战略意义上思考和解决产业升级、转型发展等现实问题，具有紧迫性。我们需要更深入地把握设计作为策略的内在规律和思路，学习借鉴相关的举措和经验，研究和实践属于中国的设计战略，谋求新的复兴与发展的机遇。

（一）设计进程

　　"设计"在汉语中的本意是"设想"与"计划"，这一点上章已提及。同时设计也是策略的运筹与实施，如《说文》所释"设，施陈也。计，会也，算也"，"设计"作为整体谋划，既涉及物的创造，也包含事与理的筹划。即使在社会发展进程中，设计一度成为产业流程中的一个上游预设环节，也仍然具有"解决问题"、"寻找恰当路径"的内涵。英国设计学者约翰·克瑞斯·琼斯在《设计方法》中列举了11项"设计"的定义，包括"一种目标导向的问题解决活动"、"一种非常复杂理念的诠释行为"、"由现有事实扩展至未来可能的想象力"、"一种创造性活动——它涉及将前所未有的新式或有用事物加以具体实现的活动"等[①]。而且恰恰在社会发展的驱动要素从物质资源、机械技术转变为电子信息的过程中，设计的含义也变得更加纯粹、无限度地接近其作为初始的"策略运筹"的本意。因为从人们创造"物的体系"来看，如果说手工时代的设计与物的生产和使用融为一体，工业时代的设计是现代产业链上的独立环节，那么信息时代的设计更在于多领域跨界，因为基于制造和生产物质产品的社会开始向基于服务或非物质产品的社会转型，设计需要应对并引领信息时代多媒体认知方式、非线性网络思维、对三维时空的超越、超文本辐射等

　　① [美]赫伯特·西蒙《关于人为事物的科学》[M]，杨砾译，北京：解放军出版社，1985年版，第106页。

一系列改变，因而更是一种综合的协作与运筹。从这个意义上说，设计即是策略，是造物的策略，是驱动生产和消费的策略，也是更深层次上文化价值观的整合、表达和传播。

阿摩斯·拉普卜特在《建成环境的意义》中提出："在所有的文化中，物质对象和人工物都被用来(通过其一些形式和非语言表达)组织社会联系；而且编码于人工物中的信息，被用作社会标志，并用作人际交流的必然组织。"[①] 或许没有什么能比设计更集中地反映社会历史文化进程中的物质形态和它背后的思潮，具体呈现生产、生活方式和更深层次上交织演化的驱动力，充分弥合艺术与科技、精英典籍与大众生活、国家意识形态与日用民生的分野，综合而生动地呈现生活的智慧。

1.设计与传统社会

在以农业、手工业为主体的相对漫长的传统社会，设计更大程度上是一种伦理的策略。设计既受到社会礼俗的规约，以不同形式呈现出传统文化、生活习俗、礼仪制度以及宗教信仰等根深蒂固的社会思想和规范，也在程式法则、工艺技巧等传承发展的过程中服务和维系着社会的礼俗规范。相对于大机械时代职业化的设计而言，传统社会的设计尚未成为独立的活动，不具有专业化、职业化、制度化的特点，而是与造物活动融为一体。如果说相对于工业时代的"自觉设计"，传统社会的设计是一种"自发设计"[②]，那么社会传统礼俗发挥

---

① 阿摩斯·拉普卜特《建成环境的意义：非言语表达方式》[M]，黄兰谷译，北京：中国建筑工业出版社，2003年版。

② 20世纪60年代，西方学者将手工业时代的设计称作"自发的设计"，将大机械生产时代职业化的设计称作"自觉的设计"。认为"自发的设计"是手工业时代的设计，"自觉的设计"是机械化生产以来制图设计、模型制作等专业化、职业化的设计。参见Alexander C《形态综合注释》，哈佛大学出版社，1964年版；[英]潘纳格迪斯·罗瑞德《设计作为"修补术"：当设计思想遭遇人类学》，陈红玉译，《艺术与科学》卷四，李砚祖主编，北京：清华大学出版社，2006年版，第76—85页。

了重要的引导、界定和支配作用，师傅带徒弟、传子不传女等传承方式也巩固了传统礼俗对设计的支配作用。

设计作为伦理策略体现在传统社会的衣、食、住、行、用之中。如英国学者潘纳格迪斯·罗瑞德所指出，"传统最显著的作用：它决定着人工品的形式，设计者仅仅通过在余下来指明的有限空间里表达他自身，因此是传统导致了本土设计风格和自发设计特点的形成"①。以服饰设计为例，被称为"衣冠王国"的古代中国，服饰之盛不仅在于绘、绣、染、织丰富的制作工艺和对图案设计锲而不舍的追求，更在于包含伦理内容的一整套全面、细致、系统、繁琐的冠服制度，其纹饰、用料等绝非单纯的审美装饰，更具有昭名分、辨等威、分贵贱、别亲疏的作用，如吉服五服以衣裳所绣纹样区分天子、诸侯、卿、大夫、士的等级秩序，丧服五服以衣服的用料和形制区分穿着者与逝者的亲疏关系。古代帝王上衣绘有日、月、星辰、山、龙、华虫六种图案，下裳绣有宗彝、藻、火、粉米、黼、黻六种图案，合为"十二章"纹，昭示的是品格和威仪。服饰设计需体现人与人之间的尊卑等级，反映亲疏远近的血缘关系，将个体纳入尊卑有序、贵贱有等的社会整体之中。同样的情况也发生在西方，其古代服饰设计深受宗教观念影响，中世纪服装色彩单调并严密遮盖身体，即是受禁欲主义思想的影响，体现了对肉体的否定和对灵魂得救的企盼。同样，拜占庭贵族的华丽服饰也与宗教思想有关，"光彩夺目，简直像镶嵌壁画般灿烂，令人感觉到它具有否定人类的抽象的、绝对的宗教性"②。

服饰设计如此，饮食器用亦然。器皿的设计使用不仅关乎实用功能，还与礼俗相关。《礼记·燕义》中记载燕礼中君、卿、大夫、

---

① 潘纳格迪斯·罗瑞德《设计作为"修补术"：当设计思想遭遇人类学》，陈红玉译，《艺术与科学》卷四，李砚祖主编，北京：清华大学出版社，2006年版，第76—85页。
② [日]千村典生《图解服装史》[M]，北京：中国纺织出版社，2002年版，第17页。

清光绪 明黄缎绣五彩云金龙十二章纹男夹吉服袍

商周时期青铜器：司母戊大方鼎，中国国家博物馆

北京故宫博物院：皇极殿

士、庶子所用"俎豆、牲体、荐羞，皆有等差，所以明贵贱也"。如研究者所指出，天子、诸侯、卿、大夫、士、庶人因地位不同而饮食各有等差，于是食器成了身份地位的象征，本来用于炊具的鼎便成了君主权力的象征，"问鼎"指图谋篡权，"迁鼎"则指政权灭亡。所谓"天子之器"、"霸王之器"、"君子之器"，往往有详细记载和区分。"器以藏礼"，器物的范式、形制以及使用，都受礼俗制度的规约和影响。

同样，建筑的设计充满了"礼"的应用与表达。中国传统建筑作为礼制建筑包含着营家、营国、营天下的尺度，宫、室、宅、陵、堂等不同空间，有着身份地位、礼乐用度的区别。天子制礼作乐、祭祀天地祖先，百姓日常起居，都有空间用度的区别和规范。此外苛守中正的空间设计原则，也与树传统、立规矩相关。如《春明梦余录》所述：

"皇极殿九间，中为宝座，座旁列镇器，座前为帘，帘以铜为丝，黄绳系之，帘下为毯，毯尽处设乐。"① 礼仪秩序与空间装饰设计融合为一。

不仅中国传统社会的空间设计受到礼俗的规约和影响，西方亦如此。鲍德里亚分析"古典时期的布尔乔亚家具摆设"即指出，其家具摆设往往是一种装饰与抽象伦理的结合，家居空间设计反映的是父权制的权威和家庭关系：

典型的布尔乔亚室内表达了父权体制：那便是饭厅和卧房所需的整套家具。所有的家具，功能各异，但却能紧密地融合于整体中，分别以大餐橱（buffet）和（位于房中央的）大床为中心，环布散置。倾向于聚积，占据空间和空间的密封性。功能单一、无机动性、庄严巍然、层级标签。每一个房间有其特定用途，配合家庭细胞的各种功能，更隐指一个人的概念，认为人是个别官能的平衡凑合。每件家具相互紧挨，并

明 玉带板：古代官品位的标志

---

① 孙承泽《春明梦余录》，《钦定四库全书荟要》本，长春：吉林出版集团，2005年版。

参与一个道德秩序凌驾空间秩序的整体。它们环绕着一条轴线排列，这条轴线则稳固了操守行止的时序规律：家庭对它自身永久保持的象征性的存在。在这个私人空间里，每一件家具、每一个房间，又在它各自的层次内化其功能，并穿戴其象征尊荣——如此，整座房子便圆满完成家庭这个半封闭团体中的人际关系整合①。

显然，空间的设计以及物的关系反映的是人的关系。

此外，出行所用车马阵仗的设计同样遵循相应的礼法规范，史书中"舆服制"对车制差异做出规定，如《金史·舆服志》所述："古者车舆之制，各有名物表识，以祀，以封，以田，以戎，所以别上下、明等威也。历代相承，互有损益。"②

显然，传统社会的设计虽与手工造物的过程融为一体，但并无过多的造物者个人的色彩，而是深深受到社会传统的规约。所以历史上记述手工艺设计的技术文献《考工记》被列入《周礼》，设计具有鲜明的礼制色彩。如《考工记·玉人》对玉器形制、装饰、尺寸等的区分依循的是人的身份差别和礼俗规范，"圭璧五寸，以祀日月星辰。璧琮九寸，诸侯以享天子。谷圭七寸，天子以聘女。镇圭尺有二寸，天子守之。命圭九寸，谓之桓圭，公守之。命圭七寸，谓之信圭，侯守之"③。如潘纳格迪斯·罗瑞德指出："既然传统决定着问题的构成，那它就限制着目的的偶发性；既然传统决定着何种材料可以进入设计者考虑的视野之中，那它则限制着制作的偶发性；既然传统决定着设计者感知境遇的方式，那它则限制着起因的偶发性。"④在个体创

① 鲍德里亚《物体系》[M]，林志明译，上海：上海人民出版社，2001年版，第13页。

② 《金史·舆服》[M]，北京：中华书局，1975年版。

③ 戴吾三《考工记图说》[M]，济南：山东书画出版社，2003年版。

④ 潘纳格迪斯·罗瑞德《设计作为"修补术"：当设计思想遭遇人类学》[M]，陈红玉译，《艺术与科学》卷四，李砚祖主编，北京：清华大学出版社，2006年版，第76—85页。

造力受到限制的同时，传统社会的设计也以集体性的、传承性的形式形成了极为突出的本土风格和特色，具有鲜明的标识度。设计作为一种伦理策略与社会思想、习俗以及与物的形态整体化的融合，并作为民族、地域的"物的系统"内嵌于整个社会进程中，承载了相应历史阶段里人类文明方方面面的内容，具有丰富的包容性。

值得指出的是，在传统社会里，设计作为一种伦理策略，不仅以物化的形式体现人与人之间的伦理规范，而且包含生态伦理的内容。最有代表性的莫过于《考工记》"天时、地气、材美、工巧"的设计系统观。例如，遵循自然规律，"弓人为弓""取六材必其时"，"冬析干则易，春液角则和，夏治筋则不烦，秋合三材则合，寒奠体则张不流"；"舆人为车"用材讲究"直者如生焉，继者如附焉。凡居材，大与小无并，大倚小则摧，引之则绝"，"斩毂之道，必矩其阴阳，阳也者，稇理而坚；阴也者，疏理而柔"[1]等等。

《考工记》描述精制良弓

整体上说，传统社会里设计作为造物活动，更大程度上体现的是社会礼俗的规约，是集体的、传承的，缺少个体的、创意的内容。当手工时代发展到机械时代，设计发生了多元化的裂变，它成

---

① 戴吾三《考工记图说》[M]，济南：山东画报出版社，2003年版，第34页。

为整个造物体系中一个独立的、预设的环节，并与消费发生了更紧密的联系，设计中的符号意义发生了深刻变化，左右设计发展的不再是传统礼俗，而是变动不息的消费市场，设计的符号意味不再指向宗法伦理和宗教信仰，而往往与消费和市场相关，更大程度上成为驱动消费的策略。

2.设计与现代社会

工业革命引发生产方式和生活方式的深刻变革，形成现代生产、流通、分配经济体系，设计不再是手工业时代融合为一的造物过程，而是现代产业链上游一个独立的环节，作为制造的上游程序具有专业化、制度化、程序化的特征。设计人才由学校培养，摆脱了"世代单传"、"传男不传女"、"传长不传幼"的传习模式，从以往行会、手工作坊等经验传承方式中解放出来。设计不再受制于无形的"传统之手"，不是凭借经验和传统行事，在创新成果的法律保护下，其知识积累和技术进步直接与市场效益和市场范围相关，设计具有了前所未有的创新活力。一系列新发明、新技术、新工艺先后问世，带来了生产力的巨大发展。设计既在产业革命中获得了独立、自觉的地位，也进一步释放创新能量，与产业发展互为影响和推动。

在这一系列改变中，市场与消费无疑对设计产生了最深刻最重要的改写。鲍德里亚关于"消费社会"的分析指出："今天，在我们的周围，存在着一种由不断增长的物、服务和物质财富所构成的惊人的消费和丰盛现象。它构成了人类自然环境中的一种根本变化。恰当地说，富裕的人们不再像过去那样受到人的包围，而是受到物的包围。"人们生活在物的时代，"在以往所存的文明中，能够在一代一代人之后存在下来的是物，是经久不衰的工具或建筑物，而今天，看到物的产生、完善与消亡的却是我们自己"①。

　　设计大范围地成为刺激消费的策略始于20世纪30年代，其时生产过剩的经济危机预示着生产社会向消费社会的转化，为刺激消费，设计成为企业生存的重要支撑，通过设计来提升产品和企业的竞争力成为企业的普遍共识。所以雷蒙德·罗威对可口可乐的设计带来了巨大的商业利润，"在一个强调商品竞争、以设计创意引导消费为核心的经济运作机制中，设计比其他任何工具在经济发展都更具有杠杆的作用，而且设计作为经济发展和竞争的关键性因素"。正是在这样的背景下，"有计划地废止制度"产生，其内容在于"一是功能性废止，即使新产品具有更多、更新的功能，从而替代老产品；二是款式性废止，即不断推出新的流行风格式样和款式，致使原来的产品过时而遭消费者丢弃；三是质量性废止，即在设计和生产中预先限定使用寿命，使其在一定时间后无法再使用。总之，其目的在于以人为方式有计划地迫使商品在短期内失效，造成消费者心理老化，促使消费者不断更新，购买新的产品"②。这种推陈出新刺激消费的设计观念很快波及几乎所有的产品设计领域，而随着设计从产品造型发展成为系统设计、服务体验设计，设计更从面向单一消

可口可乐

　　① 让·鲍德里亚《消费社会》[M]，刘成富、全志钢译，南京：南京大学出版社，2001年版，第1页。
　　② 王受之《世界现代设计史》[M]，北京：中国青年出版社，2002年版。

费需要，发展为消费系统的整合方式以及消费价值和消费意义的建构策略。

3.设计与当代社会

20 世纪 90 年代，人类开始进入了一个新的时代——信息化社会时代。如果说工业社会是有形的物质和能源创造价值的社会，是以物质生产和物质消费为主的社会，那么，信息社会则是"无形的信息和知识创造价值的社会，是以精神生产和精神消费为主的知识社会"。无形的信息成为比物质和能源更为重要的资源。"在信息技术快速发展的推动下，通过信息资源与物质、能量资源相结合，创造出各种智能化、信息化、网络化的生产工具，促使信息经济活动迅速扩大，逐渐取代工业生产活动而成为国民经济活动的主要内容。"[①]设计在"跨界"发展的同时进一步回归其策略、运筹的本义。

首先，在战略层面，设计的根本目标不再是增进工业、商业等物质繁荣以获取更大的效益和更强的实力，而是着眼于文明进步和社会发展，全面协调促进生态和谐、推动经济发展方式转变、促进文化繁荣、优化生活方式，简言之，是"使生活更加美好"。如社会学、经济学研究所指出的，"在文明早期，城市发展的重心主要在物质文明与政治文明。在当代城市的发展中，基础性的'物质文明建设'与基本的'政治、法律制度建设'已不再是城市文明发展的最高理想"[②]，和谐与幸福成为新的着眼点。尤其"城市化"问题凸显出人与自然的关系问题，诸如环境污染、住房用水资源紧张等，均促使人们进一步思考"能不能用投入较少的资源，消耗较少的环境，获得民众较多的

---

① 孙伟平《信息社会及其基本特征》[M]，《哲学动态》，2010年第9期。
② 刘士林《大都市框架下的社会思潮与学术生产——2007中国城市发展模式转型与都市文化创新》[J]，《学术界》，2008年第1期。

汉堡之家一座以极低的能耗标准为特征的"被动房",基本无需主动供应能量

幸福和快乐？能不能在增加发展的正效应时，更着力于减少带来的负效应？能不能使民众在增加获得物质财富幸福快乐的同时，减少其带来的污染、不可持续、社会关系紧张等痛苦，使发展的幸福和快乐效应最大化？"所以，设计要致力于降低能源消耗，减少环境污染，实现低碳、环保，促进生态和谐。设计要具有宽广的文化视野，汲取传统智慧，促进文化繁荣，推动和谐发展，而非对抗或单一模式的复制。设计也要从创意层面、从规划发展的配套机制方面推动经济发展方式转型、促进产业结构调整，在设计产业以及城市发展规划中，发挥更广泛、更切实的衔接和促进作用。总而言之，设计前所未有地成为设计本身，关注并求解人类整体的发展主题，在宏观的发展战略指引下，渗透于各个领域，发挥具体的作用。

在技术层面，设计的作用在于引领科技创新。因为设计关切发展、承担使命、具有战略理念，它不再是技术的追随者，而是科技的开掘者和应用者，具有主导作用。以建筑设计为例，1815年伦敦世博会水晶宫的建造，开启了融合新技术、新材料，以建筑表达时代精神的传统，经过机械化、标准化以及运用钢铁、玻璃、混凝土诠释"工业文明"的时代；2010年上海世博会对超轻发电膜、大豆纤维、可回收软木、标签纸等建筑材料的集中应用，对太阳能电池板、光电集成模块、新型温室绿叶植物的广泛应用，凸显了建筑"生态时代"的到来。其进步意义在于，不是因为生产技术的提升提供了用于建筑的新技术、新材料，而是

1815年伦敦世博会"水晶宫"建筑外观

为了实现人与自然的亲善和谐、为了创造宜居生活环境而创造性地开发、运用新技术和新材料，在设计理念的导引下，科技、工艺也不只是单纯的工具，而承载了新的人文理想。

在实践机制层面，设计需要跨领域协作。设计发挥着比通常意义上产品设计、展示设计更丰富的作用，体现出设计在经济转型、城市发展过程中与管理协作的战略共生关系。事实上，设计不再是单纯的工艺或艺术行为，甚至不只是设计师的行为，而是相关目标、相关主题下不同领域的综合协作。如交通系统、城市住房、能源利用、生活环境的规划中，设计是相互联系的系统，而非孤立、具体的项目环节。从这个意义上看，设计不仅需要融合科学与艺术，加强相关领域协作，更要在整体的、系统化的规划构架中发挥作用，而这种协作机制本身就是设计的战略理念和科技引领作用得以实现的保证。

如果说在社会的"现代化"进程中，随着人作为主体的独立，艺术、审美等人文领域因为关系人性的完整而拥有独立自足的内涵，那

2010年上海世博会日本馆：以超轻发电膜包裹酷似生命体的建筑，并昵称为"蚕宝宝"

么，此时的设计也因为关切人类整体命运、关切当前的生活和可持续的未来，而获得了前所未有的独立性。高举和谐与可持续的理念，引领科技创新，通过全面高效的协作，切实促进生态与人文发展，创造更美好的生活——这也是设计发展的使命和动力，需要我们不断探索推进，真正实现设计在社会发展、文明进步中应有的责任和担当。

（二）设计国策

根据世界经济论坛一年一度发表的《全球竞争力报告》，在量化的竞争力分析中，国家的"竞争力排名"与"综合设计指数排名"几乎成正比，设计直接关系国家的经济竞争力[①]。从国际经验看，将设计提升为国家战略，建立激发设计效能的举国体制，是一个较为普遍

国家竞争力与综合设计指数排名
（数据来源：世界经济论坛2011-2012年全球竞争力报告）

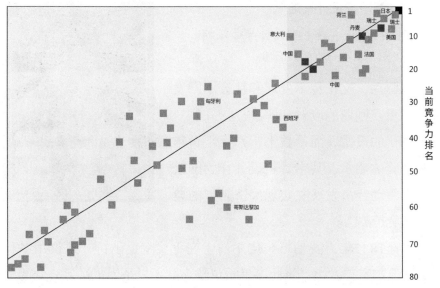

---

① 世界经济论坛 "竞争力排名" 图示。

的策略和趋势。一方面，由于20世纪70年代的美国石油危机进一步引发对于极度膨胀的商业主义设计的反思，西方政府明确意识到"设计抉择涉及重大的社会和政策问题"[①]。另一方面，进入21世纪以来，设计在促进产业升级和文化传播、解决具体民生问题方面发挥了重要作用，成为创新经济时代国家战略选择与政策组成部分。诸多发达国家实施"设计立国"、"设计强国"战略，推进设计及设计产业发展，着力使根植文化的设计创新拓展到产业发展的各个层面并惠及全体国民，不仅制定了总体方略，将设计纳入经济、文化、教育等政策系统进行规划，而且形成了一系列具体措施，将有关设计的国家战略落实到政府各级部门、地方机构以及相应的各领域，形成了有机联系的政策系统和"中央政府总领导，跨政府部门齐运作"机制。在当今欧、美、亚等发达国家，都从不同角度强化了设计的国家战略地位。

1.欧洲国家设计策略

英国：政府主导下的设计产业策略。

设计作为一种国家战略，涉及产业的创新驱动、文化传承发展和社会不同发展阶段重点问题的应对和解决。这并非一种理想化的设定，而是数十年乃至上百年国际经验的启示。其中，将设计作为国家战略，驱动经济发展并实现经济转型的典型，无疑是英国。

撒切尔夫人

早在1832年，罗伯特·皮尔爵士在下议院提出："建议用多种预算建造国家美术馆'将此事呈报议院，并不只是为了满足公众的要

---

① 《设计政策大会会议记录》[M]，1984年版，第一卷，《设计与社会》，卷首语。

求，而且国家对与美的艺术的各种赞助也符合我们产品的利益。众所周知，我们的制造商优越于所有外国竞争者之外，首先与机器有关，然而不幸的是在形象设计方面他们却并非是同样的成功，这种设计在按用户的趣味组织工业生产方面是非常重要的，因而他们发现他们自己不能战胜他们的竞争对手，这值得议院严肃考虑保护美的艺术'。"①

英国设计政策的典型之处在于建立了设计发展的"政府扶持模式"。英国是第一个由政府支持设计促进活动的国家，包括由政府主导成立设计组织②，制定设计扶持政策，开展设计产业评估，制定设计

---

① [英]赫伯特·里德《工业艺术的历史与理论》，《技术美学与工业设计丛刊》第一辑[G]，天津：南开大学出版社，1986年版，第214页。

② 英国政府主导成立设计组织年表：

1914年，英国成立了由政府拨款支持的机构——英国工业艺术院（简称IIIA），正式将工业与艺术合在一起称呼，改变工业与艺术泾渭分明的观念。

1931年，英国贸易部组成特别委员会，调查分析机械化社会中艺术的地位、国家应采取的设计扶持政策，以及关于艺术教育、美术设计职业体系的调整方案。

1933年，"英国设计与工业协会"成立，设立设计教育研究委员会。经该委员会调研和建议，政府改组皇家艺术学院，设立设计系科，并于二战后发展为工业设计系。

1934年，英国贸易部成立"艺术与工业委员会"（Council of Art and Industry，简称CAI）。通过对全国消费者进行工业设计教育，对英国工商界人士进行在职的工业设计教育，奖励优秀的工业产品设计，并通过各种展览的方式来推广、普及这类优秀设计作品，推动工业设计的发展。同时实施工业设计改革，工业设计职业化，实行工业设计师登记制度。

1944年，成立"英国工业设计委员"（Council of Industrial Design，COID），属国家工贸部政府机构。主要目标是"在重建时代的竞争性经济气候中，发展英国工业产品在国内和国际两方面的生产与销售战略。而其在更长远的根据则是试图在设计问题上忠告、训练和教育制造商，政府与公众"《20世纪风格与设计》（Twentieth-Century Style and Design），[美]Stephen Bayley, Philippe Garrner，四川人民出版社，滕守尧主编，罗筠筠译，第364页。

1972年，"英国工业设计委员会"更名为"英国设计委员会"，关注范围从日用与消费品设计扩展到工程设计、重型机械设计以及环境设计等更为广泛的设计领域。

1994年"英国设计委员会"改组，成为"设计资源整合机构"，即产业资源整合的协作型智囊组织。

行业标准，建立设计资源数据库等。

英国政府主导成立设计组织年表

1914年	英国成立由政府拨款支持的机构——英国工业艺术院（简称IIIA），正式将工业与艺术合在一起称呼，改变工业与艺术泾渭分明的观念。
1931年	英国贸易部组成特别委员会，调查分析机械化社会中艺术的地位、国家应采取的设计扶持政策，以及关于艺术教育、美术设计职业体系的调整方案。
1933年	"英国设计与工业协会"成立，设立设计教育研究委员会。经该委员会调研和建议，政府改组皇家艺术学院，设立设计系科，并于二战后发展为工业设计系。
1934年	英国贸易部成立"艺术与工业委员会"（Council of Art and Industry，简称CAI）。实施工业设计改革，工业设计职业化，实行工业设计师登记制度。
1944年	"英国工业设计委员"成立（Council of Industrial Design, COID），属国家工贸部政府机构。主要目标是"在重建时代的竞争性经济气候中，发展英国工业产品在国内和国际两方面的生产与销售战略。而其在更长远的根据则是试图在设计问题上忠告、训练和教育制造商，政府与公众"。
1972年	"英国工业设计委员会"更名为"英国设计委员会"，关注范围从日用与消费品设计扩展到工程设计、重型机械设计以及环境设计等更为广泛的设计领域。
1994年	"英国设计委员会"改组，成为"设计资源整合机构"，即产业资源整合的协作型智囊组织。

在设计组织方面，其历经数十年发展的国家设计委员会，作为政府制定相关设计产业发展政策的研究、建议和执行、监督机构，工作涉及设计调查研究、设计教育和培训、设计宣传交流和设计国策研究等，被评价为20世纪后半叶"世界上最有影响力的由国家基金创办的设计促进组织"。它在政府相关部门派驻委员，为政府相关决策提供设计参考，并为设计发展争取政策支持，在设计推动过程中发挥了重要作用。同时与英国企业、行业协会、设计院校及其他设计相关机构建立广泛联系，开展设计协作活动，并对设计师和大众产生影响，而

且"影响了欧洲、远东以及澳大利亚许多类似团体的建立"①。

在产业标准方面，从20世纪70年代中期开始，英国即着力建立设计产业相关标准。英国设计委员会协同英国国家标准协会制定的一系列标准包括：《设计的安全:有关产品安全的设计管理及设计法规指南》②、《设计保护:给制造商与设计师的反剽窃法律实用指南》③以及《新版全因素设计管理英国国家标准》④等。产业标准的健全与完善也是设计产业成熟发展的重要标志。

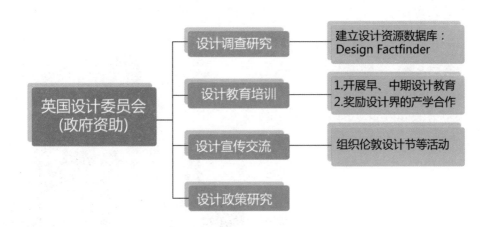

在信息技术环境下，英国建立了世界一流的设计资源数据库"Design Factfinder"。作为在线信息工具，提供关于英国设计产业的

① ［英］伍德姆《牛津现代设计词典》[M]，上海：上海外语教育出版社，2007年版，第38页。

② Safer by design：a guide to the management and law of designing for produet safety, Howard Abbott and Mark Tyler, 1997.

③ Design protection：a practical guide to The law on Plagiarism for manufacturers and designers, Johnston, Dan, 1989.

④ New British Standard On Managing Inclusive Design, BSI, 2005.

各种信息，包括设计企业信息、设计市场信息、设计教育信息等，不仅录入基本数据资料以备查询，而且提供专家顾问对相关设计案例的多角度解析，能够较为充分地反映设计产业发展情况并体现设计的价值①。

行驶在伦敦街头的经典红色双层巴士

在设计评估方面，以2005年英国政府发布的"考克斯"评估报告为代表，报告评估了十年来英国创意产业和整体经济发展情况，着力改变制造业与创意产业脱节的问题，认为生产制造业赋予"创意"巨大的实践空间，提出以"设计产业"为核心，建立"国家创新生态系统"，从国家决策、基础与应用研究、公共投资、用户驱动、成果转化等各环节加以完善，将"创意产能"

2012伦敦奥运会

投射到制造业以及全体公民，带动整体经济发展，形成英国"向上竞争"的力量。

在一系列政策制定的基础上，英国对设计的战略性推动，突出体现在两个方面，一是从国家政策层面开创，引领了创意产业的发展风潮；一是作为世界工业设计的发祥地，直接在政府扶持下发展工业

---

① http://www.designfactfinder.co.uk/.

设计。

就发展工业设计而言，前英国首相撒切尔夫人的名言"可以没有政府，但不能没有工业设计"，为人所熟知。历任英国首相对英国设计的推动和推介不遗余力。据报道，前首相布莱尔为推动英国设计，策划发动"新世纪英国杰出产品"活动，鼓舞英国设计。作为最早发生工业革命的国家，英国政府重视设计创新，对工业设计的扶持坚持至今。

就引领创意产业发展而言，英国是世界上第一个政策性推动文化创意产业发展的国家。1997年，布莱尔领导的新工党政府，为振兴英国经济将老旧的英国转变为"Cool Britannia"，成立专门的文化媒体体育部，组成专责的创意产业任务小组，并于1998年与2001年两度提出了具有国家战略意义的《创意产业图录报告》，明确提出"创意产业"的概念："所谓'创意产业'，是指那些从个人的创造力、技能和天分中获取发展动力的企业，以及那些通过对知识产权的开发，创造潜在财富和就业机会，并促进整体生活环境提升的活动。"英国政府以"创意英国"为宗旨的一系列举措，其战略性在于率先把握转型机遇，构建了包括金融、推广、政府公关等一系列举措在内的发展机制和环境，推动国家经济从工业化向知识化、信息化、创意化转型，引领世界范围内创意经济转型和发展的风潮。值得注意的是，不仅有政府的全力支持，越来越多的英国企业也把设计看做经营活动中"不可分割的组成部分"，甚至是提高竞争力的战略性工具。显然，一个产业，只有当政府、企业和大众都能参与建设和保护时，这个产业才能以最有力的姿态发展下去。

通过以上梳理可以看到，英国"政府扶持模式"的设计政策具有以下三个特点：一是产业发展，战略先行。其对于设计的重视、对于

英国游戏产业发达《FIFA世界足球2010》开发的产品　　　伦敦服装展

创意产业的引领，无不通过系统的政策措施和执行机构加以推进。二是建立标准，有目标，有约束。国家设计标准与行业标准具有权威性和约束力，强有力地保障了产业健康发展。三是不间断的设计产业调查。调查评估是政策的依据和事实基础，《设计产业调查》、《英国设计——全球产业下的买进与卖出》、《考克斯评估》、《赛恩斯波里评估》等，涉及设计产业的各个环节和发展环境，提出的一系列建议为相关领域决策所吸纳，形成了健康发展机制。

丹麦："设计丹麦"计划下的设计名片策略

丹麦政府于2007年颁布《设计丹麦》白皮书，提出恢复丹麦国际设计精英地位，"政府的目标是到2015年，丹麦成为世界上最有竞争力的社会，同时在公共机构和公司眼中，成为最具创新性的国家之一"，"设计产业应致力于将丹麦转变成一个充满创意、发明及有利于增加出口和就业机会的国家"[①]。据统计，丹麦设计业营业额的四分之一来自出口，许多相关行业传统上是将设计视作一个有力的增值因

---

① 《设计丹麦》白皮书（2007）。

素，并从中获利。丹麦目前作为一种国际时尚中心正在崛起，哥本哈根时装周目前是北欧最大的时装周。2005年，服装行业的营业额增长到20亿丹麦克朗，其中近90％来自出口；丹麦

丹麦设计

家具行业的营业额达到19亿丹麦克朗，其中超过80％来自出口。

早在2005年秋，丹麦政府即组织成立了"丹麦设计促进会"，就促进企业部门的设计应用、服务性设计的可用性、设计的教育和研究、设计的权利保护和丹麦设计的更大知名度等开展工作，并于2006年5月提交了16项建议和提案，目的是将设计强化为丹麦企业部门的重要增长指标，促进丹麦设计行业的增长。同时，政府还设立了参照组，组员由来自设计行业、企业部门、贸易组织、学界和管理机构的各界人士代表组，对设计领域的发展进行评估和监管。目标是继续强化设计行业的价值，目的是使设计产业的价值接近商业服务领域内的其他行业。

在《设计丹麦》白皮书中，从九个方面提出发展策略，建立有利于设计发展的政策框架。

《设计丹麦》策略

策略一：丹麦设计中心活动应重视具体的行业与区域化

从2007年开始，根据选定的具体行业，丹麦设计中心将在每个区域实施设计应用的信息服务。这将确保全国范围内的企业都能在当地获得关于设计服务的专业信息。同时，丹麦设计中心将会针对商业发展向丹麦设计业界提出新的建议。

策略二：公共服务部门的设计

服务性设计是一个新的设计学科，它的重点是开发用户界面友好的设计。政府将实行综合措施，促进丹麦服务性设计市场的发展。重点是推出一些公共服务设计的示范项目，并针对服务性设计的应用，建立与外国部门和学界机构的战略合作伙伴关系——这方面最早的例子是英国。

策略三：丹麦时尚设计的发展

丹麦时尚行业呈上升态势，但主要由非常小的企业组成。这意味着，这个行业的大部分领域是非常脆弱的。政府将会为一个或多个时尚区域进行招标。时尚区域将就商业发展的建议、国际化和增长为设计发展提供机会。

策略四：权利保护，包括设计权、专利权和商标注册权

设计领域权利的保护是重要的，它保障了丹麦企业设计的合法权益和利润。政府将为丹麦企业提供一些新的机会，以保护它们的设计。在其他措施中，《设计：VAGT》计划就权利保护方面为丹麦设计行业提供了周到的意见，这个计划将会继续实施。截至2007年，在丹麦的设计学位教育项目中，课程将会覆盖权利保护范围，并针对设计权利的保护进行彻底的讲解和教授，权利保护范围包括设计权、专利权和商标权。

和交流协议将与国际领先的设计研究项目总结在一起。政府将会借助雇主平台与拍档的形式，建立与企业部门更正式的合作关系。

策略五：未来设计教育研究项目的商业化与国家化定位

丹麦设计学院与科灵设计学院的课程设置将会趋向更加商业化与国际化，目的是强化课程的质量。这些课程将会最迟在2010年授予学士和硕士学位。在其他事项中，战略合作伙伴关系和交流协议将与国际领先的设计研究项目总结在一起。政府将会借助雇主平台与拍档的形式，建立与企业部门更正式的合作关系。

策略六：必须能够匹配国外最好的设计水平，并迎合企业部门的需求

短期和中期进修班的竞争力（丹麦两年制的学院教育学位文凭和专业学士学位）将会得到提高。并且这种提高将通过以下两种方式得以实现：一、引入认证和工作经验；二、强化课程的国际形象和促进与企业部门的互动。

策略七：全体员工中资格设计师能力的提高

丹麦设计师有权利更新自己的学术、技能及商业能力，也有权利得到受教育的机会。因此，哥本哈根交互设计研究所将会设置交互式课程，丹麦设计中心将会设置企业管理课程。同时，"知识试点计划"将会通过设置企业内的试行岗位，使得设计师们获得商业能力——这仅限于聘用高素质的员工时使用。

策略八：国际设计周和巡回展览

政府正在积极筹办国际一流的设计周，时间是每隔一年。设计周活动主题将与国际最大的设计奖"INDEX"保持一致，并能够吸引游客、专家、学生和国际媒体观摩或参与其他与设计相关的活动。

策略九：国际设计周和巡回展览

政府应在世界著名的研究机构、创新组织和商业环境中建立许多创新中心，目的是尽可能享用相关国家的设计环境。第一个创新中心于2006年成立于美国硅谷。2007年，丹麦投资促进局启动一项新行动，名为"创意丹麦"，这将有助于促进外国对丹麦（如时尚、纺织品和家具等领域）的投资，最终，丹麦的商业和创意能力在国际主要的市场上占据一席之地，这些市场往往是基于一种创新和综合学科的伞状理念。

芬兰：以设计为手段提高国家竞争力策略

芬兰自1996年开始着手建立国家设计战略，组织专业领域代表进行商讨，开展专项调查，先后于1998年发表《创造财富I-II，设计、工业和国际竞争》报告，提出建立"国家设计体系"，于1999年发布关于芬兰设计现状的调研报告，并成立包括外交部在内的相关工作组，在2000年发布了《设计2005！》，芬兰总理承诺"制定一份反映芬兰设计作为国家创新体系一部分的设计政策纲要"①。

2010年上海世博会丹麦馆

值得指出的是，芬兰国家设计政策关注设计提升国家竞争力的落实点和可行性，厘定设计的主要参与者，如"利用设计的企业和服务公司"、"设计公司"、"工匠和手工业者"、"教育和研究者"等，并具体作为一个项目加以推进，目标是"提高设计研究标准"、"提高产品开发和商业策略中对设计的利用"、"提高设计公司能力和加强它们服务运作"，由此提高工业设计的产业意识，使大量的设计作为商品得到提升。"《设计2005！》项目在2002年初开始实施，一直到2005年年底。

① Anna Valtonen, Getting Attention, Resources and Money for Design-Linking Design to the National Research Policy, University of Art and Design Helsinki, School of Design, Finland.

丹麦设计师汉斯·威格纳(Hans·J·Wegnet 1914—1989)　　丹麦设计师汉斯·威格纳：中国椅（China chair）

其中某些企业项目将会持续到2006年。该项目实施了73项计划"①。

　　事实上，使设计上升到国家战略层面加以推进和政策本身的可行性同样重要。如韩国廷世大学教授CHAESungzin指出，由于大部分的政策制定者也是政策执行者，"绝大部分的资金被用于管理机构的建设、运作，进行人力管理以及基本的开支费用，因此新政策所能带来的后果也就微乎其微了"②。就此而言，芬兰设计政策在执行层面的详尽规定，提供了很好的借鉴。

　　从各国的设计策略可以看到，一个普遍的共识在于：产业如果处于不利地位，国家利益必将受到影响。产业与经济以至整个社会的综合竞争力在很大程度上依赖于设计。要以更多的信息、更多的网络协

　　① Information on the number of projects is based on the programme's final report in Finnish, MUOTO2005 Teollisen muotoilun teknologiaoh jelma 2002—2005, Loppuraportti, Teknologiaoh jelmaraPortti 10/2006, Tekes.

　　② CHAESungzin《政府设计政策中存在的顽症：宏伟计划背后的真相》，《中央美术学院设计文化与政策研究所》（编），《世界各国设计政策研究资料汇编》[G]，2007年版，第47页。

作、更好的设计教育，更好的设计工作框架、更多对设计的投资来促进设计。

法国：设计组织推动下的设计策略。在法国，设计由独立的组织在各地区推进发展，例如ARDI Rhne—Alpes Design设计组织即是其中一员。在国家级的层次上，经济部、财政部和工业部通过DGCIS（总体竞争力、工业与服务组织）发起了一些倡议来促进法国企业、特别是中小企业之间的设计。

近期的一个试点方案是鼓励和支持中小企业在其发展初期即与设计师进行合作。在2010年，法国有五个地区试行这一设计支持方案（包括罗纳—阿尔卑斯地区，该地区试行方案由罗纳—阿尔卑斯时尚设计城组织进行），在2011年，这个地区会与其他五个地区一起继续试行该方案。

为了在法国引导他们的设计战略，DGCIS也引导研究在法国公司内的设计应用情况和全国的工业设计。DGCIS分别在2006年和2009年面向十个非技术创新项目提出"创新、创造、设计"的倡议，并且向不同的工业部门传授良好的经验。在2010年的11月法国经济金融部（MINEFI）组织了一次名为《创造、设计、销售：创意产业的增长动力》的专题研讨会，旨在告知经济利益相关者们关于创造力、设计和营销的相关事宜。并于2010年12月推出一个新的倡议，名为"创新—创作—设计—营销"，该倡议面向那些有志于探索非技术创新领域的中小企业。这项创意针对消费品行业。

另一个由DGCIS创建的重要平台是"企业与设计"网站，目的是提高企业对于设计附加值的认识。其他定期举办的活动不但促进了企业中设计的发展，也提高了法国设计在海外的声誉。几个促进设计的重要活动已作为地区政策的一部分，会在法国定期举行。其中有"圣埃蒂安设计双年展"，每两年举办一次的波尔多设计展，欧洲年度会议的设计推广，欧洲年度设计推广会议等，都由法国工业创新推广局（APCI）和法国设计研究所联合举办。

2010年圣埃蒂安设计双年展现场

虽然法国没有关于设计推广活动的正式协调组织，但是有非正式的组织努力将法国境内的不同设计中心进行联系和联络①。

意大利：植根于文化的设计策略。意大利是一个全力发展设计的国家，有着强大和根深蒂固的设计文化和传统。其"国家设计委员会"主要促进工业与世界文化

兰博基尼跑车产品设计

之间的主动合作、促进知识创新、提高设计文化与意大利设计的质量。其国家创新战略相关的政策文件主要有：《国家研究计划》（源自大学和研究部门机构）传达意大利科学和技术研究情况；《2012创新规划》（源自公共管理和创新部）为公民和企业界定技术创新战略；《2015工业计划》为意大利生产系统的未来发展和竞争建立战略。

尽管政府没有拨款用于支持设计驱动的创新，"以自下而上的方式来设计"一直是意大利企业的特征。应该说，这种做法无法应对日益增长的全球市场的竞争力，需要多方面的创新和强有力的对于创新、发展、可持续性和网络的政府政策支持。对于这些问题，国家工

① 译自国际工业设计协会理事会网页（http://www.icsid.org/about/about.htm）。

业计划将进一步发挥作用，以促使采用"自上而下"的设计方法①。

西班牙：国家政策引导下的设计策略。西班牙主要通过更广泛的政策来引导设计，目的是促进创新，例如，2010—2013年度针对加泰罗尼亚地区的《研究和创新计划（R&D）》文件。

在这个计划中有一举措的内容是制定一个长期战略，使设计成为加泰罗尼亚《研究和创新计划（R&D）》政策中的一个关键因素。加泰罗尼亚的设计支持机构——巴塞罗那设计中心（BCD）也就巴塞罗那设计政策发起种种活动，目的是确保该地区的公司（包括工业和服务业）在世界市场范围内具有竞争力。

这些活动包括：使加泰罗尼亚和巴塞罗那的品牌在设计和创新上成为世界领先者；提高加泰罗尼亚公司的非技术创新水平；实施良好的设计管理（从"技术驱动的创新"到"设计驱动的创新"）；并且巩固巴塞罗那设计中心的作用，使之成为加泰罗尼亚的设计中心、创新中心和设计政策的中心。因为已经认识到设计多学科交叉的本质和广泛影响，巴塞罗那设计中心试图在拟议的设计政策中触及范围广泛的政府部门。根据巴塞罗那设计中心的要求，同时巴塞罗那和加泰罗尼亚也为了将自己定位成创新与设计中的一个杰出部分，政府需要制定一个可持续的和经济上可行的政策，从而提高公司和其他机构的竞争力，使他们

巴塞罗那足球俱乐部球衣设计

① 译自国际工业设计协会理事会网页（http://www.icsid.org/about/about.htm）。

能够出口其产品和服务，并提高其公民的福利[①]。

2.美国设计策略

美国：以文化为精髓、以版权为核心的设计战略

重视从文化层面制定和实施设计战略，充分设计和运用文化力量来实现自身国家利益的典型是美国。其理论代表是"软实力"的提出，约瑟夫·奈认为，在当代国际社会里，"在众多与美国利益相关的问题上，单靠军事力量不能达到理想的效果"。"如果美国想保持强大，美国人也需要关心我们的软实力"。"这种力量能让其他人做你想让他们做的事"，"如果美国代表了其他人愿意仿效的价值观，那么我们可以不费气力地发挥领导作用"。 一个典型的例子是冷战期间美国政府扶持公共艺术的方式。冷战期间，美国中央情报局的行动包括通过古根海姆基金会、现代艺术博物馆等民间或政府专业的基金会购买艺术品和资助艺术家，以看似"非政治化"的渠道，塑造美国文化形象[②]。约瑟夫·奈认为，美国文化"是一种毋需投入过多并且相当有价值的软力量资源"，"美国在国际体系中比其他国家具有更强的同化能力"，"美国已经成功地为世界资本主义的组织机构化搭起了一个政治框架"[③]。

美国率先从法律层面对文化版权进行保护，其《版权法》诞生于1790年，此后在1831年、1856年、1865年就音乐、戏剧、摄影作品保护内容进行修订，并在1871年写入宪法，在宪法层面保障出版自由权。2003年，美国联邦最高法院裁定并增补了1998年国会通过的有关著作、

① 译自国际工业设计协会理事会网页（http://www.icsid.org/about/about.htm）。
② 参见河清《艺术的阴谋》[M]，南宁：广西师范大学出版社，2005年版，第9页。
③ 林毅夫《经济发展与中国文化》[J]，《战略与管理》，2003年第1期，第45—46页。

音乐、电影及卡通人物等文化产品的相关法律条款，将著作权保护期限延长二十年，成为世界上版权保护制度最完善的国家之一。

在这样的理论和立法基础上，美国以文化为核心的国家设计战略全面推进和实施。一方面通过发展文化产业，加强文化产品生产和输出。大量生产包括电影、电视、广播、杂志、唱片等具有吸引力、渗透力和竞争力的文化产品，在实现文化扩张的同时也获得巨额经济利润。据统计，美国400家最富有的公司中，有72家是文化企业，美国的音像业仅次于航天工业居出口贸易的第二位。精神文化产品借助高科技手段和成熟的市场运作机制广泛传播，具有较强的文化吸引力和同化力。

一方面，通过与传媒紧密结合，加紧传播美国文化。据统计[1]，美国两大通讯社使用100多种文字，向世界100多个国家和地区昼夜发布新闻，每天发稿量约700万字。美国的CBS、CNN、ABC等媒体所发布的信息量，是世界其他各国发布信息总量的100倍，是不结盟国家集团信息发布量的1000倍。尤其在互联网发展过程中，把握了网络文化传播的主导权。据统计，2001年美国IT产业产值高达6000亿美元，占世界

古根海姆（西班牙）

古根海姆（纽约）

① 黄慧玲《美国文化价值观与文化霸权之研究》[D]，暨南大学博士论文，2007年。

美国知识产权立法过程				
1790年	**1831、1856、1865 年**	**1871年**	**1998年**	**2003年**
《版权法》诞生	修订音乐、戏剧、摄影作品保护内容	在宪法层面保障出版自由权	国会通过有关著作、音乐、电影和卡通人物等文化产品的相关法律条款	著作权保护期限延长至二十年

IT产业产值的75%，在全球7240万个网站中，美国占了73.4%。"网络产生于美国，所使用的语言、技术都来自美国，互联网上90%以上的信息都是英文信息"，"当今世界国际互联网实际上是由美国控制和主导的"。

值得关注的是，美国在文化传播过程中加紧树立评判标杆，一系列奖项设计"运用竞争产生的推力结合大量传媒及创意活动，吸引全球的文化产业追随美国文化价值前行"，包括流行音乐的格莱美音乐奖、电影的奥斯卡金像奖、戏剧的东尼奖、电视节目的国际艾美奖等，"在美国价值观所主导的评审下，成功征服世界文化产业"①。如经济学家指出，在文化上，美国隐蔽地制造着的观念、符号、象征、形象系统，在思想上、文化上引领着全球一体化发展趋势。利用美国好莱坞电影、迪斯尼娱乐

版权产业：助推美国经济三十年

---

① 黄慧玲《美国文化价值观与文化霸权之研究》[D]，暨南大学博士论文，2007年。

艾美奖（Emmy Awards）、东尼奖(Tony Awards)、奥斯卡金像奖（Academy Award）、格莱美音乐大奖（GRAMMY AWARDS ）

的快餐式文化作为文化领域意识形态的表征符号侵入别国，特别是第三世界的文化领域。因此，以美国为首的西方意识形态和价值观念不仅是西方社会意识形态的核心组成部分，也随着政治、经济、文化全方位的侵入，已成为全球性的话语符号①。这种以文化为核心的生产、传播以及在赚取商业利润的同时把握话语的主导权，显然不只是企业或者文化资本的个体行为，而是整体性的国家战略，是一种以文化为核心的设计战略，其巨大的辐射力和影响令身处全球化进程中的我们感同身受。

3.亚洲国家设计策略

日本：以设计让世界重新认识日本的策略

以设计为国策，解决不同时期国家发展问题并取得明显成效的当属日本。二战后日本为求发展确立了"贸易立国"的方针，在出口政策导向下，模仿欧美产品以求尽快打开市场。由于重视设计，"仿造"更大程度上成为一个学习的过程，如荣久庵宪司所指出"自从把产业的目标确定为出口以来，日本的设计史就形成了独自的流派，其特点是：一方面以日本传统文化为依托，另一方面以海外评价为尺度。这一特点时隐时现，贯穿于日本现代化与设计史的进程之中"②。为实现"从仿到造"的转型，从20世纪50年代到70年代末，日本的工业重心放在少数能够很快在技术上获得优势的产品上，包括精密机械（尤其是钟表）、光学（包括照相器材）、电气和电子设备（高保真音响、收音机、电视机和录像机）、交通工具、微电子产品（计算机、显示器和外设）以及办公通讯产品。"这些类型的产品不仅科学技术含量高，而且多半都是20世纪以来的新技术，其他国家的开发力度相对较小，发展历史也比较短，适合于迅速追赶。于是，在20世纪

① 林毅夫《经济发展与中国文化》[J]，《战略与管理》，2003年第1期，第45—46页。

② [日]荣久庵宪司等《不断扩展的设计——日本GK集团的设计理念与实践》[M]，杨向东等译，长沙：湖南科学技术出版社，2004年版，第3页。

③ 周志《日本工业设计的"仿造"模式分析（1945—1979）》[J]，《装饰》2010年第2期，第32页。

日本佳能相机

日本索尼笔记本

50年代至60年代，日本的家电产业得到了突飞猛进的增长"③。这一阶段的设计策略，特点在于"以出口经济为导向，积极靠拢国际市场；以引进技术为后盾，以改造研发为基础；以协会组织为平台，鼓励提倡设计创新；基于自身传统，善于融会贯通"①。80年代，在已有的发展基础上，日本从"贸易立国"转向"科技立国"，从仿造型经济向创新型经济转化。经历经济高速增长后，日本政府提出"重新认识日本的价值观，即日本社会重视传统培育的重温情的人际关系和人与自然的调和"，1995年，

以日本文化政策推进会的《新文化立国——关于振兴文化的几个重要策略》报告发表为标志，日本进一步加强文化的发展和传播，具体路径包括：

（1）从日本传统文化中寻求元素以建构日本国家、国民精神信仰体系，例如日本企业在政府的支持下投资重建封建城堡、创建户外乡村建筑博物馆，既彰显建筑遗产的历史文化象征意义，又增加国内外游客对日本文化特征的认识；（2）积极发展文化产业，一方面满足本国人民现代精神消费需要；另一方面大力出口文化产品，让国际社会在消费这些产品的同时，感知附着在这些产品中的日本文化符号、社会价值和心

① 周志《日本工业设计的"仿造"模式分析（1945—1979）》[J]，《装饰》2010年第2期，第35页。

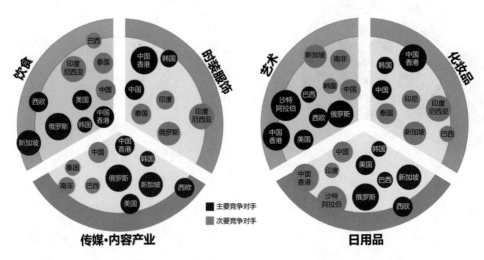

日本文化产业的国际竞争力分析图

灵空间，从而建构一个 "文化日本"的认知、观念和形象①。

　　相关材料显示②，2011 年，日本文化产业产值近 21万亿日元，在各产业中仅次于制造业，显示出其强大的国际竞争力。从国际比较看，日本的文化产业也已居世界领先地位。据日本经济产业省的统计，全球文化产业的市场规模将于 2020 年达到 900 万亿日元，日本计划通过推动文化产业出口将"人气"转变成新商品，以获得 8万亿至11万亿日元的海外市场份额。

　　值得关注的是，2010 年 6 月，日本经济产业省发布了《面向文化产业立国——将文化产业作为 21 世纪的主打产业》的白皮书，详细预测了日本文化产业今后的重点市场。今后日本将以"中国为中心的亚洲圈"和"欧美"为主要市场，以大众传媒及内容产业为中心，展开

———————————

　　① 参见胡文涛、林坚《简论日本文化产业的缘起与发展特征———一种文化民族主义的分析视角》[J]，《日本学刊》，2011年第1期，第123—124页。

　　② 唐向红、李冰《日本文化产业的国际竞争力及其前景》[J]，《现代日本经济》，2012年第7期。

"时装、饮食、日用品"的有效销售战略[①]。

韩国：设计强国的经济发展策略

韩国政府认为"设计强国等于经济强国"，于1996年制定"设计产业全球化措施"，努力将设计提升为"国家策略脑力工业"，并于1997年颁布《设计振兴法案》，成立"韩国设计振兴院"，在2000年提出"设计韩国"的战略。

其中，韩国设计振兴院[②]在其设计政策制定及推广过程中发挥了重要作用。韩国中央政府下属的官方机构，设计振兴院提供咨询分析，帮助韩国的中小企业提升产品竞争力，鼓舞企业生产"设计导向"的产品，并且通过推广活动提高韩国民众对设计的总体认识。在企业方面，三星、现代等公司启动"全球设计策略"，设立国外分支机构，

① 转引自唐向红、李冰《日本文化产业的国际竞争力及其前景》[J]，《现代日本经济》，2012年第4期，53—54页。「文化产业」立国に向けて一文化产业を21世纪のリーディング产业に一 [R]．日本：经济产业省，2010,6 15, 16, www. meti. go. jp / committee / kenkyukai / seisan / cool_japan /001_16_00. pdf. 其战略规划中，时装服饰的主要竞争对手是中国、中国香港和韩国，其次是印度尼西亚、泰国、俄罗斯、印度；传媒·内容产业(包括音乐、动画、电影、电视转播、漫画、出版、游戏等) 的主要竞争对手是中国香港、韩国、新加坡、俄罗斯、西欧及美国，其次是中国、泰国、巴西和南非；饮食的竞争对手是中国香港、韩国、新加坡、俄罗斯、西欧及美国，其次是中国、印度尼西亚、泰国、巴西；化妆品主要竞争对手是中国、中国香港、韩国，其次是印度尼西亚、泰国、新加坡、印度、巴西；日用品的主要竞争对手是韩国、新加坡、俄罗斯、西欧、美国和巴西，其次是中国、中国香港、印度、沙特阿拉伯；艺术的主要竞争对手是中国香港、沙特阿拉伯、俄罗斯、西欧、美国、巴西，其次是中国、韩国、新加坡、南非。观光因同其他市场具有不可比的性质，所以不在评价对象之列。另外，按 2020 年前后的潜在市场规模和竞争优势性 (对日本文化的接纳程度) 分析，以中国为中心的亚洲以及欧美是日本最主要的文化产品出口市场。

② 韩国设计振兴院前身为1970年的"设计包装中心"，1991年改名"韩国工业设计和包装院"，1997年改为"工业设计振兴院"，2001年改为"韩国设计振兴院"。有研究指出："从这些改名的过程中，可以看出韩国政府对设计认识的演变与革新：从最初的包装、外观的层面，到后来理解到设计对整体经济和产业所拥有的全面影响。"

派驻设计师，建立设计项目，紧跟国际设计先进潮流。此外，韩国中央政府在产业资源部下设立了"设计品牌科"，负责起草设计政策并推动设计振兴法案，"设计品牌科覆盖了设计振兴院、韩国业界与产业资源部之间的没有交集的部分，使韩国品牌能更好地运用设计来提升自己的竞争力"①，发掘设计作为国家竞争力的潜在能量。

　　相关材料显示②，在"设计韩国"政策的引导下，韩国高校广泛开设设计类院系，培养设计师。韩国共拥有高校417所，其中有100多所设有服装设计及相关的院系，每年能培养出3万多名设计人员，已经位居世界第二位。韩国在全国兴起"买产品先买设计"的设计消费文化，将附加值从工程师手中转到设计师手中的"设计经营"理念成为韩国企业普遍认同的金科玉律。从政府决策到企业经营以及国民设计意识的建立，设计战略的作用全面而深入，在韩国经济发展以及文化传播中发挥了重要作用。

首尔设计博览会海报　　　　首尔：世界设计之都

---

　　① 韩国工业设计漫谈（http://www. 3d3d. cn/article/sjsb/2008-12-15/7343. html）。

　　② 韩国在线（http://www. hanguo. net. cn/）。

新加坡：激发国民创造力的设计政策

新加坡于2003年成立了代表本国设计界最高水平的国家级设计机构——新加坡设计理事会（Design Singapore Council），全面策划国家设计方面的课题，增强新加坡在创意经济中的竞争力，包括发展新加坡设计产业，鼓励和推广杰出设计；在当地与国际设计界之间建立直接联系，帮助新加坡打入包括许多其他国家的设计理事会和设计组织在内的国际设计界，将大型国际设计活动"请进来"，让新加坡设计"走出去"等。曾于2005年，在伦敦举办海外较大规模推介新加坡艺术和创造力的"新加坡季在伦敦"活动，以表演艺术为主，不失时机地通过各种形式介绍新加坡的设计产品和媒体业发展成就，把新加坡创意能力和水平呈现在英国及欧洲的创意工业领袖和世界面前。从2005年第二季度起推行"创意社区计划"，计划在三年内投资1000万新币，通过政府、社区发展理事会和私人企业合作，将艺术、文化、设计、商业和技术等与社区发展规划相结合，把艺术带进社区，最大限度地释放个人的创造才能和创造热情。在该计划下，政府将为具有创意的点子提供不同程度的帮助，包括计划推行、品牌建立、营销以及联合资助等。"创意社区计划"项目将首先在某一社区进行试点尝试，最终推广到其他所有社区，使整个新加坡变得更有创意、社会关系更加紧密和融洽。

新加坡国家博物馆

具体在文化艺术方面，鼓励艺术创业，帮助当地信息企业提高研究和出版能力，将信息商业化；提供全球资讯管理服务；提供艺术、古迹和图书馆咨询服务；促进设计、音乐录制、出版及其他与艺术相关产业的发展；充分开发、利用新加坡古迹资源，发展文化旅游等，达到利用文化艺术资源创造经济价值的目的。同时，借助多语环境和在教育、商业、金融及信息技术等方面较发达的优势，通过与外国专家、伙伴合作，促进设计开发，并签订更多的双边共同设计开发协定，加大产品出口促销力度。

此外，新加坡政府加大国民设计创造力的培育力度，设立博物馆，集中展示国际现代和当代艺术、设计作品，以英国伦敦泰德现代艺术博物馆和西班牙比尔堡古根海姆美术馆等世界著名的博物馆为基准，以吸引世界上一流的展览到新加坡展出，为新加坡民众提供更多的接触世界顶尖艺术和设计的机会，激发民众的创造力和想象力①。

---

① 相关材料参见：刘东、王雅梅（中国驻新加坡大使馆文化处）《新加坡：创意产业的举国战略》[N]，http://www.cnci.gov.cn.

（三）设计战略

1.建立中国设计战略

就我国而言，转变经济发展方式已提到刻不容缓的日程，国家已出台一系列产业振兴规划，提高文化软实力的战略意义也更加凸显，经济与文化协同发展成为重要的方向和趋势，设计是经济与文化、科学与艺术协同发挥作用的关键环节和重要途径。

一方面，在经济领域，无论加快改造提升传统产业，还是不失时机发展战略性新兴产业；无论提高服务业产值和就业比重，还是从整体上培育壮大现代产业体系，一个重要的着力点是增强自主创新能力，促进"内生增长"，形成"创新驱动"。另一方面，就文化发展而言，增强产业发展的驱动力，以及国家民族的凝聚力和影响力，都需要采取切实的举措和机制加以落实、推广和传播，文化艺术的创新力至关重要。事实上，经济与文化发展已形成前所未有的紧密联系，一段时期以来，我国经济和文化建设所面临的问题，正在于以科技和文化为核心的

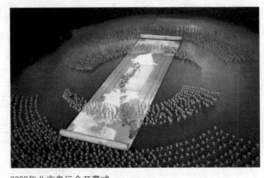

2008年北京奥运会开幕式

创新驱动不足，所谓"加工贸易"、"外向型经济"，靠低成本参与竞争的发展模式不仅影响了经济发展的质量和效益，同时阻滞了文化的创造力和影响力。因此，问题的关键在于："创新驱动"如

微软平板surface包装

何实现？兼容科技与文化的创新如何有效落实？在现代产业体系和文化战略中，这个承载创新功能和使命的关键环节是什么？尤其在"创新型国家"建设已成为国策、转变经济发展方式和增强文化软实力已成为战略导向的形势下，进一步从理论的、实践的层面明确这一关键性的落实途径和实践举措并系统地加以推进，发挥文化的先导作用，极具紧迫性。

具体来看，首先，转变经济发展方式，调整经济结构是当前社会发展的关键主题。长期以来设计创新、原创设计、自主设计的缺失，加剧了"贴牌制造"、加工贸易形势，产业链高端环节缺失、自主品牌缺失，不仅直接影响经济质量和效益，而且使国内与品牌联系紧密的消费市场也处于"被占领"状态。中国消费者甚至形成了以西方奢侈品印证社会地位的价值观，内需市场、内生动力受到影响。就转变经济发展方式所涉及的关键要素、关键环节而言，全面发挥设计艺术作用具有紧迫性。

其次，文化创意产业作为低能耗、高附加值产业，正处振兴发展关键阶段。目前，存在设计创意不足的问题，关键在文化上的原创力不足，一定程度上使文化产业也陷入低层次的复制加工。据新浪网调

中国动画《大闹天宫》中的孙悟空形象

日本漫画《七龙珠》中的孙悟空形象

查，中国青少年最喜爱的20个动漫形象中，19个来自海外，本土动漫形象只有一个"孙悟空"。文化产品是精神文化的重要载体，接受面广，大众参与度高，具有文化传播和影响作用。文化产业的发展水平不仅是经济问题，而且关系文化主权，更关系到自身的文化影响力和传播力。如果不加强自主设计、原创设计，不能有效发展具有本国文化内核的文化产品，市场会为外国文化产品占据，外国文化资本也会涌入并谋求整合文化资源并输入其文化价值观，发挥文化心理、文化认同的影响力。所以，自主设计关系到文化发展的"主动权"，关系到文化主权。事实上，我国在文化产品贸易上存在极大逆差，全面发挥设计艺术作用，促进文化产业振兴发展，意义重大。

第三，经过一段时期发展，我国设计教育已达到相当规模，目前，全国近七成高校设置有设计类专业，设计专业在校大学生达100万，平均每年有25万设计专业学生毕业，而且近几年来有增无减。如果经济、文化建设中设计作用发挥不足，将直接加剧就业压力，制约中国设计人才培养、设计力量的健康可持续发展，产生显性或隐性的后续影响。加强设计战略研究，扩大设计艺术应用领域，具有紧迫性。

第四，具体就设计发展而言，与我国快速提升的经济地位相比，实质性的"中国设计"战略和品牌尚未形成，国家层面的设计数据信息统计与发布、国家层面的设计教育、设计产业决策与咨询等宏观战略和机制有待完善，加强专业研究，推动前瞻引导和全局规划，发挥文化、创意和科技的产业带动作用，具有必要性。

应该说，"设计"兼容科技与文化，着眼创意和创新，居于产业链高端并从工业制造向创意产业和服务领域辐射延展，是自主创新重要的落实途径，是整合促进科技生产力与文化生产力协同发展的关键环节，具有整合推进产业发展与文化传播的重要作用，是转变经济发展方式、提高文化软实力的重要着力点，对于提高人民生活质量、改进社会生态系统将发挥积极作用，更具有文化先导作用。建立设计战略的目标在于形成设计解决现实问题的系统方案。我们认为，通过开展调研与评估，进一步制定分类与评估标准，全面调研和评估我国广

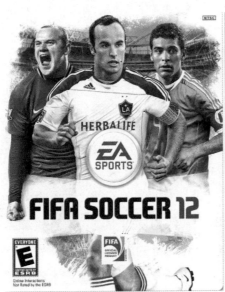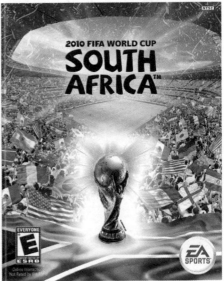

游戏产业中创意设计与科学技术相结合

大民众的文化产品需求、
对设计意识的把握以及设
计产业规模（包括专业
设计机构、从业人员人
数）、设计产业产能等，
将进一步把握我国设计总
体情况，明确优势与不
足。同时，研究有助于
形成对我国设计产业布局
的规划，推动打造符合中
国国情的设计产业格局，
包括面向制造业、服务业
的设计产业，同时积极发
展城市创意产业和农村文
化产业，使设计成为创新
的载体，成为产业升级和
经济发展的核心动力。

北京国际设计周

意大利米兰家具展

此外，研究也将深化设计服务体系探索，包括加强知识产权保护，促进资金税贷扶持，加大设计教育培训力度，完善设计职业资格标准认定机制，促进产学研联动，带动设计竞赛评奖、国际交流活动，促进设计产业决策，建立健全设计服务体系，服务设计产业发展。就此也需进一步明确国家和政府作为设计主导力量的作用，研究完善由设计师、企业组织以及政策制定者构成的设计合作网络，研究如何充分建立载体，搭建平台，营造氛围，以整合设计组织、公司企业、研发基金支持者、政府和大学的资源共同参与到广泛的设计研究中来，发挥设计艺术作用。总之，以全面推进设计实践为目标，研究如何充分整合设计资源，加强国际合作，打造区域性"设计高地"，建立设计孵化基地与协作平台，树立设计品牌，通过设计创造更多的竞争优势等，都将是具体的举措和方案。

2.设计战略的文化导向

一个广为人知的例子是近年来苹果公司在全球的设计胜出，其以设计赢得商业成功的背后，是对设计本质新的理解和把握。分析这一在世界范围内实现设计驱动商业、设计引领创新的企业设计战略，可以看到以下几个特点：一是设计必须提高到企业战略层面，从企业高层决策开始重视和推进，要着眼长远而非仅仅参与当下的竞争。二是不能仅将设计作为增长品牌溢价率和利润来源的手段，而是要建立一个能让设计生根发芽的企业生态系统。因为商业、经济的目标都是理性的，但是最终决定结果的却往往是人性。三是设计要找回生活的本质。设计赋予科技产品以文化和生活方式的投射，好的生活方式受人追捧。正如评论界所指出，设计经历了从20世纪六七十年代的"满足我"，到八九十年代的"吸引我"，21世纪初期开始到现在的"改变我"，可以预见的未来将是"理解我"。设计不只是科技创新，更是一种协调——协调科技、商业和资本，协调生态与资源，人类以及社

苹果创始人乔布斯

北京鸟巢体育馆鸟巢

会。设计更本质的意义是对生活方式的优化和创造。

从这个意义上说，设计的战略不只是产业发展的规划，还应是更长远意义上的文化的战略。

应该说，我们当前在设计上不同程度失语，更深层次上是文化生态的反映。近现代以来，随着延续中华文化的旧式教育体系的变革，现代化进程中人们精神世界的重构，以及改革开放后商业化和娱乐化的冲击、大众文化的兴起、网络文化的繁荣，文化发展呈现出多元化、复杂化格局。要形成中国设计，还要从以下几个层次加强文化的建构和设计表达：

设计彰显价值，表达国家意识形态和文化形象。设计应当承载和传递我们民族的核心价值观，以不同形式体现国家形象，这也是设计上升为国家战略的问题应有之义。历史上，我们以礼乐传统为核心的价值体系在民族文化心理以及民族共同体的形成过程中，发挥了重要作用，不仅构成中华民族共同的理想人格和社会心理、价值观念，形成传统社会共同的思维定式，而且发挥了"进于中国则中国之"的影响，在礼乐文化声教四讫的范围内，只要认同和接受了礼乐文化，即融入华夏，正是通过 "周道四达，礼乐交通"（《礼记·乐记》）的文化传播与认同，到公元前3世纪秦统一六国之际，原来意义上的夷狄已基本融入，形成了融入多民族成分、多文化因素的新的民族共同体。礼乐精神在中华造物文化中得到充分表达，所谓"器以藏礼"，思想往往不只在文献中存在，礼乐制度和精神也往往不只作为精英的思想和经典存在，更隐含在社会日常生活的习惯和常识中，包含在民俗、民艺和器物用度之中。所以，设计是承载和传播民族核心价值观最重要的路径。

事实上，当前，设计也正以一种不同以往的方式改写着全球的文化版图，设计产品的应用与推广、设计理念的植入和传播正重新构建新的文化认同的心理空间，在更深远的层面影响人们的生活选择。

在文化传承方面，设计应当成为文化资源转化和文化价值观

原研哉设计的2005年日本爱知世博会海报

传播的利器。可以看到，日本在传承传统文化、打造国家设计品牌方面是较好的借鉴。日本设计实行传统与现代双轨制并行的体制，一方

面在服装、家具、室内设计、手工艺品等设计领域系统地研究传统，以求保持传统风格的延续，不用现代方式去破坏传统风格。既保证传统得以纯正延续，也解除了现代产品"传承传统的重任"，使日本产品从不为传统符号所累。另一方面在高技术的设计领域遵循着现代科学、经济发展以及现代人生活方式变化的要求，进行全新的产品设计。这些设计在形式上与传统没有直接联系，也不刻意去突出日本风格，但设计上明显受到传统文化观念、自然环境与社会生活等外部因素的影响，创造出小型化、便携式、多功能化、细节化、组合化、结构部件装饰化等特征，从而形成了现代日本产品特色。我国作为历史文化大国，如何实现丰厚文化资源有效地设计转化与传承传播是一个现实命题。

就我国而言，巨大的设计文化空间有待开拓。仅以手机、互联网等数字终端承载的内容设计产业为例，目前中国数以亿计的手机用户，其内容设计将发挥的作用不言而喻。如果说以往文化价值观的传播更依赖于书本等信息载体，那么当前则通过设计更深地植入衣、食、住、行、用等方方面面，形成新的传播和认同。美国一项研究表明，设计每投入1美元，销售收入可以增加2500美元到4000美元。如果我们输送到国外的每一本书、每一件衣服、每一个茶杯、每一种玩具，都能够通过巧妙的设计成为中国文化基因的携带者，成为中

"中华立领"系列服装突出中国元素时尚风格

国人文理念的载体，在不断扩大的对外开放中，扩大中华文化核心价值的感召力。设计创意对于中国文化价值观的建立、传播以及文化产业的升级、发展都具有不可替代的作用。中国的设计应当更加关注中国的现实，解决国人生产生活中面临的问题，在更深层次上，形成我们的文化表达与认同，形成设计的中国风格和精神。

同时，在国家战略层次，设计也应彰显国家文化形象。目前，国务院新闻办公室已正式启动国家形象系列宣传工程，宣传"中国形象"。事实上，国家文化形象的缺失，将导致国际交流中的认识偏差，影响价值观传播、文化影响和综合国力竞争。可以看到，20世纪80年代，日本即努力树立"有着深厚文化传统的和创新精神"的国家形象，并形成了"政府主导、各方协调、民间呼应"的"国家形象"公关战略。据报道，2009年，日本政府为广播协会电视台（NHK）拨款68亿日元，打造国际一流媒体，争夺国际话语权。通过"告诉世界一个真实的日本"、"减少世人对日本的误读"等节目开展"国家攻关"，并借助这个平台，向世界传递日本政府的声音。同样，韩国政府也成立有"国家形象委员会"，对国家形象进行设计、宣传和追踪调查。该委员会由总理直接负责，委员由经济、教育、外交、文化等部门长官组成，还有来自不同行业的10名民间委员参与。委员会下设专门的实务委员会，负责具体实施。例如针对2010年11月在首尔举行的G20峰会，韩国政府选定80个讨论课题、4大国民实践课题，与民间团体深入探讨重塑韩国形象推广方案。当然，在国家形象塑造和国家意识形态宣传方面，最突出的还属美国，无论是好莱坞大片还是2010年上海世博会美国馆的展示，均努力向全球提供"美国式"思维和文化。美国电影视觉奇观背后，隐藏的是"美国精神"。国家文化形象的塑造应当纳入设计战略，因为文化形象的定位往往要经过深入研

纽约时报广场的电子显示屏正在播出《中国国家形象片——人物篇》

究，在战略规划部署下，进一步使国家文化形象融入流行文化和产业运作，形成更广、更深的传播效力和影响。

设计服务民生，建立设计公共服务体系。在民生方面，设计有充分的应用空间。以一段时期以来城市化进程、城乡发展存在的问题，以及新的城镇化发展前景来看，设计在具体的空间规划和产业调整等方面应充分发挥作用。美国学者明恩溥在《中国乡村生活》中指出："在西方，人们已经习惯于说'布置'一个城市或城镇。然而，这种说法用在中国乡村上则是大大地不适宜，因为'布置'意味着相关部件安排上的设计。中国乡村是自然而然形成的，没有人晓得，也没有人去理会它的前因后果"①。与这一论断相关的是费孝通的分析——"乡土社会是安土重迁的，生于斯、长于斯、死于斯的社会。不但是

① ［美］明恩溥《中国乡村生活》[M]，北京：时事出版社，1998年版，第12页。

韩国首尔昌德宫，模特进行韩服服装秀
的排练迎接G20峰会

美国"好莱坞"标志

人口流动很小，而且人们所取资源的土地也很少变动。在这种不分秦汉、代代如是的环境里，个人不但可以信任自己的经验，而且同样可以信任若祖若父的经验。一个在乡土社会里种田的老农所遇着的只是四季的转换，而不是时代变更。一年一度，周而复始。前人所用来解决生活问题的方案，尽可抄袭来作自己生活的指南。愈是经过前代生活中证明有效的，也愈值得保守。于是'言必尧舜'，好古是生活的保障了"①。当前的现实在于，一方面是历史生成延续的内在传统，一方面是急剧变革的城市化、工业化和市场化的冲击，无论城乡，人们的生活空间、生活

明恩溥（Smith, Arthur Henderson 1845—1932, 美国人）

明恩溥所著《中国乡村生活》书影

---

① 费孝通《乡土中国生育制度》[M]，北京：北京大学出版社，1998年版，第50—51页。

方式和更深层的文化与心理空间都不断受到冲击并发生变化，真正使文化自觉转化和落实为设计的策略，在空间规划、生产发展以及生活方式优化等方面发挥作用，无疑是必要而迫切的。

　　作为国家战略，要进一步建立设计服务民生的价值观和服务实践体系，即不仅要做高端设计、做有社会显示度的设计，还要全面发展关乎日常生活的细小设计，把设计理念和精神纳入民众生活之中，发展满足人民生活需要的设计。一个经典的案例是宜家设计，其理念在于"为大多数人生产他们买得起的、实用、美观而价廉的家居用品"，对设计的重视和坚持，也是宜家发展的一个重要原因，其从1943年初创发展文具邮购业务，到目前已发展成为全球最大的家居用品零售商，在全球设有287家连锁商店，分布在42个国家，雇佣了13.1万多名员工，其2010年的全球营业额为235亿欧元。设计应为社会大多数人服务，通过设计关注、改善和服务于民众生活，在改善人民生活

宜家家具卖场

品质的过程中不断产生优秀的设计。

在我国，建立设计公共服务体系的意义更加突出，我们还有广袤的乡村和占据相当比重的农村人口需要设计关注和服务。就此，亟需改变设计集中关注城市生活、集中追求工业和商业价值，以及追新逐异的"概念设计"等现状，真正使设计实践深入基层，探索有利于民生改善的设计对策，通过设计介入来改善民生状况、拓展生计来源、提高民众生活质量。具体可从以下几个层面展开：一是加大既有设计产业和设计产品的民生服务导向，加强对民生问题特别是乡村农民生计问题的关注，设计开发满足其需要的产品，并积极将农村可再生资源和劳动力纳入产业链建设的整体考虑，发掘其设计文化优势。二是进一步加大文化资源的设计开发与转化。因地制宜，就地域的空间性文化资源和技艺性文化资源进行设计发掘，研究其转化融入当前产业发展和生活方式的途径，同时带动当地民众融入设计产业，拓宽发展空间。三是在现有设计教育体系中培育设计民生意识和价值观，引导和鼓励设计专业学生关注国情、民情和实际生活需要，养成利用和发挥传统文化资源和本土劳动力资源优势开展创意设计的意识和能力。

丹麦工作室3XN设计的位于哥本哈根水族馆，
被称为蓝色星球水族馆

四是进一步建立和完善设计服务平台系统，包括依托企业、高等院校、科研院所、行业协会、创意产业集聚区等建立行业性的专业化公共服务平台；政府以购买、授权、委托等多种形式鼓励加快建设一批设计产业的公共技术研发、信息咨询、投融资、知识产权、人才培训、展示交易、成果转化、国际交流的公共服务平台；支持服务于创意企业的中介机构和行业组织的发展，等等。

设计引领创新，带动制造业升级。中国是制造业大国，经济增长的速度和质量明显受制于不平衡的国际分工和贸易规则。发展压力和环境危机迫使以"中国制造"为核心理念引领新一轮的产业调整和国民经济战略转型。

当前，被称为"第三次工业革命"的新一轮产业革命兴起，实质是欧美发达国家在经历了从"工业化"到"去工业化"的过程后，向"再工业化"转化，从"创意经济"回归"实体经济"。作为经济形态的螺旋式上升发展过程，这一轮产业变革"实质是以数字制造技术、互联网技术和再生性能源技术的重大创新与融合为代表，从而导致工业、产业乃至社会发生重大变革，这一过程不仅将推动一批新兴产业诞生与发展以替代已有产业，还将导致社会生产方式、制造模式甚至生产组织方式等方面的重要变革"。这一变革最先产生的影响是资本、技术等生产资源向发达国家回流。英国《经济学人》杂志2012年4月22—27日刊登关于"第三次工业革命"的封面文章，并专门推出特别报告，指出第三次工业革命不仅影响物

英国《经济学人》杂志2012年4月22—27日

美国电影《机器人总动员》中的机器人形象

品的生产，还影响着生产的地点。过去工厂一直在向低收入国家迁移，以降低劳动力成本，但未来劳动力成本将变得越来越不重要。随着直接从事制造行业的人数下降，作为生产成本一部分的人力成本也会下降，这将激励制造商将一部分制造行业输回发达国家，尤其是因为新的制造技术使得制造商面对消费者需求偏好变化时做出更快的响应举措，而且代价更低[①]。如相关报道指出[②]，美国就将重振制造业作为长期战略的"轴心"。金融危机爆发以来，美国政府力推

美国标志性建筑——胜利女神像

"再工业化"战略，试图重塑美国新的竞争优势。但美国所提的"再工业化"绝不是简单的"实业回归"，而是对以往传统工业化的扬弃，其实质是以高新技术为依托，发展高附加值的制造业，比如，先进制造技术、智能制造、新能源、生物技术、信息等新兴产业。目前，美国已经正式启动高端制造计划，积极在纳米技术、高端电池、能源材料、生物制造、新一代微电子研发、高端机器人等领域加强攻关，这将推动美国高端人才、高端要素和高端创新集群发展，并保持在高端制造领域的研发领先、技术领先和制造领先。与此同时，关于设计创新、知识产权的竞争、垄断和保护将更加激烈和严密。

在这样的形势下，中国的产业发展以及设计策略显然需要新的定

---

① 参见晁毓山《第三次工业革命：制造业回流》[J]，《中国高新技术产业导报》，2012年第9期。

② 张茉楠《第三次工业革命：对中国挑战大于机遇》。

IPAD拆解

位。正是在西方国家"去工业化"的过程中,我们发展成为名副其实的制造大国。据统计[1],目前我国在全球制造业产值中的比重已达到20%左右,成为世界制造业第一大国,中国制造业中有100多类产品的产量居世界第一位。但和制造强国相比,中国制造业仍处于较为初级的发展阶段。一方面,中国制造仍以代工、加工为主要特征,真正拥有自主知识产权的产品并不多。这就决定了仅仅依靠劳动力众多而又廉价的竞争模式缺乏长久性。另一方面,中国制造产品的附加值低,仅仅在低端市场具有一定竞争优势。中国虽然是高端奢侈品的消费大国,却是生产上的小国。即使是在本国生产,也大多是代工或贴牌模式,国内鲜有真正的奢侈品品牌。一个典型的案例是,研究人员在美国加利福尼亚大学的私人计算机中心解剖了一个iPad,并从中找出所有这些零部件的生产地和造价,然后组装起来。他们发现16G的iPad在2012年的售价为499美元,其中包含价值154美元的原材料,来源于美国、韩国和欧洲的供应商(苹果公司有超过150家供应商,其中有很多厂商是在中国制造或完成它们那部分的生产)。研究人员估计一台iPad的全球劳力成本在33美元左右,中国从中只能分到8美元[2]。面对

① 李长安《要防止我国制造业出现"未强先衰"》[N],《上海证券报》,2012年9月5日。

② 晁毓山《第三次工业革命:回力棒效应》[N],《中国高新技术产业导报》,2012年9月24日。

新的发展形势，我们必须使设计从边缘走到中央，在新一轮产业变革中形成国家发展的设计策略，实现能源和技术的创新融合，促进文化和产品的紧密结合，并不断解决城镇化进程、农村发展等生产生活方式变革发展的具体问题。

在制造业升级方面，要着力发挥设计的驱动作用。制造业企业在经济增长拉动方式上可分为资源驱动型、技术驱动型、设计驱动型和加工驱动型四类样态。其中，设计驱动型制造业是当今世界企业发展的方向。美国的苹果、耐克，日本的索尼、三菱，韩国的三星、LG、现代，荷兰的飞利浦，瑞典的宜家，德国的西门子等，都是这类企业的典型代表。而技术驱动型和加工驱动型制造企业的最终发展方向是

制造业企业的经济增长拉动方式

提高设计创新能力，增加产品的设计附加值和文化内涵

设计驱动型企业

设计与技术的充分融合，拓展市场空间，提升品牌形象

加工驱动型企业

技术驱动型企业

资源驱动型企业

设计驱动型制造企业，二者都需要设计创新的科学导入，促进企业形态由被动委托加工OEM到主动设计ODM的方式转变，实现自主创新，打造自主品牌，实现由产业链低端向高端转移。

三星展厅设计

当前设计已不再停留于传统的外观形态和美学意义上，而是在掌握工程、结构产品的核心技术以及设计管理、市场需求的基础上和产业业态、产业链高度结合，从消费者与市场的终端拉动生产的发展，实现资源的合理使用和效益的最优化。正如我国当前对节能环保、新一代信息技术、生物技术、高端装备制造产业、新能源、新材料、新能源汽车等7类战略性新兴产业36个细分领域都明确了未来十年的发展规划，其中设计与生态住宅、电动汽车、3G通讯、物联网等紧密联系，直接关系人们居住、出行等生活的方方面面。设计已经成为创新生活方式最有力的构建者，以其跨界、跨领域的融合力，呈现出无处不在的当代生活状态，又将构建、优化、改变着人们的生活方式。

设计驱动创意，促进文化产业发展。在文化创意产业发展方面，设计具有核心作用。文化创意产业知识高度密集、高附加值、高整合性特点以及文化创意人力资本的价值对一个国家可持续发展意义深远。经济行为中文化的、知识的、信息的、科技的乃至心理的因素将越来越具有重要的、主导的甚至某种决定性的作用，而文化作为日益强大的产业结构已成为整个国民经济先导的甚至支柱性的产业。建设与未来世界新的经济形态和技术形态相协调的新的文化产业形态——

内容产业与创意产业，对中国经济的全面协调发展和产业结构的进一步调整将具有越来越重要的作用。

奔驰展厅设计

通过设计创意，实现本土文化与相关产业链的重组和延伸，为传统产业的转型升级服务。通过特色文化资源的整合开发，促进传统产业升级，带动新兴产业发展，扩大文化消费规模，培育时尚群体，促进城市创新和品牌创新，形成新的文化竞争力，为社会、经济、文化发展注入持续活力。同时，更要建立传统特色文化资源与城市发展、产业发展的有机联系，激活特色文化资源的设计创新效能，将传统文化、民间文化、区域文化等特色文化纳入城市整体发展格局，使之在自身强化发展的同时，成为设计创意产业、消费型服务产业、工业制造业、文化旅游产业的重要组成部分，成为国家显著的文化标识。设计具有重要意义。

总之，设计的战略在更本质的层面上是一项文化的战略，而非单纯的产业规划，这是以现代化为特征的"工业社会"走向以信息化为特色的"知识创意社会"的趋势所在——设计由原来的工业环节延展融入商业、金融、管理、服务等各业态，由产品设计拓展到资源重构、布局规划等层次，成为一项重要的生产力和整体性的发展策略。设计的理念和方法从工业生产领域扩大到其他文化创造所关联的相关领域，充分发挥合理组织生产要素、跨行业优化资源配置的作用，形成知识经济时代最有活力的先导性、支柱性策略。甚至可以说，融合尖端技术、传统文化资源和社会发展需求的设计本身，就是一种有效的发展方式。因此我们也需要从战略意义上，把握设计创新在经济文化发展中的重要作用。

3.加强设计战略研究

从策略的意义上观照设计，目的不仅仅是获得历史的经验和启示，更在于深入思考当下的问题。因为我们的问题显然不只是从造物文化声名远播的文明古国到"世界工厂"的巨大落差，也不只是设计如何创造效益、如何实现从"中国加工"到"中国创造"的转变等这样具体，而是如何真正建立起一种有效的动力机制，充分整合科学、艺术等领域的创新成果，激发和运用本土文化的活力，使文化和经济协同发展。就此而言，设计是策略，是杠杆，是有效的落实途径，它真正联系着文化的传承和科技的创新，关联大众日常生活最细微的体验和国家层面经济文化的发展方略。

首先，国家设计战略建立在深入理论分析和全面调研评估的基础上，通过把握设计艺术内涵与应用规律，把握设计艺术与经济、文化建设的关系，在分析经济、文化发展思路和设计现状的基础上，形成着眼中长期发展的战略规划，从国家行动层面，为设计作用的发挥提供政策与制度保障，创造发展环境，搭建发展平台，拓宽发展空间。

其次，设计产业问题是立足国情的现实命题。传统加工制造业在国民经济中占据相当比重，是人口

顺德工业设计园

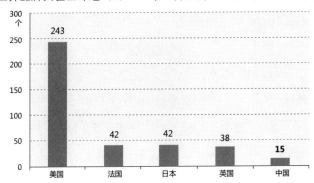

世界品牌实验室评选出的2008年世界品牌500强主要国家分布情况

大国的立命之本，也为设计创新提供了广阔的实体性的应用空间，不容忽视。据世界品牌实验室评选出的2008年世界品牌500强中，美国有243个，法国42个，日本42个，英国38个，中国15个，且主要是中国移动、中央电视台、中国工商银行、中国石化这些"国字号"品牌。所谓"知名品牌的背后往往是一个有竞争力的企业，一个有生命力的产业，一个有经济实力的城市，一个有世界影响力的国家。拥有国际知名品牌的国家和地区将成为全球市场利润分配中的主要受益者，不具备品牌实力的国家则处于被动地位"[①]。以设计作为整合力、支撑力和驱动力，将加工制造业整合发展为设计产业，极具必要性。就此，需要进一步研究设计产业链的构成、原创设计的基础和形成机制，把握设计品牌的构成要素，形成对设计产业布局与发展的立体化研究。

在促进产业发展方面，尽可能发挥设计效能，优化每个生产节点，提升利润。据报道，美国通过智慧产业革命，全面拉抬制造业效率，例如发现由于天气、材料等原因导致电缆耗电损失7%，美国的智慧产业于是进行节能研发，避免了这7%的损失，这样利润就增加7%。德国邮局通过美国智慧产业帮忙，物流成本下跌1%，但整体利润提升

---

① 吴汉东《设计未来：中国发展与知识产权》[J]，《法律科学》（西北政法大学学报）2011年第7期。

奥迪概念碳纤维自行车e-bike Wrthersee

了24%，原因是把每个部门的成本都减少1%，这样加在一起公司利润就增长24%。所谓智慧产业，即降低各个环节的成本，提高利润，实现升级。设计优化无处不在，关键的是切实提高产业效能。

具体在创新科技方面，设计需进一步发挥跨界整合作用。业界动态显示，许多非凡的科技成果日趋融合，如智能软件、新材料、更加灵巧的机器人、新工艺流程等。事实证明，新材料比旧材料更轻、更强、更持久耐用。碳纤维在飞机、自行车等产品中取代了钢和铝。新技术使得工程师可以以更小的单位进行设计。纳米技术使得产品功能更强，例如帮助伤口愈合的绷带、效率更高的引擎以及更易于清洗的陶器。基于基因技术的微生物可以用于生产电池等产品。互联网使得更多的设计师可以在新产品研发过程中协作，而且协作门槛不断降低[①]。同时，快速发展的科技加快文化产业的演化周期。正如历史上放映机的发明，开创了电影时代；电声技术，催生了宽银幕电影和立体电影；激光技术的应用，使球幕电影的视觉效果吸引了众多消费群体；电影和信息技术的结合，推动电影进入数字时代，每

---

① 晓洛《"虚实结合"已成为新的市场主题》[J]，《中国质量万里行》，2012年第5期。

中国科技馆球幕影院

一次技术革新都促进了相关文化产业的升级换代。在新技术革命浪潮中，传统文化内容与信息技术、网络技术、数字技术对接，派生出网络游戏、数字视听、三维动画等一系列新兴业态，将使文化内容更加引人、文化传播更加快捷、文化的影响力更加深远。

在"设计软实力"发挥方面，既是实施、落实所涉及的具体问题，也是文化的、意识的抽象问题，需要加强所涉及的政策研究和文化分析，从设计服务体系、设计教育发展、民生设计项目、设计传承传统文化等多方面加以充实和深化，目的是将设计艺术的效能拓展到整个经济文化建设中，拓展到普遍的国民意识和公众心理，从而真正深化落实设计艺术的战略地位。包括解决设计艺术与民间文化遗产保护问题，从动态角度研究设计艺术如何在文化交流传播的过程中促进文化遗产的生产性保护或发掘传播。一方面，活态文化遗产可以通过具有文化传承深度的设计艺术纳入产业发展，融入当代生活；一方面，设计艺术需充分汲取传统文化所蕴含的民族元素、审美理想、哲学理念等，以丰富的多样性成就中国设计的统一性，并由此增强文化的认同、凝聚和传播。

简言之，设计不仅关系到经济效益，也关系到民生和设计伦理问题；不仅要关注市场，努力在全球化竞争中由设计创新实现以科技、文化和创意为核心的"向上的竞争"，摆脱凭借劳动力和资源消耗，凭借低成本的"向下的竞争"，驱动经济良性发展，而且要关注民生

的乡土需要，建立
"设计福祉"观念，
从民生意义上考虑中
国设计。因此，纲举
目张，联系并深化形
成的是对中国设计与
经济文化发展的全面
考量，既是评判、反
思和引导设计，也是
解决具体问题，汲取
内在动力，促进经济
和文化发展。

温哥华冬奥会海报设计运用本国传统元素

　　总体上说，一
段时期以来，人们对
"中国设计"的呼吁
并不陌生，它可能始
于我们作为世界第二
大经济体所处产业链
位置的忧思，也可

上海世博会志愿者标志设计灵感来源于中国汉字"心"

能是日益突出的城市交通、防涝、建筑形态等形形色色的规划与设计
问题，其实当我们因明显的经济利润、产业效益受到影响和制约而反
思设计缺位的问题，呼吁加强自主创新与设计的同时，往往面临更深
层的危机，它来自文化。一面是大规模的仿造、代工，一面是固有文
化资源的流失加剧，实质上反映的是同一个问题。我们需要一种更全
面、更有力的整合与作用机制，使文化的效力得到充分激发，使科技

设计与科技相结合

创新的效能得到进一步提升，使经济与文化、科技与艺术等看似不同界域的发展整合为一。笔者认为，实现这一目标的途径和作用力，就是设计，是设计的策略。

　　应该说，设计的内涵是常新的，因为与生产和生活方式紧密相联，诸多史论家已从社会的、伦理的、审美的不同视角对设计进行了深入解读和阐释，同时，也更清晰地反映了设计在"物的形态"之后关于"事"与"理"的筹划，其策略性的内涵是理解设计的一个重要维度。设计的命题更是当下的。作为一种策略化的实践，要义是解决我们当前所面临的问题。如何使设计策略真正上升为一种宏观战略？如何在解决产业的、文化的、教育的一系列具体问题时引入设计的视角并发挥设计的效能？都是需要思考并实践解决的具体问题。如果说设计史即是人类社会的文明史，那么关于设计策略的认知和思考，还会将我们引入许多具体的领域，触及许多现存的问题。也希望通过具体问题的思考和辨析，我们能更充分地把握设计的现实，共同构架有益发展的设计的策略。

五、设计文化

五、设计文化

设计是什么？设计是一个表达的过程，把自己的情感、理念、期望赋予物，并让对方感受得到。设计的核心，是文化，是精神，是生活的态度。

我们常常探讨，从"中国加工"到"中国设计"要克服哪些障碍，跨过哪些门槛，其实反思最深处，还是文化。从手工造物到机械生产，原本世界文明的文化大国到今天代工生产的大国，期间到底失落的是什么？正如我们常常提到传统手工艺文化的传承与转化问题，其实以手工艺文化保护发展得好的日本为例，除了工艺规范、程式技法、符号元素等一系列有形的构件外，还有与手工艺相关的一种精神境界的传承、呵护和尊崇，比如禅意和道的境界。从设计文化的角度看，我们最要感知和捕捉的是设计内在的精魂，它应该是一种精神的境界。

事实上，我们的传统文化里对这一精神境界的解读丰富而深刻，比如庖丁解牛，比如佝偻承蜩，手艺的过程是一种对道的追求。"精益求精"，追求的更是精神。工业化大生产里，粗糙低廉的仿制代工，设计缺位的同时，也失落了这种内在的精神境界的追求和生产生活息息相通的文化状态。我们要找的、属于我们的设计文化的本根实在于此。

当然，设计行为是具体的，面对具体的设计实践，今天，无论是国际还是国内，传统文化资源的内容已经快速与数字内容产业、工艺美术产业和创意产业等业态交叉融合，成为文化产品设计竞争中"原创力"的主要来源。就传统文化资源应用与设计转化的关系而言，可以从语言、风俗、生活习惯等元素中寻找"传统文化精神"的转化，塑造产品设计的人文价值；从技艺、图案、样式等元素中寻找"传统文化符号"的转化，塑造产品设计的审美价值；还可以通过从金属、木石、植物纤维等元素中寻找"传统素材"的转化，塑造产品设计的科技和生态价值。通过文化资源有效的设计整合，以中国数字内容产品设计、工艺美术产品设计和创意性产品设计为推手，塑造"中国设计"品牌，从而更好地服务国家文化战略和国家经济战略。

我们要进一步解决传统文化资源转化、城市与农村的设计文化空间、设计介入路径等具体问题，当我们深入思考并寻求具体的解决办法的时候，还要真正从内心深处抱有对文化境界、精神和道的尊重和重视。

（一）设计与文化资源转化

古人云："水有源，故其流不穷；木有根，故其生不穷。"传统文化资源就是国家和国民的"根"与"源"，既是国家先进文化创新的精神基因，也是国家文化主权保障发展的基石。使内在的文化特质得到保持和延续，就是文化血脉的延续。由于生产方式、生活方式以及社会发展空间和节奏的一系列变迁，优秀传统文化资源的传承和发展确实面临不同方面的问题。就此而言，设计是一个关键的衔接环节，应该发挥转化传承的有效作用；同时，发掘转化传统文化资源本身，也是破除设计自身瓶颈的一个有效措施。所谓"源之不存，流何有自"，设计是有根的，丰厚的传统文化资源如何转化是一个重要命题。

1.文化资源的设计价值

据统计，2012年我国外贸进出口总值38667.6亿美元[①]，有力推动了中国经济的高速发展，重塑世界经贸格局。但我们也应理性地看到，在所有的进出口贸易成分中工业机械产品、农副产品、轻纺产品等传统制造业仍是主流，文化产品在世界贸易中的地位仍显不足，文化产品的贸易额甚少，一些影视产品几乎是零。事实上，中国文化产品在国际市场的占有率是极低的。"据中国文化软实力研究中心等机构联

---

① 国家统计局《2012年国民经济和社会发展统计公报》。

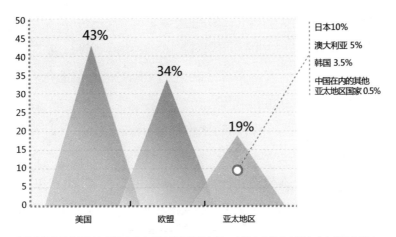

我国文化产品在国际市场的占有率是极低的数据来源：中国文化软实力研究中心等机构联合发布的《文化软实力蓝皮书：中国文化软实力研究报告（2010）》

合发布的《文化软实力蓝皮书：中国文化软实力研究报告（2010）》显示，世界文化市场，美国独占鳌头，占43%的份额；欧盟紧随其后，占34%；人口最多、历史悠久的亚太地区仅占19%。这19%中，日本占10%，澳大利亚占5%，韩国占3.5%，剩下的0.5%才属于包括中国在内的其他亚太地区国家。现在世界文化市场的分割，依然是西方主流文化一统天下，从而对发展中国家构成了文化霸权。"[①]作为工业品出口大国，我国2007年有172种产品产量居全球第一，而在文化领域却出现"版权贸易逆差"，2004年以前版权贸易进出口比例高达10∶1，2005年虽下降到6.5∶1，但依然是文化产品的进口大国。2006年，我国包括软件、音像、图书、报刊在内的核心版权业产值仅占当年国民生产总值的3.2%，低于发达国家的一般水平[②]。为什么在国际竞争舞台上缺少中国的文化产品？为什么发挥不出文化大国的世界影响力？推本溯

　　① 吴汉东《设计未来：中国发展与知识产权》[J]，《法律科学》（西北政法大学学报）2011年第7期。

　　② 吴汉东《国际变革大势与中国发展大局中的知识产权制度》[J]，《法学研究》2009年第3期。

源，首先是对国家优秀传统文化资源保护利用不够，对文化稀缺资源与现代文化创意产业之间的原创对接认识不够。同时，在中国经济高速发展的背后，传统文化多样性缺失、文化生态环境恶化、文化资源浪费等一系列问题，也非常严峻。

传统文化资源设计转化的紧迫性在于，直接关系到国家文化安全、国民精神基因传承、文化创新发展和文化惠民工程等一系列问题。加强传统文化资源设计转化是国家文化安全建设的需要。相关材料显示，美国目前控制了世界75%的电视节目和60%以上的广播节目的生产和制作，使得美洲、非洲和部分亚洲国家成为美国节目的接收站，其广播电视节目中的美国节目占到60%—70%；此外，美国只生产了全球6.7%的电影，却赚取了全球85%的票房收入①。在欧美文化圈内部，针对美国文化产业的扩张，一些国家采取了文化抑制政策："法国对好莱坞电影在全球畅通无阻感到不妥和恐惧，为抑制美国娱乐业的入侵，法国在欧盟内寻求建立欧洲及国家定额管理制度。澳大利亚的文化产业委员会也感到不安，他们建议政府在遵守世界贸易组织规则的基础上，建立和创建'文化防火墙'制度。加拿大在世界贸易组织裁决其对美国杂志采取的限制措施有悖自由贸易原则之后，采取了'论坛应变'的措施，建立起多元文化

美国好莱坞电影《变形金刚》海报

---

① 李怀亮、刘悦笛《美国的文化霸权》[J]，《红旗文稿》2008年第16期，第34—36页。

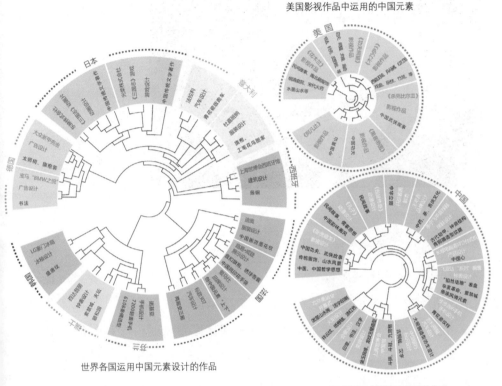

国内外运用中国元素设计的作品示意图

世界各国运用中国元素设计的作品

国内运用中国元素设计的作品

网。"①诸多国家采取措施加以维护的出发点在于，认为国家文化安全的本质就是一个国家现存文化特质的保持与延续，包括语言文字安全、风俗习惯安全、价值观念安全和生活方式的安全等。

据《参考消息》报道，美国迪士尼公司与很多文化传媒集团召开"开发中国文化金矿"峰会。显然，当传统文化要假他人之手，经过设计包装后再"回归"中国，流失的则不仅是经济利润，还会丧失更为核心的精神财富。文化资本往往在攫取市场利润的同时也造成传统

① 吴汉东《文化多样性的主权、人权与私权分析》，《法学研究》2007年第11期。

2012年奥运会开幕式在英国伦敦举行

文化样式和精神理念的肢解。本土文化样式沦为其他价值观传播的媒介和工具，将导致传统文化样式的"空心化"，动摇我们传统文化价值观的根基，危及国家文化安全。

　　加强传统文化资源设计转化也是国民精神基因传承的需要。传统文化中蕴含的道德追求、精神信仰、审美情趣、风俗习惯、知识体系等，是民族文化的血脉。如果我们将民族文化看做是一个现实的生命体，那么传承积累在人们行为、观念里的一个个信息单元，就是文化的基因。它们很大程度上保留在传统文化资源中，且作为"基因"的意义就在于，是文化生命演化的源头处具有生命创造力的基元，并组成具有文化创造功能的结构，衍生出整个庞大的文化体系，成为文化进化的基本原因，成为文化有机体演化发展的根基。事实上，文化基因的生成与复制有别于生物体，"文化在每一个人心中复制的时候，往往不是被完整地加以复制，而是不同的人只是接受了文化的一部分"，加之外来文化的深度冲击和改写，对民族文化基因的认识和保护也需要提升到更加自觉的高度。

　　就设计而言，必须认识到，传统文化作为千百年来积淀生成的文化有机体，具有构成文化大厦丰富的基本构件和结构，具有丰富的基

传统手工艺入选"非遗"保护名录的数量（2009）

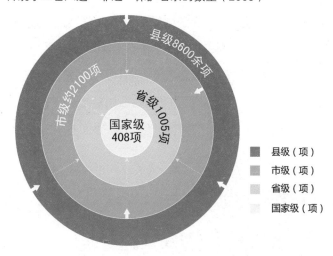

- 县级（项）
- 市级（项）
- 省级（项）
- 国家级（项）

非物质文化遗产保护名录体系中传统手工艺品类表（2009）

门类	品种
抽纱刺绣	抽纱、刺绣、织锦、地毯、挂毯、蜡染、扎染、缂丝、蓝印花布、彩印花布、剧装、绒绣等
雕塑	玉雕、石雕、骨雕、贝雕、牙雕、木雕、软木雕、根雕、砖雕、刻砚、角雕、面塑、泥塑、蜡塑、酥油雕塑等
编织	竹编、藤编、草编、玉米皮编、柳编、麻编、苇编等
美术陶瓷	黑陶、砂器、彩陶、琉璃、白瓷、青瓷、彩绘瓷、绞胎、立体雕刻瓷等
金属工艺	景泰蓝、烧瓷工艺、银蓝工艺、蒙镶工艺、铜制工艺、铁制工艺、锡制工艺、民间刀剑工艺、金银首饰等
漆器	脱胎漆器、雕漆制品、镶嵌漆器、彩绘漆器、雕填漆器、漆画、刻漆、漆线雕、金漆木雕等
绘画工艺	版画、烙画、石印画、国画、油画、粉画、工艺装饰画、丝绢制品、唐卡、贝雕画、木贴画、瓷板画、羽毛画、彩蛋画、绢屏、美术镜、玻璃画、树皮画、通草画、丝绸画、竹帘画、麦秆画、裘皮画、农民画、鱼皮画、布贴画等
玩具	木玩具、纸制玩具、布绒玩具、金属玩具、草编玩具、泥塑玩具、皮毛玩具、蛋壳玩具、童车等
其他工艺	各种民族民间服饰、民族乐器、烟花爆竹、笔墨纸砚、工艺家具等

本符号和思维方式，充分汲取其中的艺术符号、建筑符号、语言符号等，发掘其制度组织、生产技术以及物质形式等所包含的精神文化内涵，就是对文化有机体的深刻理解、诠释和规律化地发展。例如，当前中国手机、互联网等数字终端有着巨大持有量，是拉动数字内容产业发展的重要引擎，在设计方面加强中国符号和中国元素的介入，在设计与科技高度融合的趋势下，创新传播形式和传播渠道，解决国民

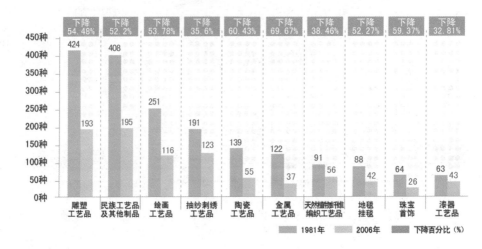

我国工艺美术大师后继乏人

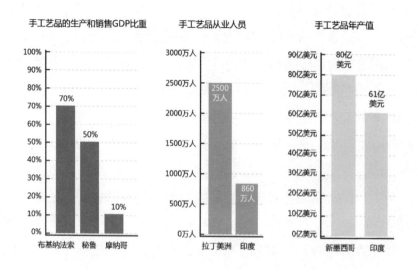

发展中国家传统手工艺成为GDP的主要增长部分

手工艺品的生产和销售GDP比重　　手工艺品从业人员　　手工艺品年产值

接受方式和传统文化资源传达方式之间的矛盾，适应和满足国民对传统文化精神需求的新变化，必须提高到国民文化基因传承的高度加以认识和推进。

　　加强传统文化资源设计转化是文化创新发展的需要。农耕时代中华民族有许许多多智慧原创，但在工业时代、信息时代，模仿多于创新。例如，我们有丰富的工艺美术资源①，但由于缺少创意经济时代有效的设计转化、设计传承以及设计创新，部分工艺美术品类甚至面临困境，相关产业还亟待发展。据统计，20世纪70年代到21世纪初，我国764个传统工艺美术品种中，52.49％的品种陷入濒危状态，甚至已经停产。1979年至2006年，我国共评出365位中国工艺美术大师，目前已约有1/5去世。在现有的3025名高级工艺美术师中，仍从事传统工艺

---

① 传统手工艺入选四级非物质文化遗产保护名录体系统计表（2009）。
　非物质文化遗产保护名录体系中传统手工艺品类表（2009）。

美术的仅占20%，每年专业院校毕业生加入到传统工艺美术领域的还不足1％[1]。作为对照的是，在世界范围内传统工艺美术已成为不可忽视的产业。据本世纪初相关统计，一些国家手工艺品的生产和销售占GDP的相当比重，如在布基纳法索占70%，在秘鲁占50%，在摩纳哥占10%。仅在拉丁美洲，大约2500万人从事手工艺品的生产[2]。在新墨西哥，印第安工艺已经成为年收入达80亿美元的产业[3]。在印度，手工艺产业也构成印度经济的重要组成部分，2000年至2001年期间，雇工数量约860万人，产品产值约61亿美元，收入约33亿美元[4]。在发达国家，传统手工艺在向高端艺术市场发展的同时，另一个主要的发展方向是作为时尚产业、设计产业、旅游文化产业不可忽视的重要资源，甚至以其本来的形态融入，成为时尚产业、设计产业、旅游文化产业的重要组成部分，成为显著的文化标识。手工艺因此也成为现代产业运作中的一种知识资产，能够创造更大的附加值，在其他投入不变的情况下，使边际收益不断上升，提升文化价值。中国有丰富的传统工艺美术资源，且具备"手工艺+设计创意"模式发展工艺文化产业的条件，应当加强设计转化，使传统文化得到传承、创新和发展。

① 全国工艺美术行业普查办公室《2009全国工艺美术行业普查报告》[R]。

② Betsy J. Fowler, "preventing Counterfeit craft Design", edited by J. Michael Finger Philip Schuler, Poor People's Knowledge:Promoting Intellectual Property in Developing Countries, the World Bank and Oxford University Press, 2004, P.114.

③ Agnès Lucas-Schloetter, folklore, Edited by S.von Lewinski, Indigenous Heritage and Intellectual Property：Genetic Resources, Traditional Knowledge and Folklore, Kluwer Law International, 2004, P.260.

④ Maureen Liebl and Tirthankar Roy, "Handmade in India Tradition Craft Skill in a Changing World", edited by J.Michael Finger Philip Schuler, Poor People's Knowledge：Promoting Intellectual Property in Developing Counrries, the World Bank and Oxford University Press, 2004, P.54.

2006年全国工艺美术产业重点出口省份外销情况统计表（节选）

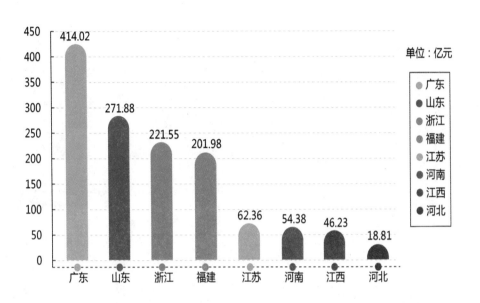

资料来源：《全国工艺美术行业普查报告》

加强传统文化资源设计转化是文化惠民工程的需要。对我们这个有着悠久历史并经历社会转型的民族来说，传统文化的延续和发展其实涉及许多深层次的问题，包括如何认识我们的民族心理结构、如何把握当前的文化建设以及如何以一种具体的文化形态为切入点，建立造物传统与当代设计、农村与城市、传统文化与创意经济的有机联系，可以在经济、文化、民生的意义上发挥切实作用。例如，中国农村有丰富的传统文化资源，对于数千年积累的生产经验、手艺文化等应当加以传承和发展。一段时期以来，由于设计缺位，农村手艺产业以外销订单为主，在市场需求上，不能有效发掘和应对本土文化需求；未能充分实现手艺产业与时尚产业、数字内容产业、制造业以及创意农业等产业联动；本土生活方式和价值观难以有效融入；手艺农

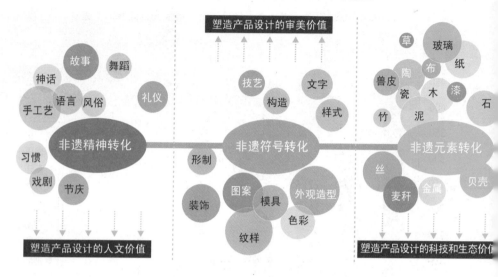

传统文化资源应用与设计转化的关系示意图

塑造产品设计的审美价值

故事 舞蹈 神话 语言 风俗 手工艺 礼仪 习惯 戏剧 节庆

非遗精神转化

技艺 文字 构造 样式

非遗符号转化

形制 装饰 图案 模具 外观造型 色彩 纹样

草 玻璃 陶 布 纸 兽皮 瓷 木 漆 竹 泥 石

非遗元素转化

丝 贝壳 麦秆 金属

塑造产品设计的人文价值

塑造产品设计的科技和生态价值

户处于产业链末端，手艺农户权益得不到有效保障。

就此，加强设计介入与提升，充分发掘农村手艺资源，在产业意义上加以建构，完善从原材料获取、创意设计到产品营销的价值创造网络，尽可能将教育研究、开发设计、加工生产和销售消费等领域有机地结合起来，形成以传统文化为核心的不断增值的产业链条，将有

北京奥运海报

效创造经济产能和文化价值。从这个意义上说，通过设计求解农村民生问题，核心是寻找到关联文化、经济与乡土社会发展的重要的着力点，激发传统文化和农民的创造活力，在引入相关产业理念和机制的同时，也形成创意及信息化时代对农村民众新的启蒙，使传统手工艺等蕴含丰厚文化精神并根植生产生活的文化内容，作为生态的、和谐的、幸福的发展范式，充分发挥文化传承、产业和生活发展的多元作用，这也是设计的民生价值。

山东潍坊寒亭杨家埠风筝作坊

2.文化资源转化的路径

传统文化资源的现代设计转换要讲究一定的策略。今天，无论是国际还是国内，传统文化资源的内容已经快速与数字内容产业、工艺美术产业和创意产业等业态交叉融合，成为文化产品设计竞争中"原创力"的主要来源。就传统文化资源应用与设计转化的关系而言，可以从语言、风俗、生活习惯等元素中寻找"传统文化精神"的转化，塑造产品设计的人文价值；从技艺、图案、样式等元素中寻找"传统文化符号"的转化，塑造产品设计的审美价值；还可以通过从金属、木石、植物纤维等元素中寻找"传统素材"的转化，塑造产品设计的科技和生态价值。通过文化资源有效的设计整合，以中国数字内容产品设计、工艺美术产品设计和创意性产品设计为推手，塑造"中国设计"品牌，从而更好地服务国家文化战略和国家经济战略。

对于传统文化资源如何设计利用的问题，笔者认为可以从以下几个方面加以理解：要在传统文化资源继承中推进设计创新，在筑牢国家核心价值观体系中推动设计创新，同时还要关注在构建现代文化产业体系中推动设计创新，在满足民众文化权益中推动设计创新。

在传统文化资源继承中推进设计创新。未来国际市场间的竞争是文化和创新。设计者只有坚持传承优秀民族文化，以市场个性化的需求为原则，以品牌营销为战略导向，提高设计原创力，才是突破国际分工和产业瓶颈，通过创新走可持续发展的强国之策。2010年山东工

传统文化资源设计利用的发展路径图

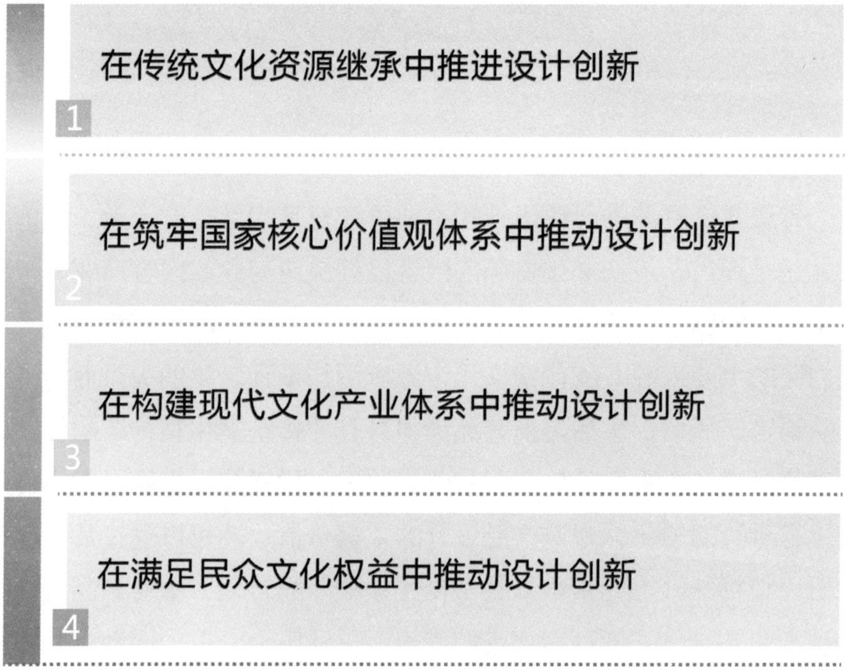

1 在传统文化资源继承中推进设计创新

2 在筑牢国家核心价值观体系中推动设计创新

3 在构建现代文化产业体系中推动设计创新

4 在满足民众文化权益中推动设计创新

第十一届全运会的奖牌设计

山东工艺美术学院承担的第十一届全运会的会徽设计

艺美术学院"手艺农村团队"用草柳编的材料和工艺设计了一批时尚家具，通过中国美术馆和上海世博会两个展会平台的展示推广，关注度非常高。这就是如何把传统文化资源转化为原创设计要素、转化为财富的现实问题。国家正处在"转方式"、"调结构"的攻坚阶段，如何"转"，怎么"调"？其实，很重要的一个思路是放大中间环节，也就是强化设计。设计就是通过文化的导向作用，加大产品的文化含量，提升产品的附加值。山东工艺美术学院承担的2010上海世博会场馆设计和第十一届全运会的会徽和奖牌设计，都是借鉴和吸收传统手工艺元素和民间文化元素创作的作品。

在筑牢国家核心价值观体系中推动设计创新。国家文化安全，首先是一个国家传统的和现存的价值观在当代社会和广大国民，尤其在青年人中合理而有效地得以保持与延续。首先要在

山东工艺美术学院手艺农村团队用草柳编材料和工艺设计的时尚家具

2010年上海世博会山东馆设计

深入把握文化生成与发展规律的基础上，把无形的文化资源转换为设计要素，使传统文化资源的文化符号、文化元素、文化精神在当代生活空间中延续和再生。同时，要通过内容设计推广国家核心价值观。以传统文化资源的数字化保护和设计转化为先导的内容产业发展为重点，运用数字技术、多媒体技术等对传统民间文学以及传统音乐、传统技艺、民间美术、传统习俗与岁时节令、民间戏剧舞蹈、人生礼仪、民间信仰、传统体育竞技等传统文化资源进行内容设计创新，打造数字内容产业中中华元素的特色优势，在促进内容产业发展的同时，普及国家核心价值观。此外，还可以以传统手艺资源创意研发为核心，在设计层面促进传统文化基因汲取应用，使设计承载中国文化精神，成为中国人文理念的载体，通过贸易流通，扩大中华文化核心价值的感召力和影响力。

第十一届全运会的圣火台设计

数字技术结合剪纸等传统元素创作的"八仙过海"

在构建现代文化产业体系中推动设计创新。以设计应用促进传统文化资源生产性保护，并通过设计创新引导与创意产业、消费型服务产业、工业制造业、文化旅游产业、知识产权业等业态跨领域融合，通过生态设计、绿色设计、循环设计模式，实现传统文化资源与相关产业链的重组和延伸，为传统产业的转型升级服务。

就文化产业而言，笔者认为，中国的文化产业应该包括三块：一是国家层级的版权产业，二是高科技产业与文化相结合的创意产业，三是中国最有丰厚基础条件的手艺产业。这三大块构成了中国目前文化产业大的格局，其核心就是设计。要想让文化产业得以提升，就一定要抓住设计这个核心夯实经济增长的内生力量。

在满足民众文化权益中推动设计创新。民众的文化权益应得到尊重、保护和提升。具体可通过设计创新与农村传统文化资源的有效对接。通过设计把更大的经济利益和文化利益还给农民，实现"文化创富"。其中，特色文化街区、手工艺村社、创意产业园区、传习博物馆、特色文化旅游区等形式都是农村文化产业集群化发展的重要载体，也是农村历史文化资源与都市新兴文化产业有机结合的积极探索。

同时，可促进农村文化产业链延伸，在城乡之间规划营销网络。具体要创新产品营销模式，结合手艺产业特点，打造"手艺市集"、"手艺设计产权银行"等产业示范基地、专营店等直销网络以及"B2B"、"B2C"在线销售平台，创新物流方式和配货渠道，形成"快速设计、快速生产、快速流通"的手工商品经营思路，以更大的规模、更强的实力、更经济的运作满足民众的文化消费。

中国的文化产业内容

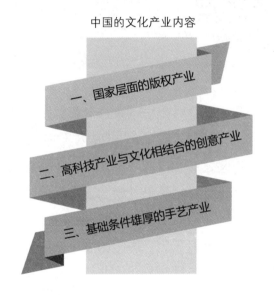

一、国家层面的版权产业

二、高科技产业与文化相结合的创意产业

三、基础条件雄厚的手艺产业

3.设计的知识产权保护

对传统文化资源有效地加以设计转化，还需要知识产权制度的保障。但由于一直以来，知识产权重在保护具有独创性和首创性的智力成果，保护对象往往是新作品、新技术、新知识，导致包括传统工艺、民间传说、土著礼仪及地方视听表演艺术等在内的传统文化，往往由于是时代传承的不符合原创性要求、依附部族的不具有个人主体特征，无法适用著作权或其他知识产权的保护。事实上，关于传统文化资源设计转化的知识产权保护至关重要，直接关系到设计发展的文化资源和动力。英国政府的白皮书指出，竞争的胜负取决于我们能否充分利用自己独特的、有价值的和竞争对手难以模仿的资产，而这些资产就是我们拥有的知识产权①。目前一些国家也就此采取措施，印度作为"发展调整型"国家，于2000年提出建设"知识大国"的主张，并颁布"知识大国的社会转型战略"，其知识产权政策包括对软件、生物技术、医药等优势产业的"发展战略"，对文化自治、文化多样性的"生存战略"以及对生物多样性、传统知识的"进攻性战略"。2011年世界知识产权日的主题定为"设计未来"，设计与知识产权保护的联系不只在于保护各种"智力创新"成果，还应关注作为"智力源泉"的传统文化。如果说"产权"实质上是一套激励与约束机制，那么在发达国家推进强势文化战略，国家文化主权弱化和传统文化边缘化的形势下，我们不仅要通过知识产权保护和激励具有独创性、首创性的新作品、新技术、新知识等"智力创新"成果，还应切实保护和发展包括民间手工艺在内的作为"智力资源"的传统文化权益。

非遗资源内容与知识产权保护的关系

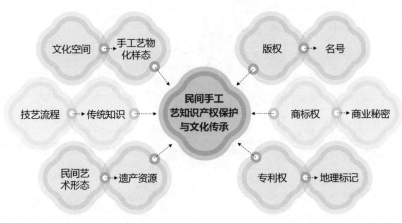

① 吴仪在2007年中国保护知识产权高层论坛上的主旨演讲[I]. http://www.sipo.gov.cn/sipo/ztxx/2008qglh/dhgjldrjh/200802/t20080228-234637.htm.

从我国当前保护与发展的现状来看，由于传统文化资源设计转化知识产权保护不足，直接引发一系列问题：

　　首先是文化主权弱化，传统文化边缘化。如"郑和下西洋"被英国人写成《1421：中国发现世界》，这部畅销书在全球赚取1.3亿英镑；《三国演义》、《水浒传》被日、韩改编成游戏获取巨额经济利益。

　　美国版《花木兰》在全球获得25亿美元的票房收入。中国观众必须支付费用，才能观赏以西方艺术语音表现的本土文化主题。一方面，"某些国家以政治、经济、科技优势为后盾，借用国际贸易规则，在全球范围内推行强势文化战略，实行文化产业扩张，实施'文化霸权主义'"[①]。另一方面，传统文化资源中包含的民俗、审美等文化凝聚力被消解和替代，甚至可能是本土的文化样式沦为其他价值观传播的媒介和工具，导致传统文化的"空心化"。所以，问题不在于花木兰、功夫熊猫等中国文化元素经美国影视再创作赚取了多少票房，而是经过其创意和传播，原本经典的中国传统文化形象已经被置换植入了美国的文化价值观。西方的、强势文化的生活方式、消费方式、生产方式以及社会心理、价值判断植入传统的、经典的文化样式，发挥其教化、审美、消费功能，在表层的娱乐传媒之后实现的是一种心理渗透，并进

加文·孟席斯（Gavin Menzies）：《1421：中国发现世界》

日本光荣株式会社发行，以《三国演义》为蓝本制作的系列游戏《真·三国无双》

[①] 吴汉东《论传统文化的法律保护——以非物质文化遗产和传统文化表现形式为对象》，《中国法学》2010年第1期，第51页。

一步导致弱势文化的自我边缘化。

同时，传统文化资源流失严重。由于设计传承、转化以及知识产权保护不足，我国大量传统手工技艺濒临

美国迪斯尼出品，以中国民间故事为原型的动画电影《花木兰》

英国谢渡顿制片公司制作的《哈利波特与魔法石》

灭绝，经典形象资源等被国外资本包装及抢注知识产权保护。如中秋节、元宵节、七夕节等不断遭抢注，《西游记》、《水浒传》、《三国志》等古典名著已被国外游戏公司抢注为游戏商标。显然，除了对传统手工艺涉及的制作工艺、流程、配方等符合商业秘密构成要件的技术信息实施保密措施，从国家层面，通过《反不正当竞争法》有关条款进行保护，维护国家文化安全外，更关键的是加强本土文化资源的应用和核心价值理念的传播、推广。

此外，传统文化资源转化发展过程中缺少品牌。由于传统文化资源转化过程中缺乏知识产权保护和监管，往往伴随假冒伪劣和虚假宣传，一种质量上乘的手工艺品出现，往往有林林总总的假冒产品，而且充斥全国各地的民俗旅游地、风景名胜地甚至远离其原产地。即使在原产地，材质、工艺也并非达到体现手工艺文化内涵和工艺水平的标准。不良竞争对传统文化资源的传承、创新、传播发展等造成影响，并且危害保持其本真性生产者的权益。应该说，我国手工艺

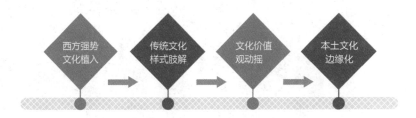

等传统文化资源品牌意识极为薄弱，早在2009年，传统手工艺入选国家、省、市、县四级非物质文化遗产保护名录体系的项目已达8600余项，但到2011年，我国传统手工艺类地理标志保护产品专用标志仅有13项，地理标志保护产品仅有31项。缺乏品牌意识和品牌保护，影响传统文化资源"原真性"及地域、传承群体权益。由于手工艺等传统文化资源具有较强的地域性，与所在地域的自然条件、传统工艺、人文风俗有紧密联系，如果缺乏由工艺质量体系监管、地理标志认证等组成的品牌建设和保护，极易导致假冒伪劣和虚假宣传，破坏其原生性、真实性，制约传承和发展。

传统文化传承和发展者的利益受到影响。以中国农村大量手艺农户为例，主要处于产业链末端，贴牌代工现象普遍，个体经济权益保护未能有效维护。这在国际上也是一个较为普遍的现象，即传统手工艺持有者往往是经济地位上处于弱势的群体，传统知识利用者往往是经济实力雄厚的跨国公司，国际上针对印第安手工艺的统计显示，在现行民间手工艺利益分配机制中，虽然创造该民间工艺的群体或土著艺术家也能获得部分利益，但是"本土居民取得回报的百分比相当小。1989年《工艺产业述评》估算表明，本土居民每年从销售其工艺的利润中仅获取了7000万美元多一点的收入。《战略》杂志称，本土艺术家所获取的经济利润已经有所增长，现在每年已经达到大约5亿美

徽式建筑有待进一步保护

元，但销售利润的主要部分由工艺商而非艺术家们取得"[1]。我国当前手工艺生产也存在这一问题，由于贴牌代工等原因，手艺农户获利微薄，亟待争取公平贸易，维护手艺人的利益。

传统文化的权益保护是一项复杂的法律命题，也是重要的文化命题，我国关于民间文学艺术的保护条例历经二十多年制定论证，仍存在不确定性和复杂因素。目前维护国家文化安全、建立优秀传统文化传承体系的形势和任务摆在面前，需要切实加以推进。

民间手工艺等传统文化资源的可持续发展应该走自主创新的途径。如何使设计创新与知识产权战略并重，解决市场不对等的交易现状，是整个行业必须认真思考的问题。以民间手工艺设计转化的知识产权保护为

手艺农户处于产业链末端

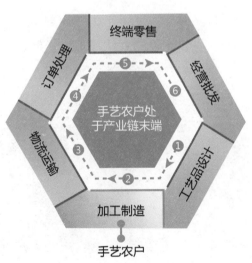

---

① Agnès Lucas-Schloetter, folklore, Edited by S.von Lewinski, Indigenous Heritage and Intellectual Property：Genetic Resources, Traditional Knowledge and Folklore, Kluwer Law International, 2004，P.260. 或参见张耕《民间文学艺术知识产权正义论》，《现代法学》2008年第1期。

手工艺持有者与利用者利益分配严重失衡

传统手工艺持有者

经济地位处
于弱势群体

手艺农户个体经济权益不平衡

传统知识利用者

经济实力雄厚
的跨国公司

例，具体可从以下几个方面采取措施：

首先要完善建立法律保护机制，组建产权交易执行机构。对于具有"难开发、易复制"特点的手工艺产业而言，只有用更加完善的知识产权制度确认和保护文化产品组织者和创造者的合法权益，才能增

少数民族手工艺资源丰富国家应加强保护

强文化创意产业的核心竞争力。具体要加强地方行政立法工作。尤其要重视针对手工艺特定行业知识产权保护的立法，重视立法对手艺产业知识

产权利用链条形成中的促进作用。要在国家知识产权制度框架下，进一步理顺知识产权管理体制，改变知识产权局、专利局、工商局、版权局等各职能部门条块分割的现状，提高针对农村文化产业体系的知识产权管理效率。完善政府知识产权公共服务平台，加强法律援助，提升针对农村手艺产业信息服务的质量，同时注意建立知识产权服务托管平台，为中小企业服务。同时要促进中介服务机构发展，利用制度培植为农村文化产业知识产权保护和利用服务的中介机构。此外，还应采取积极措施破除行业垄断，减少创意、生产和销售的中间环节，开放手工创意产品发行传播通道。

同时要加快国家级手艺技术标准和设计规范制定，实施产权保护和产权贸易。所谓一流企业卖标准、卖规范，二流企业卖品牌，三流企业卖产品，四流企业卖劳力。未来很长的一段时间，中国的手艺产业必须加快培育一批具有自主知识产权的主导产品和核心技术，尽快

国家传统手艺技术标准和现代设计规范

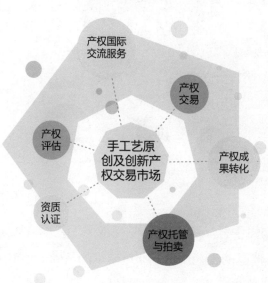

形成一批国家关于民间技艺的技术标准，形成"手艺产权"。进而开放在产权交易、产权国际交流服务、产权成果转化、资质认证、产权托管与拍卖、产权评估等方面的产权贸易，为农民增收提供新的交易渠道。原创和原生态是手艺的生命，知识产权是民间手工艺产业的核心资产。要鼓励设计原创、技术创新，加强设计市场保护，严厉打击侵权盗版行为，鼓励设计产权评价机构发展，制定设计产权成果转化机制，激活设计产权交易市场。具体在手艺"产权银行"交易方面，可以在有条件的地区尝试建立以手工艺品为核心的"产权银行"，先行先试。通过工艺流程交易、非物质遗产作品交易、工艺技术标准交易、创新专利及产权交易、出版交易、艺术授权等服务内容的设立，改变手工行业的经济增长方式，最大程度的传承、保护和发展传统手工艺术。

产权银行交易模式图

此外要加强手艺品牌建设。在完善手工艺项目质量和行业标准、出台相关品类产品的工艺规范和质量要求的基础上，推出具有自主知识产权的文化产品或产业品牌，加强商标注册，开展"原产地保护"、

"地理标志"和"非物质文化遗产名录"等申报工作，推动产品品牌、企业品牌向区域文化品牌转移。以质量体系为基础，以自主知识产权为核心，以商标注册和保护为重点，形成若干各具特色的"贴牌"产品和更多"创牌"产品，全面实施手工艺产业的品牌战略。

总之，应加速立法保护传统文化的资源权益，在国际交流上有法可依；积极提倡地方申报传统手工艺类地理标志，促进民间文化交流传播；鼓励允许民间艺人申报家传知识产权，保护濒临灭绝的民间绝活。采取切实措施，从各层面、多角度保障文化权益，形成文化发展的保障和激励机制。真正从文化自觉和文化自信的高度，从法律保护的基础意义上，从其内在的动力机制着眼，实施可行的措施和方案，增强创造活力，促进中华优秀传统文化健康可持续发展。

（二）设计与城市

1.设计与城市转型

　　目前，深圳、上海、北京已加入联合国教科文组织创意城市网络，成为"设计之都"，将设计提高到城市发展的高度，开启了设计引领城市转型发展的实践。这也意味着，设计进一步确立了以城市为单元的新的发展空间。

　　设计推动城市产业升级。设计产业与城市发展具有紧密联系。一方面，城市是设计产业发展的重要平台。城市中传统产业及其技术支持成为重要的产业基础，研发机制、风险投资、知识产权保护等是产业发展的服务与保障体系，城市的产业集聚效应给创新的产生、转化、生产、扩散和商业化提供载体和发展空间，城市多元、开放的文化环境、人才资源也是设计产业发展的基本

德国鲁尔区

条件。另一方面，设计产业发展对于促进城市的发展与提升具有重要作用。设计产业有助于加强对城市传统产业的改造，促进城市产业结构升级，延续城市文脉，提升城市的文化品格。因此，20世纪70年代以来，城市被西方社会作为实现经济复兴和社会发展的核心区域，当前文化、创意、创新成为提高城市生命力、竞争力的主要因素。

例如，德国城市杜塞尔多夫曾经是鲁尔地区重工业产品和农产品生产、运输的枢纽，经历重工业衰落和内河航运效益下滑后，着手调整城市产业结构，从制造业、航运业向媒体业转型。在市政改建过程中，把衰落中的老港区改造成"媒体港"，吸引传媒及附属行业、小型创意企业、文化机构、工艺作坊和画廊等文化创意产业入驻。经过三十多年发展，云集40多家电信营运商、1500多家IT公司以及数千家国际知名的广告公司。杜塞尔多夫还成为法律咨询、企业咨询和银行业重镇，也是贸易、展会、服装、通讯、广告和服务业中心。同时，

杜塞尔多夫媒体港

设计文化

···227

产业转型也带动了城市生活方式转型，杜塞尔多夫从工业制造重镇向宜居生活中心转化，建立了一整套针对求学者、年轻家庭、小家庭、标准家庭的住房保障体系，保证生活幸福指数，提高城市人口的生活品质。"我们经济发达，但并不代表生活和工作在这里的年轻人，就会精神压力巨大，我们有很多的机制，可以保证年轻人的学习、就业和生活变得轻松愉快。"①

慕尼黑eurostars book旅馆用书页的墙外造型
勒内·施密德建筑师事务所设计

事实证明，大力发展设计产业，能够促进传统产业的升级，带动新兴产业的发展；能够培育消费群体，促进市场创新和品牌创新；能够形成新的文化竞争力，为城市发展注入持续活力②。就我国而言，尤其要从国情出发，推动城市设计产业发展。与西方发达

澳大利亚ARM建筑事务所建造的"旋风体育场"

国家在拥有成熟工业技术体系的基础上转向发展文化创意产业不同，我国仍是制造业大国，而且正处在产业升级发展的关键阶段，一段时期以来，通过进口、仿制蓝图、设备，发挥廉价的劳动力优势，制造

① 2010上海世博会"德国杜塞尔多夫案例馆"（http://www.why.com.cn/epublish/other/node29576/node30080/userobject7ai224226.html）。

② 厉无畏《设计之都与城市转型》[J]，《创意设计源》2011年版，第11页。

北京今日美术馆

无品牌的劳动密集型产品，缺乏研发设计，制造业很大程度上只是加工工业的一种模式。从设计层次进行提升，具有重要意义。在工业发展中，不仅要重视产品设计研发的具体环节，而且要以设计为核心形成系统化的产业链，包括需求研究、技术储备、应用开发、生产配套、营销管理等，也就是说，要从产品本身所属的材料、技术、外观、广告等内部因素，以及用户需求、营销策略、研发机制等外部因素进行系统的规划和设计，形成成熟的技术文化复合体，形成具有核心竞争力的品牌。同时，以设计创意为主导，发展文化创意产业，是创造经济利润、发挥文化影响力的重要机遇。设计是从知识产权到营销策略的宏观统筹，是以技术、艺术、价值观为核心的辐射扩散。以设计为核心，整合技术、艺术、文化资源，发展涵盖制造业和文化创意产业的"设计产业"，是符合国情的产业发展策略。既要抓住文化创意产业的发展机遇，也不能忽视制造业的提升和发展。

具体在带动城市产业升级发展的过程中，可着力发掘自身的文化积淀，创新和应用前沿的科技成果，将文化和科技内涵融入传统产业的产品和服务中，实现本土文化、科技成果与设计产业链的重组和延伸，立足现有产业基础，提升传统产业的附加值，实现企业从卖产品到卖设计的转型、从制造业向服务业或设计企业的延伸和转型，甚至从加工制造基地向创意设计中心的升级转型，从而实现传统产业升级。事实证明，通过新材料、新技术的设计应用，一些传统产业就能够变成高附加值的时尚产业，通过文化元素融入传统产品的包装设计，能够大大地提升产品附加值，形成有特色的品牌效应。"此外，产业链前端的创意设计、产业链中端的制造和后端的市场营销的创意设计，在快速变化的市场中，能够将文化、技术、市场、产品等不同的要素进行整合设计，有机对接，进一步获得市场认同的设计价值。"①

在推动传统产业升级的同时，可着力发展设计服务业，如广告设计、工业设计、建筑设计、会展设计、时尚设计、营销策划等，为相关产业提供设计服务。使设计成为具有完整产业链的智力研发产业，并与更多产业领域跨界融合，催生裂变新型产业业态。

此外，可通过设计产业的发展，扩大内需，实现从投资拉动向消费拉动的转型。设计能够创造消费需求，通过创意化、时尚化、特色化的产品和服务扩大消费规模，培育新的消费群体，"在提升生活品质的同时，促进消费结构的升级，也能带动一大批高附加值消费产业的崛起，还能够创造出新的消费市场、新的产品品牌"②。

阿根廷布宜诺斯艾利斯天线

设计塑造城市文化品牌。在全球化背景下，国际大都市的城市形态、基础设施、经济运行、行为方式等基础结构和效率日趋雷同，只有城市文化保持各自独特的面貌，文化也因此成为城市提升竞争力的关键要素。集聚更

① 厉无畏《设计之都与城市转型》[J]，《创意设计源》2011年，第11页。
② 厉无畏在"2010 第三届中国（深圳）国际工业设计节"上的演讲《完善设计之都的建设，实现经济发展的华丽转型》[Z]。

联合国教科文组织创意城市网络

多的创意设计资源，激活更多的本土文化资源，还能够塑造具有本地文化特色的城市品牌。以城市为单位，联合国教科文组织实施"全球创意城市网络"计划，为申请并进入该网络的城市提供一个连接并催生全球关联的平台。任何一个城市都可以根据自身在文学、电影、音乐、手工艺和民间艺术、设计、媒体、饮食文化等7个方面的某一优势文化资产，进行申报，加入这一计划。例如，埃及阿斯旺和美国圣达菲已经成为手工艺和民间艺术之城，德国柏林、阿根廷布宜诺斯艾利斯和加拿大蒙特利尔已经申请成为设计之城，哥伦比亚的波帕扬为饮食文化之城，英爱丁堡为文学之城，意大利博洛尼亚和西班牙塞维利亚为音乐之城。"设计之都"日本神户，提出从"空间的设计"、"经济的设计"和"文化的设计"三个方面实施设计之都发展战略，并以此来"提高城市生活层次"、"发挥城市个性与魅力"、"培育并传承城市精神文化"。"设计之都"韩国首尔在2008年"设计奥林匹克"展会上，提出"设计就是空气"的理念，指出设计要变得像空

设计文化

···231

2012年伦敦设计节视觉形象

气一样融合在生活里，与人共存。设计以塑造和提升城市文化的意义十分突出。

事实上，设计早已突破"物"的范围，对所有人为事物的复杂系统负责，涉及生活方式、生活环境以及特定文化共享群体中交流和互动的社会关系，对塑造城市的文化氛围和品牌形象有重要作用。所以，发达国家重视营造文化消费环境，加强关于设计哲学、技术原理的基础研究，如德国、美国均建有关于技术历史和哲学的研究中心和教学中心，并出版专业杂志。英国伦敦设有众多设计教育和研究机构，这些机构中近四分之三在全球都设有分部。促进基础研发、营造文化消费环境是设计引领城市发展的配套措施。以致力成为"世界级创意城市"的伦敦为例，伦敦人对休闲产品与服务的需求也在不断增加。数据显示，伦敦家庭每周的平均消费约500英镑，比英国平均水平高出约25%。其中，看电影、欣赏戏剧、参加时装秀等活动的花费高出英国平均水平近30%。显然，抓设计的同时，要从文化层面把设计的相关环节完善起来。真正将设计理念融入城市社会经济文化发展的方方面面，成为城市发展的新战略、新模式和新品牌。

总体上看，文化经济具有社会集体性，在以城市为单位的设计文化和产业发展过程中，需重视消费型文化产业空间的拓展。真正将设计融入城市建设的方方面面，立足城市转型的要求，实现跨界联动，着力培育城市的创意基础，赋予城市以新的活力和创造力。

设计创新城市基础建设。城市是一个复杂的有机体，在快速发展过程中，硬件基础建设不仅是民生工程，也关系到城市历史文化空间、传统建筑形态及其承载的生活方式、市民精神、语言风俗的存续，同时与城市的产业基础和发展理念紧密相关，需要合理的设计规划、设计介入。

首先让我们看一个通过设计全方位实现城市基础建设转型的案例——瑞典主要工业城市马尔默，作为一个曾以造船业、纺织业和汽车制造业为主导产业，并且是造船业、汽车制造业等工业的聚集地的城市，在经历了造船业的衰败和停滞后，开始由传统的、已衰败的造船、纺织等产业向新型的、高科技的信息产业与生物技术方向转化，并且实现了城市基础建设的全方位转型，从废弃废旧工业区转变成为生态性可持续技术的实验区，甚至成为"21世纪最具吸引力的城市新区"，重新塑造了文化与环境可持续发展的城市形象，成为城市转型发展的新战略。在其系统化的设计改建过程中，最有代表性的是Bo01住宅区建设，这是将废弃的工业码头打造成新的生态住宅区的项目，

马尔默生态住宅区Bo01社区（明日之城）

要求所有开发商从楼面设计、建材选择，以及户内电器的配套上都力求实现能源效率高、日常能耗少。于是有开发商放弃了传统的水泥建材，采用了压型钢板等外部绝缘性好的材料；而在建筑内部，可调式通风系统、有可调式温控阀的高效暖气片、节能灯具、空心砖墙及复合墙体技术等被广泛采用。该项目于2008年完成第一期，其再生能源系统被评为欧洲最佳节能项目，并被公认为欧洲可持续建筑的示范工程。西港新区也成为可持续、前卫和高度生态保护的城市规划的真实体现。此外，马尔默还建成了Sege园区，即"太阳能之城"，所有家庭都配备太阳能电池板，每户都有外部百叶帘，这将使冬季阳光进入建筑中，并在夏季减少阳光直射。花箱、草坪、绿色的墙壁和绿化屋顶使之成为一个绿洲区。环保建材将被广泛使用，例如所有木材是FSC认证，所有的设备达到A级最低的能源消耗，所有的水龙头设计将是用水量最小的，居民提供绿色电力。由此成为气候智能型解决方案，一如马尔默设计转型的理念"让实验获得的经验得到普及"。作为城市建设转型的系统工程，还包括生态废弃物分类处理系统，生活垃圾和其他废弃物经过严格分类转化处理为重要的生物能来源；绿色公共交通计划；以及开放的地表水系统、水资源循环利用等。

显然，科技发展为城市环境、功能的转型提升提供了新的机遇，设计广泛应用新技术、新发明，改善人居与自然生态环境，创造城市新的发展空间。正如"设计之都"蒙特利尔鼓励实施能够促进生活环境质量提升和

德国斯图加特设计中心设计环保产品

可持续发展以及城市景观改善的设计项目。设计应用，将绿色生态、节能环保、低碳技术等与城市建设和发展联系起来，以绿色低碳设计理念引领城市规划、建筑业、房地产业、交通业发展，将为人们创造更好的生活环境，这同时也是未来生活方式的发展方向。

2.设计与城镇化发展

我国城镇化率已达到51.27%[①]，城镇化不是简单地合乡并镇，而是城乡统筹的产业规划与发展，是城乡并举的文化空间的全面建设，是数以亿计人次的生产、生活、文化空间的新一轮调整和建构，是以人为核心的转型、提升和发展过程。也只有当数亿城乡居民生产能力、生活质量、文化需求得到切实提高和发展，在庞大群体转型提升的基础上，才能形成当代中国经济发展和社会进步的巨大潜力和动力。由此凸显出新的设计命题。

首先，要从设计视角认识城镇"特色化"发展方式缺失问题。从国情看，小城镇是社会经济和文化发展的关键节点，是联系农村和城市的重要枢纽。当前小城镇建设存在的根本问题在于，"特色化"发展方式的缺失。具体包括传统文化根基不同程

徽派乡村小镇

---

① 国家统计局网页（http://www.stats.gov.cn/tjfx/ztfx/sbdcj/t20120817_402828530.htm）。

德国传统小城镇

台儿庄古城

度断裂，产业结构和发展水平趋同，文化形态雷同。

一段时期以来，传统文化根基断裂，直接导致传统村落严重破坏。据中国民间文艺家协会普查统计，截至2009年年底，我国共有230万个村庄，其中具有文化保护价值的传统村落自2005年到2009年四年间减少了2000多个，全国平均每天消失约1.5个有遗产保护价值的传统村落①。由于"历史性老化"、"城市化冲击"和"开发性破坏"等原因，传统村落遭到破坏，反映了当前缺乏根基而断流的文化生态现状。

其次，产业结构和发展水平趋同，导致小城镇发展模式雷同现象。目前，小城镇产业主要为劳动密集型产业，多为订单式经营，自主创新能力不足，难以从自身文化基础和需求出发，创立具有文化特色的产业品牌和标准，并形成对自身文化的认同。这一产业结构和发

---

① http://www.ccdy.cn/zgwhb/content/2011-08/02/content_954972.htm.

展水平，从整体上制约了小城镇建设，导致发展模式雷同。

其次，文化根基和生产发展水平的不足，导致小城镇文化形态趋同。小城镇建设规划往往盲目仿效大城市，简单拷贝现代城市建筑外观，打造公园广场，塑造西式雕塑，追求洋派风格，完全忽略当地村落景观和自然田园山水景观的文化传承优势，建设规划简化单一，导致小城镇原有的空间格局遭到破坏，当地建筑风格、特色风貌尽失，丧失了具有文化个性、文化品质的城镇形态与生活精神。

此外，文化发展不足导致小城镇道德凝聚力下降。随着工业化、现代化、城市化进程加速，农村传统文化受到冲击，传统价值体系面临挑战。一些农村和小城镇地区，聚众赌博、非法宗教活动等滋生，养老观念淡薄，攀富比贵现象严重，原本勤劳善良、仁义守信、乐于助人、自立自强的民风受到侵蚀，出现了信仰迷茫、精神空虚、道德滑坡、孝道缺失等一系列精神层面的问题。

进而，要启动设计机制，构建"当代田园生活"。当前，加强小城镇建设的措施在于"设计建设当代田园生活"。也就是充分发挥小城镇连接城市和农村的枢纽作用，以本土文化、传统文化、地方特色文化为基础，充分融合城市高效经济模式、创新科技和充沛资本，发挥农民及小城镇生产者文化传承与创新能力，吸引城市文化精英回流，建设当代田园生活，实现小城镇经济与文化的全面转型和提升。

在具体实践过程中，首先要设计发掘和保持小城镇特色化的文化风貌。借鉴国外小城镇建设经验可以看到，法国作为农产品出口大国，在一百多年的城市化进程中，35万个村庄基本没有受到破坏，保留了中世纪以来农村优美的格局和历史建筑[①]。韩国反思20世纪80年代大兴土木建设新农村的教训，于90年代末提出"农村美化运动"，

---

① 仇保兴《我国小城建设的问题与对策》[J]，《小城镇建设》，2012年第2期。

恢复田园风光，重修体现地方传统文化的农舍、院落，并结合培育"一村一品"绿色食品生产和手工艺制作，发展乡村旅游活动，提高农民收入[1]。发掘和保持小城镇特色化的文化风貌，实质上是对文化生态的尊重和保护，是小城镇可持续发展的重要基础。

胶东沿海地区的海草房

例如，山东的小城镇建设规划工作，可充分发掘风格多样的民居资源，如胶东沿海地区的海草房、平原地区的四合院、泰沂山区的石头屋、黄河冲积平原的平顶房等风格元素，将传承保护与建设改造相结合，凸显地方文化的风格特色。

具体在设计改造过程中，对于有地域代表性、文化形态相对完善、艺术价值高、历史久远的传统建筑，作为历史遗迹，遵照"修旧如旧"的原则进行整修，而后开辟为古村落生态博物馆，强调原地保护展示和当地居民的参与，展示传统建筑与传统生活方式，注重在发展中保护。对于损坏较严重但仍具有一定文化保护价值的传统建筑，则依原样修整外观，保留风格样式，内部结构进行现代改造，而后融入城镇公共文化服务运营，可用作特色旅游景区开发利用等。依照城镇整体历史风貌，根据现代生活要求，建造具有地方传统风格的建筑群。三种方法并用，才能保持城镇风格的和谐统一。

同时，要设计发掘和弘扬小城镇优秀的传统文化精神。在现代化、城市化快速发展的过程中，一些优秀的传统文化精神保留在农

---

① 仇保兴《我国小城镇建设的问题与对策》[J]，《小城镇建设》，2012年第2期。

村。以小城镇为枢纽，关注和传播民族优秀的传统文化精神，具有重要意义。例如，美国制宪过程中，蕴含在乡村的自由、个人责任、限制权力的精神，对宪法制定产生重要影响。德国等国家也深刻意识到，其民族精神在大都市已经消失，但保存在偏远农村下层百姓的生活中，所以从村镇出发加以弘扬。发掘小城镇优秀的传统文化精神，也是民族文化精神建构的过程，是不可忽视的重要方面。

进而要充分设计转化和应用小城镇的地域及传统文化资源。以传统手工艺资源为例，目前主要富集于农村。临沂柳编产业占全国出口总量的60%，被称为"中国柳编之乡"，2011年总产值60亿元，成为临沂地区重要的经济增长点和外贸出口支柱产业。传统手工艺资源富集于农村乡镇，如果按照"手工艺+设计创意"的模式发展工艺文化产业的条件，将着眼点放在怎样扩大中国创意商品出口的文化含量和产品标准的设计制定上，建立一批文化产品自主创新品牌和核心知识产

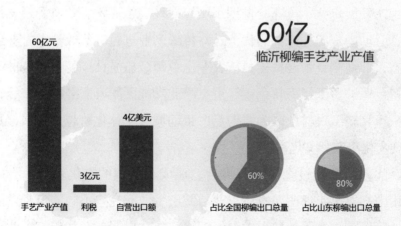

60亿
临沂柳编手艺产业产值

60亿元   4亿美元   3亿元

手艺产业产值   利税   自营出口额   60%   80%

占比全国柳编出口总量   占比山东柳编出口总量

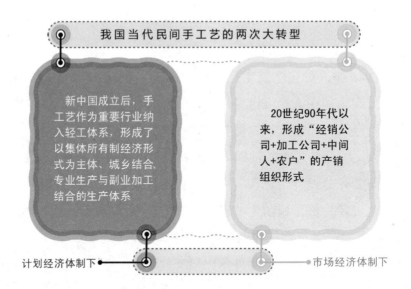

我国当代民间手工艺的两次大转型

新中国成立后，手工艺作为重要行业纳入轻工体系，形成了以集体所有制经济形式为主体、城乡结合、专业生产与副业加工结合的生产体系

20世纪90年代以来，形成"经销公司+加工公司+中间人+农户"的产销组织形式

计划经济体制下●————————————————●市场经济体制下

权，将有效激活宝贵的文化资源，有力拓展文化产业的发展空间，创造经济和社会效益。

目前，小城镇的产业建设主要依靠"土生土长"的小型低端加工业，或由大城市淘汰下放的制造业，缺乏特色竞争力。结合小城镇的生态发展定位，可充分挖掘小城镇在环境资源、农业资源、文化资源、劳动力资源等方面的优势，对传统产业进行升级改造，打造新兴业态，因地制宜地培育出科技农业示范镇、旅游休闲特色镇、商务会议特色镇、手工经济特色镇、重点产业功能区配套服务特色镇等，以小城镇和新型农村社区为着力点，带动城乡一体化跨越式发展，真正实现文化惠农和文化富农。

此外，要通过全面设计规划，建成小城镇的文化辐射、服务、应用中心。事实证明，农村农业与城市工业有完全不同的自身发展规律，应追求城乡互补协调发展的新路，建立以服务业和传统农业相结合的经济增长新模式，实现可持续发展。应当将小城镇建设成为周边

江南水乡

农村的政治、文化、商业、卫生文教等方面的服务中心和与城市联动的文化中心，带动农村生产发展，提升农业生产力。

整体上要设计完善小城镇人居环境。小城镇建设，应充分考虑小城镇与山水、田园、历史风俗相融合的人文、自然环境，发掘可再生优势能源，导入生态理念，将基础设施建设与城镇生态发展紧密结合。在"既是城市，又是乡村"可持续发展理念的指导下，小城镇建设可兼顾生活与生态、自然与人文，实现"城在田中、园在城中、城田相融、城乡一体"的人居模式，营造具有精神生活、文化品质、方便舒适的理想生活家园。

总之，在小城镇文化建设中，要从自然和文化生态出发，设计建设当代田园生活；从文化内涵和资源要素出发，建构民族文化精神并确立现实的发展路径；从小城镇建设本身出发，加强规划和设计，加大基础设施建设，使之成为传统村落的升华，而不是城市生活的翻版。因地制宜，创新小城镇建设模式，深入持久地发挥文化带动作用，实现可持续发展。

3.设计与城市文化空间营造

城市发展过程中，文化空间设计是一个不可忽视的重要节点。在以往建设过程中，由于文化空间设计缺失，导致了一系列有形、无形的社会问题。

首先，城市发展过程中，大拆大建、"千城一面"现象与公共文化空间设计缺位相关。由于缺乏公共文化空间的视野和思维，往往片面追求城市建设的功能和效益，一方面，不能从文化艺术内涵上充分认识历史文化遗迹遗产的价值，由"旧城改造"、"旧村改造"等造成"建设性破坏"。另一方面，建设未能给文化艺术留足空间，贪大求洋，跟风模仿，结果是"千城一面"。尤其城镇化建设涉及乡土环境和村落景观等，如果不能从艺术的、历史的、文化的视野加以关注，直接造成历史遗迹形态的公共文化空间的进一步消失和损毁。

城市发展过程中，如果文化空间设计缺位，则难以有效提炼城市文化符号和特色，影响地方文化特色和吸引力。一个城市的特色，是自然地理、历史人文与城市的经济特点、民俗民风等的综合反映，城市文化空间是城市文化特色最直观的体现。优秀的空间设计与规划，往往包含对生活状态的深度思考，包含社会和文化关怀，对国家和城市具有一定的代言性质。以往城镇化进程中，由于缺少对城市文化空间的整体规划和设计，导致城市建设的盲目性。事实证明，跟风模仿或者标新立异，难以充分发挥应有的作用。真正要做的是使城市空间设计作为鲜明的符号和形象，诠释城市的定位，突出城市的个性，凸显地方特色，并通过吸引外来投资和促进旅游业发展，提升经济价值。

城市发展过程中，如果文化空间设计缺位，

中国传统特色民居

也难以发挥文化认同和凝聚作用。文化艺术具有无形的凝聚力，有效地加以设计和运用到城市空间建设中，可充分发挥感染力和影响力。例如在美国，几乎每个城市都有自己的城市博物馆或展览厅，哪怕只有数百人的小镇，多半也有展示自己文化历史的机构和公共艺术作品，有助于市民建立起"这就是我的城市"的自豪感，有助于游客、外来人口把握城市特点。就我国而言，在社会持续转型的大背景下，现代多元文化不断流入农村，乡土文化的本源凝聚力减弱，文化认同开始下降，原有习俗对农民思想行为的影响力和约束力减弱，引发农村乡风民俗、伦理道德等一系列问题。新的城镇化进程中，文化的作用应受到重视，通过文化交流，发挥认同和凝聚作用。

城市发展过程中，文化空间设计缺位，还直接影响城乡居民的生活质量和文化福利。一段时期以来，大量农民工实现了地域转移和职业转换，但还没有实现身份和地位的转变，大规模农民工周期性"钟摆式"和"候鸟型"流动，也产生了农村发展"空心化"等一系列问题。当前推进城镇化的健康发展要高度重视农民工的现实需求，不仅包括教育、医疗、住房、社会保障等农民工权益，还要解决推进农民工市民化进程的文化福利问题。如果说未来十年，每年新增城镇人口将达到2000多万人，那么这一规模群体的审美需求、交流空间显然应受到重视。如果文化空间的设计与交流机制缺失，将直接影响城乡居民的文化福利和生活品质。

城市发展过程中，文化空间设计缺位，将难以发挥艺术影响力构建和谐的社会环境。优质的环境传播正面的信息，设计规划城市文化空间能够缓解社会环境的压力，推进人与社会互动良性发展。例如英国在小城镇发展过程中，重视通过公共艺术规划和措施，创造安全的、宜人的城市环境，促进经济稳定增长，并降低犯罪率。当前我国正处于快速城市化时期，城镇住区建设发展迅速，城镇住区作为城市居民生活的基础环境，人们对其安全性的需要最为迫切，应充分重视公共文化空间疏导压力、有益沟通的作用，构建和谐的社会环境。

因此，正在展开的城镇化进程中，加强城市文化空间设计，可从以下几个方面加以推进：

将城市文化空间设计纳入城市总体规划。可以看到，从20世纪60年代开始，西方国家开始重视城市文化空间设计与发展，从建筑环境、公共设施、公共艺术等各方面加以建设，提出"公共建筑中的艺术"、"公共场所中的艺术"、"公共设施中的艺术"等设计重点，融入地景作品、光的艺术等新形式。我国城市化进程中，相关设计规划存在不足，需将文化空间设计纳入城市总体规划之中考虑，使之不再是分散或无序的，而是形成有机、综合、系统的协调发展模式，定性、定量地实施城市公共文化空间建设，与整个城市环境形成互动关系，发挥文化的提升与建设作用。

将城市文化空间设计纳入制度轨道。现今世界上不少国家，从中央政府到各级地方政府，以有效的立法形式，开展城市公共文化空间设计和建设。例如实施"百分比艺术法"，规定从公共工程建设总经费中提出百分之一作为艺术基金，并仅限于用作公共艺术品建设与创作的开支。发达国家就城市文化空间设计与发展，在管

艾菲尔铁塔

理、运作、资金等方面形成了较为完整的机制，为我国城市公共艺术的发展提供了参考。我国应加强城市文化空间立法，完善与之相关的城市规划、展示策略、资金支持等政策措施，健全相关审核与评估机制，包括审核城市文化空间设计对城市环境、交通以及市民日常生活的影响；评估文化空间设计未来的发展潜力，涉及相关设计与都市景观及公共建筑的配合，标志与建造环境的整合等内容。

加强城市文化空间设计的教育引领和学术研究。在教育方面，考虑在中小学课程引入公共艺术等内容，作为教育公德及创意想象力的课程，使学生学习怎样将概念转化为现实，从知识引申出经验。在高等教育层面，完善学科专业建设和相关人才培养机制。在社会教育层面，开展短期工作坊等，培训艺术家及相关设计人员。在学术方面，进一步研究城市文化空间设计与公共生活的关系，包括公共领域各方利益以及与中国文化的关系。调查分析一般大众、机构以及政府对文化空间设计的态度和价值观，以及文化空间设计对环境、交通和日常生活的影响。举行咨询研讨会，并建立完善相关交流、推广及教育的框架，研究城市文化空间设计的未来及潜在发展，如建筑与视觉环境的整体设计方向、新公共艺术模式研究与发展等。

强化艺术设计服务社会的观念。20世纪80年代以来，西方对公共艺术进行了文化和哲学层面研究，并在具体实践过程中，着力使艺术与公共文化和城市景观结合，

城市景观设计

服务公众群体。应该说，艺术在公共空间里呈现，在公共语境中表达，在公众交流中获得新的阐释和建构，并与城市建设、公众心理、社会文化等发生深层联系，也成为艺术发展的一项重要内容和方向。在我国，城市文化空间设计发展还有很长的路要走。当前城市文化空间设计缺位引发的问题日益引起关注，网络发起的"十大丑陋雕塑评选"、"十大丑陋建筑"评选等产生强烈反响，被评为"丑陋"的雕塑作品和建筑物往往与周边环境和自然条件极不和谐，或盲目崇洋、仿古，或具有抄袭、模仿特点，或在造型上折衷、拼凑，往往体态怪异、恶俗，刻意象征、隐喻，在引发社会广泛质疑和批评的同时，也需要我们进一步反思城市文化空间设计的发展机制问题，探寻有效的发展措施和方案。特别是针对只将文化空间建设理解为城市环境的"美化"和"填充"，以"奇特"为美，以"标志性"为荣，只关注相关空间作品能否吸引眼球，缺乏对内在艺术因素及对城市建设的作用的深层考虑等现象，还需强化艺术设计服务社会的观念，考虑和满足人们的审美要求。

明确城市文化空间设计的基本定位。城市文化空间设计缺乏定位体现为：漠视本土文化，只求追赶国际，虽"洋为中用"，但缺乏中华民族地域文化的独特风格，难以满足当代中国城市建设发展的需

"中国十大丑陋建筑"网络评选：河北燕郊北京天子大酒店

"中国十大丑陋建筑"网络评选：安徽阜阳市颍泉区政府办公楼

丹佛艺术博物馆住宅

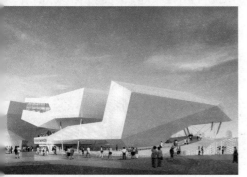
上海世博会德国馆

要；设计模式单一，缺少个性；经典公共艺术作品的仿制品大量出现等。就此，需进一步明确城市文化空间设计的基本定位，从传统的、地方的、民间的文化内容和形式中找到自己的立足点，并从中激活创作灵感，进行城市文化空间设计。根据不同地域中社会文化的构成脉络和基本特征，寻找地域传统的文化空间设计和发展机制，将地域传统中最具精髓的部分与城市文化空间现实及未来发展相结合，使之获得可持续的价值，探索运用最新的工艺技术和信息手段来诠释和再现古老文化的精神内涵，力求反映更深的文化内涵与实质特征，弃绝标签式表达。

　　建立公众参与的城市文化空间设计机制。公共文化空间具有开放性，公众参与至关重要。例如，美国"公共服务署（简称GSA）"作为公共艺术专门机构，一项重要的工作机制是吸收社会各方面关于公共艺术的意见和建议，包括开展问卷调查，以及由艺术家、建筑师、工程师和社区代表等共同参与公共艺术决策等，以期实现公共艺术发展的公开、公平和公正。当前，我们建立公众参与的城市文化空间设计机制具体包括：成立公共艺术委员会，集合专家、艺术家、评论家、咨询者、文化顾问等，按政策中心制定的整体策略及政策，监管城市文化空间的设计与发展发展，向政府提出有关城市公共文化空间设计的建议；建立城市公共文化空间设计资料库，记录和发放公共艺术赞助商和参与者档案，包括公共文化空间设计的地图指南，关于拨款的有用资料、场地申请、参考图书馆、主要的文化活动项目、网站及其他国际资料库链接等，建立公共文化空间网站，在网上进行公共文化空间设计交流活动或开展虚拟设计，可率先以互联网作为文化空间设计的公开展览场地，吸引世界各地艺术家及其他创新理念，参与举办文化空间设计节及评奖等，参与培训、委托、执行及拆除具体空间设计作品等。

应该说，城市文化空间设计是历史积淀和文化凝聚的重要符号，具有更强大的开放性和影响力。它不只是一个纯粹的艺术问题，更是一项系统的社会文化工程。当前，着力建设的公共文化服务体系应将文化空间建设纳入其中，政府、城市规划部门、艺术机构以及艺术家和设计师等积极参与，切实促进城市文化空间发展，为正在展开的城镇化建设提供持续的文化动力和智慧支持，真正使文化空间设计惠及大众，服务人民，作为民生工程，发挥设计独特而深远的作用。

（三）设计与农村

1.农村文化生态与设计

农村发展一直是我国社会发展的关键问题。作为传统农业大国，农业文明绵亘数千年，农村、农民、农业很大程度上成为社会发展的基础和命脉。近现代以来，虽然经历了从农业文明向工业文明的转型，农业在国民经济总产值中所占的比重已降至10%左右，但地域意义上的"农村"面积仍达城市建成区面积的320倍，农村人口占总人口的相当大比例，促进农村发展的意义不言而喻。当前，从国家宏观战略出发，促进农村发展，不仅要消除经济意义上的二元分化，更要深入探究农村经济文化要素与国家整体产业布局和文化发展的内在联系，真正从产业联动、文化与经济协调的意义上推动农村发展。因此，问题的关键不是要以城市模式去改造乡村，而是从农村的实际——包括农村的文化生态和产业要素等出发去统筹城乡发展，发掘建立内在的互动联系。设计的作用至关重要。

近现代以来，农村传统文化受到现代工业文明、商品经济冲击，一方面，经济发展改变了农民对土地的依赖，扩大了活动范围，经营中的契约关系冲破了血缘伦理纽带，科学技术理性地改变了经验的思维与教育方式，农村文化经历了现代化的建构与发展。另一方面，在相当程度上，天然的情感纽带、经验化的思维方式、生活重复而又丰富的农村文化状态，仍然更深层地延续在农民的衣食住行和社会交往方式中。具体来看，伴随农村劳动力外流和工业化冲击，加之文化建设相对滞后和缺失，农村文化产生的一系列具体问题值得关注。包括：（一）在社会持续转型的大背景下，现代多元文化不断流入农村，乡土文化的本源凝聚力减弱，文化认同开始下降，原有文化模式对农民思想行为的影响力和约束力减弱，引发农村民风民俗、伦理道德等一系列问题。（二）中青年农村劳动力大量外流，农村留守人

我国农村老龄社会比例图

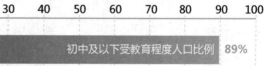

| 0 | 10 | 20 | 30 | 40 | 50 | 60 | 70 | 80 | 90 | 100 |

初中及以下受教育程度人口比例 **89%**

小学文化程度及文盲人口比例 **44%**

7.69%
65岁以上的人口比重

口中妇女、儿童、老人比例大。据《第二次全国农业普查主要数据公报》，截至2006年年末，农村劳动力资源中，初中及以下受教育程度人口比例达89%，其中44%人口为小学文化程度及文盲。此外，早在2000年我国农村65岁以上的人口所占比重已为7.69%，标志着我国农村已进入老龄社会。可以说，在劳动力流动转移的过程中，转移出去的多为受教育程度相对较高或较容易接受技能培训的劳动力，"农民工"作为新兴产业工人没有获得相应的城市居民地位，同时，"非农化"形成的剩余劳动力人力资本水平较低。（三）工业文明导入使原有的农业生产方式受到了近乎毁灭性的冲击。如农业问题研究专家所

农民工进城

指出，"在中国农业发展的历史中，我们的祖先通过使用农家肥、青肥、土地轮种、套种、灌溉、修建梯田等多种方式，基本实现了对土地的永续利用，而在现代社会，土地有了问题就依靠化肥和农药，天气有了问题就用大棚，农民更多的是以能获得最大经济效益的经济作物作为劳作的第一选择。随着化肥、农药等工业产品的进入，土地在短短的三十多年时间里就出现了硬化、板结、地力下降、酸碱度增高"①。农业生产本身包含生态价值观的文化选择。

（四）就农村延续的传统文化而言，一方面，原有的文化价值体系和社区记忆正在逐步消失，传统民俗、技艺等面临危机；另一方面，传统文化在"非物质文化遗产"保护的意义上受到重视，在学术角度其艺术形式、活动仪式、集体记忆、情感认同、传统技能等受到关注，同时也存在盲目的商业开发，对传统文化等造成肢解和破坏。

一段时期以来，我们的农村文化政策主要目标是以现代化的文化来建设和发展农村，很大程度上忽视了农村文化自身的意义以及农村传统文化对现代生活方式的无形影响。城市"文化下乡"以及消灭所谓的"城乡差别"，往往把农村当成了没有文化的区域。事实上，切断传统意义上的"乡土文化"之根，将直接对文化生态构成人为破

---

① 孙庆忠《乡土社会转型与农业文化遗产保护》，《中州学刊》，2009年第11期。

坏，引发文化的"水土流失"，离散传统文化的凝聚力。与西方文明的源头在"城邦文化"不同，中国文明的源头在"乡土文化"，中国的"乡土文化"之根必将是中国当代发展的历史传承和文化观照。中国的农村拥有几千年传统文化的遗存，缺少的不是文化，而是当前社会发展中认识和传承文化的整合机制。在思考解决人与人、人与自然沟通问题的过程中，我们也需要让"农村文化进城"，我们要做到的是统筹城乡发展，而非同化城乡文化。设计在其中应当发挥重要的协调作用，探索解决以下几个问题：

其一，设计能否有效发掘农村文化价值？农村是传统文化的母体，农村文化中包含的生活方式、乡土信仰、道德习俗等，成为农民精神世界和整个乡村社会的文化生态系统，虽然在现代化进程中经受冲击并发生转折，但仍作为一种内在的、稳定的、隐性的传统，存在于人们的生活方式、习俗、情趣、人际交流活动的无意识中，具有内在的凝聚力。从设计视野看，应当充分理解和认识这一具有无形影响力的文化价值观，把握其在民间起居、器用、穿戴、祭祀、装饰以及

胶东花馍

青岛即墨周戈庄上网节

游艺等民俗活动中的具体表现形态，形成具有文化根脉的当代设计，一方面使乡土文化传统在新的文化生态环境中经过涵化、调适而获得重生；另一方面，也是通过具有文化血脉的设计真正唤起农民对自己家园的记忆和认同，实现传统乡土文化在当代文化环境中的复兴。

其二，设计能否促进优秀传统文化的传承？在现代教育的背景下，近九成农村人口是初中以下文化程度，既是事实，也是依据学历教育的考量。不可忽视的是，农村也有自身的文化体系、文化信息和语言，例如手艺、民俗、乡礼等具有社会性和较大的传承力，广大农民就是天然的传承者。这些经验形态的传统文化，固然不同于科学，往往是日积月累而获得的感性认识，是文化层面的技艺经验，只能在具体的生产过程中直接传授，但在信息化和创意化的时代，文化和艺术本身也成为生产力的要素，农村手艺、乡土民俗等经验形态的文化应当作为重要的设计资源受到重视，通过设计介入，从符号、技艺、价值观等层面进行发掘和转化，实现优秀传统文化的设计传承。

其三，设计能否创造与生产生活结合的农村文化发展方式？我们认为，农村文化建设必须与农民生产生活相结合。无论是增强文化认同感和凝聚力，还是改善农民的精神需求，都应当有具体的着力点。文化认同不是凭空建立的，农民精神需求的改善也不是抽象的，往往植根在具体生活中，需要在其切身利益不断提高的过程中完成。农村文化建设，一方面必须与改善农民生活，增加农民收入结合起来，提高农民的幸福指数；另一方面，必须与传统文化的保护联系起来，使农民有尊严，有自信，有认同，不盲目攀比，不盲目崇拜，更不盲目放弃，自觉自信地传承和发展传统文化，造福一方水土、一方百姓。就此可将设计作为增强内生动力和区域竞争力的核心要素，充分发掘广大农民潜移默化承传的知识和技能，就地发展手工艺等农村特色产业，实现农村文化生态和产业生态并举的永续发展思路，以设计为突破口，增进民众的综合文化素质、幸福指数和社会责任，推进新农村文化建设，利用低碳经济创富。

其四，设计能否整合关乎农村发展的产业与教育资源？农村文化建设应融入优秀的教育和产业力量形成合力。发挥设计的协调与整合作用，目标是在农村文化遗产保护、农村手工艺的产业开发中，真正使农民作为生产和文化的主体，并融入专业的教育和产业资源，整合优秀的艺术创造力量、工程技术力量与市场研究力量，借助新的科技思路、创意思路与营销思路，形成综合性、本土化的"创意产能"，

山东临沂柳编行业辐射图

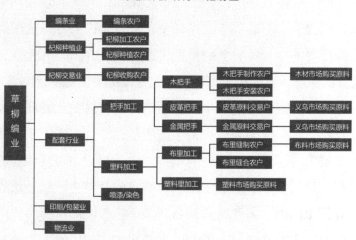

全面提升工艺水平，突出文化内涵。事实证明，也只有找到合适的切入点，搭建合作桥梁，才能在拉长做大农村文化产业链、集聚文化资源的意义上，把农村文化服务落到实处，实现"文化富民"。

总体上说，农村文化是一个完整的开放的动态的文化生态系统，既建立在相应的自然生态环境、农业生产方式和农村生活方式之上，

也在工业化和城市化进程中受到多元文化的影响，需要在更广阔的背景下分析和把握。事实上，无论是非物质文化遗产保护，还是科技普及培训，无论是重建传统记忆、群体认同，还是拓展现代性的文化空间，都不是孤

中国民间吉祥文化

立的举措，应当把握内在的系统联系，而且农村的文化生态建设也将成为中国文化生态建设的基础工程。设计介入，有助于从转化实践层面进一步深入认识和把握农村文化资源，发掘其文化要素间潜在的逻辑关系和网络系统，激发其稳定性、自洽性和发展演变的动力，从农民生产生活的实际和本土文化的实际出发，开展文化建设，激发民族文化的自信和生命力，实现以文化为动力的发展和繁荣。

中国设计要面向广大的农村和小城镇需求，建构中国当代生态田园的生产生活方式和空间。正如中国传统村落多为家族或宗族聚居模式，注重人与人之间的和谐，在村庄选址、建筑布局和风格等方面注重人与自然的和谐。一段时期以来，固有的文化凝聚力和人居环境，在新一轮产业发展、人员流动和城乡建设过程中，遭到不同程度破坏。设计如何充分发挥作用，使优秀的文化资源得到有效发掘和传承，使民间智慧和创造力得到有效应用，使人与自然亲善和谐的生活方式得到保留和延续，是重要命题。

2.传统村落保护与设计

就维护村落文化生态环境而言，当前最为突出和紧迫的莫过于古

拆除旧村

村落保护和发展。如果说村落作为中国农村广阔地域上和历史渐变中的一种实际存在的最稳定的时空坐标，作为内部互动中构成的一个个有活力的传承文化和发挥功能的社会有机体，其变迁始终是中国历史变迁的主要内容，那么，古村落则更是社会传统的活化石，具有突出的历史文化价值，古村落的破坏消逝是民族文化历史性的损失。但现实发展中，古村落及其文化景观的破坏、消失仍在加剧。

导致古村落破坏的原因，主要有以下几个方面：其一是历史性老化，即历史性老化造成老房子的自然颓败和无力修复。其二是"城市化"冲击，从外在角度看，城市化发展进程对古村落保护构成压力在于"无序的随意的抢占性的新建、翻建，与乡土环境、历史风貌不和谐的各类现代建材破坏着村落的古风古貌；公路和高速公路的建设对村落景观的破坏，如穿膛破肚、砍伐古木；国家和地方水力发电站建设对流域下游古村落的冲击，大量古村落因此拆迁移址"①，还有土地集约化导致对民居宅基地的兼并。一些地方在推进农村发展中，忽视故有的自然生态和文化传统，导致原有的文化特色资源大量流失。

---

① 周骏羽《从历史文化传承角度保护中国古村落》[N]，《人民日报》2011年7月27日。

从内在要素看，村民对现代城市生活方式和品质的合理追求与对原有居住环境的不满意，构成古村落保护的内部压力，村民外出务工造成的空巢

英国艺术类院校实验室教学

现象加速村落颓败、老房子倒塌、传统习俗和生活方式后继乏人。其三是开发性破坏。一些地方对新农村建设目标与实质的误读造成了对农村的"大拆大建"。有调查显示，我国村落的个数现在是平均每天减少约70个，造成大量历史文化村镇和乡土建筑遗产的消失和损毁。此外，旅游经济带来的开发性破坏。追求利益最大化造成"旅游污染"。一些盲目追求经济效益的旅游项目也导致村镇文脉资源破坏，加剧农村文化"空心化"问题。

从根本上说，如何在当代社会空间里实现古村落的可持续发展，是问题的核心。在加紧保护传统民居、古亭、庙宇、祠堂、戏台等建筑物，及碑刻、雕塑、书籍、书法与绘画、铭文、家谱、传统生产工具等历史文物、物质文化遗产的同时，需进一步从非物质文化遗产的层面寻找突破点，尤其是至今还被人们使用，其生活方式、产业模式、技术工艺、艺术传统和行为观念没有中断而且继续保持和发展的文化遗产，要加以发掘和发展，使传统生产、生活方式融入当代空间。

就此，加强设计实践，发掘古村落文化遗存，既可在传统与现代

中找到平衡，促进古村落的活态保护与发展，也可不断为设计注入文化的灵魂。例如，日本在古城及村落保护中即广泛确立了一种"尚技"意识，尊重并推进传统手工艺发展，提出"造物技能启发事业"；日本设计界亦强调对传统的尊重和爱护，提出"未来设计，源于地方传统工艺"，"让传统工艺与思想融入现代设计，进而活化地方产业"①。设计与传统的结合在古城和村落保护中发挥了支撑生产、生活发展的深层作用。我国也有设计与传统工艺结合从而带动村落原生态保护与发展的案例，如贵州控拜银匠村以打制苗族银饰作为主要经济来源和生活方式，全村几乎家

身穿银饰盛装的苗族妇女

控拜村的银匠在表演制作银饰錾刻技艺

家户户都会制作银具，其银饰手工艺不仅成为独具控拜苗族风格的装饰艺术，其制作工艺、演变、类型，也是研究苗族精神信仰和社会关系的重要依据。而今，该村由以前只有十几户人家打制银饰，发展到190余户，不仅是传统意义上的手工艺制作，也不断融入了当代设计语言，从而在新的文化语境中，记录苗族人的精神世界，诠释苗族图腾崇拜、宗教巫术、历史迁徙、民俗生活等方面的文化记忆，表达控拜苗族人民对本民族文化的理解和认同，银饰产品销往广西及其他苗族

---

① [日]喜多俊之《给设计以灵魂：当现代设计遇见传统工艺》[J]。

支系，并远销欧美、泰国、日本以及台湾等国家和地区，在产业发展和文化传播过程中，其村落文化生态得到涵养和发展。又如山东潍坊杨家埠村，早在明初村民凭借祖传的雕版技艺刻版印制年画以维持生计，同时用印年画余料绘制扎糊风筝，

杨家埠风筝手艺产业

并逐渐发展为商品。清乾隆年间，风筝已成为当地重要的手工产业，杨家埠风筝作坊已达30余家，年产风筝4万只。清末民初，杨家埠风筝从业户达60余家，从业人员200余人，年产风筝18万只。现在，杨家埠成为潍坊风筝的主要生产地，所产风筝占潍坊风筝市场总量的95％，产品销往山东各地及河北、河南、安徽、江苏、福建等地。这既是农村手艺产业的历史经验，也在中国社会现代化的发展进程中得到延续，在大的发展战略中发挥作用①。

　　由此得到的经验和启示在于，结合古村落自身的资源特点，加强设计开发，实现具有文化内涵的、可受益的、可持续的发展，具有重要意义。应该说，发展旅游并不是第一选择，更不是唯一选择，还有多方面路径可探索，具体以当地丰厚的文化资源为基础，依托自然条件，发挥村民的积极性和创造力，开展手艺等设计创作和生产，加强品牌和产业链建设，不仅有助于促进村民就业，带动其增收致富，而且有利于在发展生产和生活的基础上，增强文化认同感和凝聚力。同时，将村民作为非物质文化遗产的创造者和传承者，重视对村民"活

　　① 潘鲁生《手艺农村——山东农村文化产业调查报告》[M]，济南：山东人民出版社，2008年版，第11页。

态"文化的保护，并通过保护改善村民的生产、生活条件，让绝大多数村民在保护中得到实惠，使活生生的文化得到延续，是当前古村落保护不可忽视的重要内容。

因为古村落是一个文化生态系统，古村落的保护要从生态系统整体着眼，单体保护则较难实现"活态"保护与

韩国世界文化遗产"安东河回村"

建议出台《国家中长期农村文化产业发展规划》

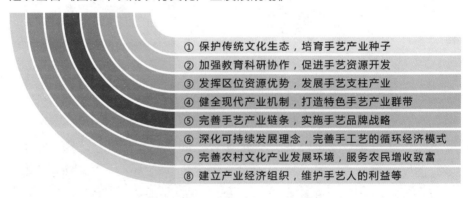

① 保护传统文化生态，培育手艺产业种子
② 加强教育科研协作，促进手艺资源开发
③ 发挥区位资源优势，发展手艺支柱产业
④ 健全现代产业机制，打造特色手艺产业群带
⑤ 完善手艺产业链条，实施手艺品牌战略
⑥ 深化可持续发展理念，完善手工艺的循环经济模式
⑦ 完善农村文化产业发展环境，服务农民增收致富
⑧ 建立产业经济组织，维护手艺人的利益等

传承。保护古村必须充分考虑村民的发展问题。就此，在更深的层面上，可围绕手工艺等设计项目进一步建立城市和古村落在经济、文化上的互动联系，充分发掘古村落传统文化的辐射力和影响力，为设计

产业、创意产业发展提供文化资源并充实建构当代民族文化心理；同时借助市场机制以及"全球化"的信息和营销体系，拓展古村落文化和产品的传播渠道，提升村民知识信息、契约协作等方面的素养和能力，这也是古村落及传统手艺生产的可持续发展，从而真正使古村落保护工作由少数专家呼吁演变为全民参与的保护运动，从保护与发展两个方面，实现古村落的现代转型。

从设计实践的角度看，古村落保护的关键，还是其可持续发展的问题，既是在社会转型、经济发展过程中产生的，也是关系文化传承和发展的核心问题。从根本上说，正是由于传统农业文明向现代工业文明转型，具有突出历史文化价值的古村落受到了严重冲击，在生产、生活相联系、农村和城市文化资源相结合的基础上，以文化传承为核心，充分发掘广大农民潜移默化传承的知识和技能，有助于加强文化认同并在传承传统文化的同时吸收前沿信息技术，融入当代生活，实现动态的、生态意义上的保护和发展，应作为切实的发展方案加以探索和完善，促进古村落文化的"活态"传承以及整体上的可持续发展。

3.农村文化产业与设计

农村文化产业是中国特色设计产业不可忽视的重要组成部分，以农民为创作和生产主体，集聚在特色文化资源和自然资源丰富的农村地区，集中在手艺文化产业、乡村旅游产业、地方土特产等领域的产业形态，具有生态环保、劳动力密集以及循环经济的特点。

从国情看，我国是传统农业大国，农村是数千年传统文化的天然载体。从文化建设层面探索解决发展问题，以文化为核心驱动，通过整合农村自然和文化资源，激发农民创造力，健全生态农业、手艺产业、民俗旅游、土特产加工等在内的产业机制，发展农村文化产业，

山东工艺美术学院师生手艺创意作品

可以促进手工艺等非物质文化遗产的生产性保护，拓展具有中国特色的文化产业空间，更好地弘扬中华民族文化传统；有助于实现文化富民，增加农民收入，改善农民生活；并进一步为传统文化传承提供物质保障，助推中国文化走向世界。这不失为解决农业、农村、农民问题的一条新路，一举多得，意义重大。以山东农村手艺文化产业为例，当前年生产总产值已突破千亿元，带动150万农村人口就业，创造了显著的经济和社会效益。但是推进农村文化产业发展非常不易，涉及农民思想观念特别是市场观念、商品观念淡薄的问题以及如何保护传统手艺的问题，涉及一家一户、小作坊式生产与社会化大生产衔接的问题，涉及政策扶持问题，等等。农村文化产业的发展需要一个较长的培育和发展过程。尤其当前，农村手艺文化产业等很大程度上仍处于自发状态，亟待加以全面规划、有效引导，采取切实措施加以扶持。

根据笔者多年来对于"手艺农村"的调研，就设计介入农村手艺文化产业而言，可以实现以下几个方面的提升和发展：

其一，是以当代设计观念转化传统手艺样式。随着新的生产方式、工作方式、生活方式、家庭模式、新的道德伦理关系的深刻变化，中国经济、社会、文化价值坐标体系也明显发生变化。生产的过分规模化、批量化、标准化和文化的过分精英化、山寨化，正逐渐让位于小型化、多样化、情感化、仪式化、原创化、娱乐化的趋向。在这种观念调整的时代背景下，设计的关注点必然更多地从物质走向文化，从功能靠向情感。中国传统手艺所蕴含的经济边际效用、生态循环意义、生活审美意蕴和人文社会价值等特点，恰好契合和满足了社

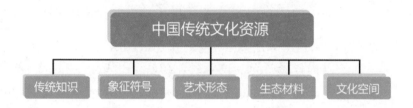

会转型过程中民众对创新转化的心理需求。传统手艺是伴随社会发展和生活实践过程的一种生产、生活方式，具有情感传递和交流的功能。手艺的优势在于个体主观的表现和创造发挥，与当代设计观念的高度融合，不仅可以满足民众生产、生活对日常用品的文化需求，而且可以快速融入现代城市生活空间，发挥设计服务大众的最大效能。

其二，是以当代设计语言转化传统手艺文化元素。中国传统文化资源库存中含有大量与手艺

爱马仕"上下"品牌"桥"系列茶具

相关的传统知识、象征符号、艺术形态、生态材料和文化空间。在整合现在制造技术、设计创意和传统文化元素，塑造中国产品设计语言的过程中，应注意三点：一为"传承"。能在"中国制造"全球推广体系下发挥设计创新的有效功能，使产品成为中国文化基因的携带者和中国人文理念的载体，用传统的价值观眺望未来。二是"尊重"。因大多产品选用自然材料、采取手工制作，故在制造、流通过程中摒除造成环境负担的因子，以示尊重自然生态与消费者的决心。三为"融合"。以人文与自然、设计与制造、使用者与创造者、传统与现代、东方与西方之间的和谐关系为出发点，以文化精神、精工技艺和生态环保为产品语言追求，使中国设计重新回归民众的生活基底。

其三，是以当代设计创意产业转化传统手艺产业。未来，传统的第三产业将面临产业结构调整和转型升级的巨大机遇与挑战，实体经济的粗放式发展开始在更多领域让位于可持续发展的理念，传统产业业态与新兴产业、新兴技术、新的国际惯例交相融合的趋势已成为可能。产业业态与设计样态的互动衍生，将给设计产业自身以及相关产业延伸带来前所未有的调整机会。通过设计创新，因地制宜、因势利导地将手艺资源优势转向设计发展强势，并与小城镇经济中的第一、二、三产业体系充分融合，实现"结构优化、产业升级、财富积聚"的跨产业、多行业联动效应。加强传统手艺资源战略性、生态性、生产性创意设计研

发，促进传统文化与当代设计融合，培育和发展以创意设计为核心的"创意农业"、"创意生态产业"、"创意生活产业"、"休闲观光产业"、"创意会展产业"和"创意商贸产业"等新型业态体系，以此探索设计在小城镇空间再造、产业结构调整、发展方式转变和稳定劳动力就业等方面的应用和实践。

其四，是以当代品牌设计转化传统手艺代工。中国经济发展模式基本是依附国际企业、资本、技术和国外市场（特别是美国市场）的大循环来带动本地的小循环。在这个经济运作模式中，生产利润的绝大部分让外资获取。如果从手艺整条产业链来看，中国除了发展低价格的劳动密集型贴牌代工之外，其他环节的版权和定价权几乎都被西方发达国家所控制。设计与品牌文化是国家经济成功突围的两大利器，从单项设计到工程、系统设计，都亟需传统手工文化智慧的启明，这些稀缺的国家文化战略资源才是我们创新的源动力。中国传统手艺通过设计资源转化为品牌资源，关键依靠优良的设计、精湛的工艺和成功的国际市场开拓能力。让品牌植入到传统手艺创新中，让传统手艺创新支撑品牌，这对中国设计"走出去"，并被世界广泛接受，是一个非常有效的方式。

具体而言，一要发挥流程管理和行业标准制定两个端口的作用，切实提高手艺产品的质量和标准。二要加强手艺产品源头创新，孵化若干各具特色的"贴牌"产品和更多"创牌"产品，全面实施农村手艺产业的品牌战略。三是发挥手艺产品名牌效应，因地制宜地实施品牌带动战略，提升手艺产品的附加值，扩大手艺产品市场占有率，提高市场覆盖率，实现手艺产业规模效应。之所以把手艺农村与设计创造有机地联系在一起，是希望中国的设计师应关注美丽中国的田园乡村，关注生态文明最有代表性的中国手艺，关注那些农村的手艺人，

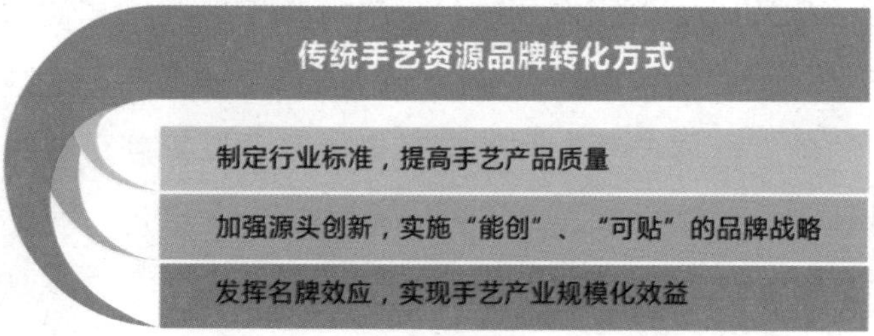

传统手艺资源品牌转化方式

制定行业标准，提高手艺产品质量

加强源头创新，实施"能创"、"可贴"的品牌战略

发挥名牌效应，实现手艺产业规模化效益

关注我们生活中到底缺少了什么。

　　总之，从设计与农村的联系，可以看到，中国的设计应调整战略定位，既要引领风尚，又要服务民生；既要关注时尚，更要关注农村；真正面向大众，面向现实，解决产业发展和文化传承的现实问题；真正从概念的艺术设计转向大众的生活设计，从奢华的装饰设计转向朴素的实用设计，做到回归生活，服务产业，服务民生，服务消费者。我想，设计既是时代的产物也是领跑者，中国设计要植根中国现实，体现中国智慧，真正具有时代性并持续而有效地发挥引领作用。

六、设计教育

六、设计教育

设计教育的问题是历史的，也是当下的，更是关联着未来发展的重要命题。其发展现状既是历史形成的，更关系着十年、十五年之后设计人才资源的构成和设计发展潜力。所以关注并求解设计教育当下的问题，是一个重要的切入点，具有更强的实践性。当前，人才培养和社会需求对接是中国当代设计教育的核心问题，涉及学科专业建设、人才培养理念、教育教学方法等一系列内容，需要建立关联设计产业、文化发展、教育布局的坐标架构，切实把握设计教育发展的目标和方法。

据预测，21世纪将成为一个属于发明创意者和设计专利拥有者的"概念创意的时代"，设计作为一种创新型生产力将广泛渗透到实体经济和虚拟经济发展的全部过程。社会经济文化发展对设计人才提出多元化需求。尤其是全球化知识创新和信息技术的跨界发展，势必导致生产活动、生活方式、管理模式、市场转移、技术共享、工作模式、财富和权力再分配等社会要素的跨界交叉和重组。由此会产生越来越多具有交叉性质的边缘学科、综合学科、横断学科。设计创新领域必须要更广泛的将经济学、管理学、消费心理学、艺术学、人类学、社会学、美学等多种综合学科进行融合交叉，在教育过程中设置更加多元化的课程和开放性的团队结构，践行兼顾研发设计与产业管理"双轨制"的教育模式，培养具有综合能力和专业优势的多元化设计人才。针对多元化的培养目标，设计教育者应该具有超前的革新意识，在设计教育的体系中贯穿设计研发与产业实践互溶的教育理念，在课程设置和教学过程中将设计专业的知识、技能训练和管理、市场及战略的应用融会贯通。另外，在教学的组织安排上要力图创新，打破传统的、以单一学科专业组织教学的体制。就此而言，设计教育"创新与实践教学体系"是关于设计人才培养的一种具体尝试和探索。

总体上看，无论是确立多元化的办学格局，形成办学特色，还是切实提高人才培养质量，根本还是要使设计教育与现实的社会需求紧密衔接。在把握设计学科的内在逻辑和发展规律、分析设计产业和创意经济的基本趋势、探讨设计人才类型和培养体系的基础上，有助于更深入地理解设计教育的发展理路并求解当下问题，关注教育层面对设计格局的优化与发展。

（一）设计学科发展

1.设计学的学科结构

据国务院学位委员会2011年发布的新修订后的《学位授予和人才培养学科目录，艺术学上升为门类，设计学成为一级学科学①。这意味着艺术学学科体系逐步完善，艺术学学科专业设置的思路日益清晰。

学科升级调整的意义首先在于，还原艺术学本原属性。事实上，从20世纪二三十年代宗白华、张泽厚到90年代的张道一等学者，即将艺术学学科门类问题当作艺术学研究领域的重要课题。从广义的艺术

---

① 改革开放以来，我国高等学校学科设置分为三个层次，即学科门类、一级学科（本科称为"专业类"）和二级学科（本科称为"专业"）三级。门类和一级学科是国家进行学位授权审核与学科管理、学位授予单位开展学位授予与人才培养工作的基本依据，二级学科是学位授予单位实施人才培养的参考依据。到目前为止，我国先后施行了四个版本的学科专业目录：《高等学校和科研机构授予博士和硕士学位的学科、专业目录》（1983年公布）、《授予博士、硕士学位和培养研究生的学科、专业目录》（1990年公布）、《授予博士、硕士学位和培养研究生的学科、专业目录》（1997年公布）、《学位授予和人才培养学科目录》（2011年公布）。在1997年颁布的学科目录中，艺术学为文学门类下的一级学科，下设艺术学、音乐学、美术学、设计艺术学、戏剧戏曲学、电影学、广播电视艺术学、舞蹈学8个二级学科，设计类专业研究生教育中增设"设计艺术学"，本科"工艺美术"调整为"艺术设计"。学科专业名称的变化，反映了当时社会的需要和发展方向。2011年的修订与1997年的学科目录相比发生了质的变化——艺术学提升为与文学、工学等原先12个学科门类并列的第13个学科门类。其下属的8个二级学科整合调整为5个一级学科，即艺术学理论、音乐与舞蹈学、戏剧与影视学、美术学、设计学。

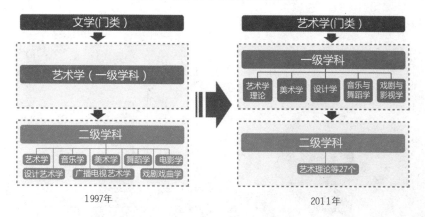

1997年与2011年学科门类对比图

分类①上讲，艺术包括文学，为更好地在学科门类上解决文学与艺术的关系，可采用的方案包括：（一）以艺术学学科门类取代原来的文学门类，并涵盖原来的文学类；（二）提升艺术学的学科层次，由二级门类提升为一级学科门类，使之与文学等一级学科门类并列。目前国家采用的是第二种方案。其次，艺术学上升为门类，设计学调整为一级学科，与中国高等艺术教育的现状有直接关系。目前，全国近七成高校设置了设计类专业；截至2010年年底，全国已有设计学硕士点140余个、设计学博士点10个；而且高校在校生中，有5%为艺术类专业学生。整体上看，相关专业学生已达到相当规模，艺术学上升到门类后，占据全国大学招生人数超过5%的艺术类学生，从本科到博士可获得艺术学学位。此外，艺术学上升到门类、设计学上升到一级学科，更根本的原因还在于，与国家经济文化和行业发展需求密切相关。国

---

① 广义的艺术概念非常丰富，电影艺术产生后，西方有"文学、音乐、舞蹈、绘画、演剧、建筑、雕刻、舞蹈、电影"八类艺术之分。丰子恺则将艺术分为：书（书法）、画（绘画）、金（金石）、雕（雕塑）、建（建筑）、工（工艺）、照（摄影）、音（音乐）、舞（舞蹈）、文（文学）、剧（演剧）、影（电影）12类。

家调整产业结构，实施文化战略，需要大量的设计专门人才，相关学科结构应成为有力支撑。

中国高等艺术教育的现状分析图

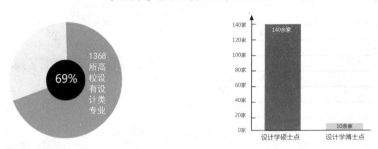

具体就设计学科升级调整而言，"设计艺术学"更名为"设计学"体现了设计学的本质属性。设计学以人类设计行为的全过程和它所涉及的主观和客观因素为研究对象，涉及哲学、美学、心理学、工程学、管理学、经济学、方法学、生态学、文化人类学、民俗学等诸多学科，不仅是艺术层面的交叉学科，也是学科层面的交叉学科。同时，美术学与设计学并列，说明二者具有本质区别。设计教育具有自身规律，一段时期以来，脱胎于美术教育的设计教育产生了一系列的问题，加强设计教育自身规律的研究尤为重要，具体还应设置跨教育学、艺术学的设计教育二级学科。

设计学的现状和未来发展，要求我们立足"大设计"及设计学的交叉学科属性，制订科学合理的二级学科框架，并以可持续发展观念不断发展完善设计学科。在新专业目录中，可具体将景观设计、工业设计、服装设计与工程、数字媒体等专业列为艺术学与管理学、工学交叉的门类范畴，设计学可以授工学或艺术学学位。针对设计学科发展过程中存在的问题，要从学科内在逻辑与规律、社会外在需求与趋势两个方面加以研究和解决。

2.设计学的交叉学科属性

回顾设计学发展历程可以看到，"设计学"概念最早由美国科学家、1978年诺贝尔经济学奖获得者赫伯特·亚历山大·西蒙提出，在其《关于人为事物的科学》论文中对"设计学"作出界定，认为"设计学是以人类设计行为的全过程和它所涉及的主观和客观因素为对象的，涉及哲学、美学、艺术学、心理学、工程学、管理学、经济学、方法学等诸多学科的边缘学科"[①]。

目前，英、美等国已形成比较完善的设计学科交叉学科体系，在二级学科设置充分考虑到了设计学的交叉学科属性，既涵盖传统的工艺美术、手工艺，又包括数字媒体、交互设计等与现代信息产业、文化创意产业密切相关的新兴专业，以及服务国家实体经济的工业设计等专业。

德国比勒菲尔德大学服装工作（手绘）室在上课

这一体系处于动态变化之中，在名称和代码设置上为学科交叉、新兴学科都留有充分的发展空间，同时建立了学科、专业退出机制，淘汰

---

① [美]赫伯特·亚历山大·西蒙《关于人为事物的科学》[M]，杨砾译，北京：解放军出版社，1985年版。

失去存在意义的学科。因此从事高等设计教育的院校可以根据国家的发展战略及行业需求设置自己的专业。例如，英国的设计学科设置建筑设计、室内设计、游戏设计、信息体验设计、视觉传达设计、交互设计、产品设计、服务设计、交通设计、创新工程设计、陶瓷与玻璃设计、金工和首饰设计和当代工艺等二级学科。意大利的设计学科设置饰品设计、商业设计、汽车设计、服装设计、交互设计、室内和生活设

澳大利亚国立美术大学学生上实践课

赫尔辛基艺术与设计大学玻璃工作室（学生在实习）

计、服务和体验设计、城市规划和建筑设计和视觉品牌设计等二级学科。芬兰设计学科设置应用艺术与设计、服装设计、家具设计、空间设计、纺织艺术和设计、工业设计、平面设计、舞台和影视设计等二级学科。美国的设计学科设置工艺、民间艺术与手艺、设计与可视传播（综合）、商业与广告艺术、工业设计、商业摄影、时装设计、室内设计、图形设计、图解、设计与应用艺术等二级学科。日本设计学科设置陶瓷、玻璃、金工、平面设计、产品设计、纺织设计、环境设计、信息设计等二级学科。

德国"数字与媒体设计专业"分析图

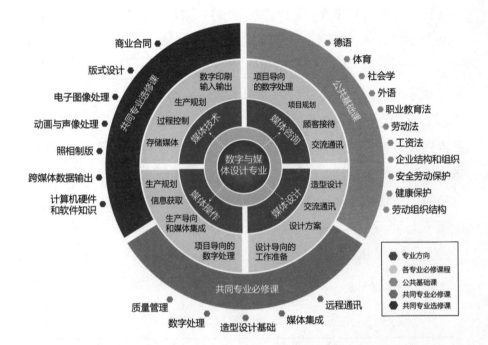

これ些国家的设计学科结构布局对于我们国家的设计学科设置具有借鉴意义。"设计学"上升为一级学科之后，如何合理确定其下的二级学科①，是当前艺术学学科建设需要解决的问题。教育部在确定艺术学门类下的5个一级学科后，针对二级学科的设定下发了两次征求意

① 学科、专业设置既与学科自身的属性及发展阶段密切相关，也反映国家的经济文化发展战略及行业发展需求，其设置结构还体现为学科发展的可持续性，在设置上应为学科交叉、新兴学科留有充分的发展空间。其中，学科门类、一级学科和二级学科三者之间既是不同的学科层次，又相互联系。在学科专业目录中，二级学科设置是基础，因为专业是培养学生的基本单元，与学科分类和社会职业分工是密切相关的。学科与专业具有内在的统一性。学科是科学知识体系的分类，不同的学科就是不同的科学知识体系，专业是在一定学科知识体系的基础上分化而成的，离开了学科知识体系，专业也就丧失了其存在的合理依据。一个学科内，可以组成若干专业，在不同学科之间也可以组成跨学科专业。

见稿，在2011年9月14日公布的关于征求对《普通高等学校本科专业目录（修订二稿）》修改意见的通知与2011年2月公布的《学位授予和人才培养学科目录》相比，与设计相关的二级学科分布在工学和艺术学两大门类之下，并在工学门类设置"交叉类"一级学科，下设工业设计、数字媒体，部分专业可以授予工学或艺术学学位，如服装设计与工程、景观设计。这种方案虽然考虑到设计的交叉学科属性，但学科及专业设置离设计学的本原交叉学科属性要求还有很大距离。学科设置方案缺乏"大设计"的概念，尚没有摆脱传统意义上"艺术设计"的范畴，一些二级学科在培养目标及所授学位方面仍有待调整，传统上属于文学、工学领域的学科尚未融入信息时代的内容，一些与国家经济文化发展战略及行业发展需求密切相关的专业有待加强。

中国设计教育产生的历史背景及发展，要求加强设计教育规律研

基于设计学交叉学科属性的二级学科布局

一级学科	二级学科	授予学位
设计类	设计教育	授艺术学或教育学学位
	广告与设计	文学门类下的这四个专业全部可以授文学或艺术学学位，广告学应包含广告设计、传播、编辑出版以及网络媒体设计已经不再局限于传统的新闻传播概念，而是与版权产业、文化创意产业、内容产业紧密结合，设计的作用举足轻重
	传播与设计	
	编辑出版与设计	
	网络与新媒体设计	
	服装设计与工程	授艺术学或工学学位
	包装工程与设计	授艺术学或工学学位
	印刷工程与设计	授艺术学或工学学位
	建筑学	授工学或艺术学学位，但主体是工学
	景观设计	授工学或艺术学学位
	工业设计	授工学或艺术学学位
	数字媒体	授工学或艺术学学位，培养目标强化"游戏设计"
	设计管理	授管理学或艺术学学位
	设计学、艺术设计商业设计、信息设计家具设计、工艺美术	授艺术学学位
	会展设计与工程	授艺术学或工学学位

究，传统的文学门类下的相关学科，因传播媒介的变化和发展应该融入设计学的因素。从学科属性上看，设计学可以成为跨艺术学、教育学、文学、工学和管理学5个门类的一级学科，所授学位应该根据涉及领域的不同，跨艺术学、教育学、文学、工学和管理学5个门类，这既是对设计学学科的丰富和完善，也是对传统的文学等学科门类固有观念发展，是建立在"大设计"观念和设计学的交叉学科属性基础上的设计学科布局。

3.设计学科的跨界关系

设计具有经济和文化的双重属性，西方发达国家倡导"设计立国"、"文化立国"，就是把设计学科上升到国家战略层面，大力发挥设计对国家实体经济、新兴经济促进作用。从当前我国学科专业目录的调整看，设计学作为一级学科，在国家经济文化战略中的地位得到加强，目标是为国家经济文化发展培养创新型应用型设计人才。

设计类专业与国家经济及产业之间的关系

实体经济	工业设计、景观设计、建筑学、商业设计、家具设计、服装设计与工程
新型经济	会展设计与工程、商业设计、信息设计、数字媒体、网络与新媒体设计
文化产业	艺术设计、广告设计、出版与设计、包装工程与设计、印刷工程与设计、服装设计与工程、数字媒体、信息设计、设计管理、非物质文化遗产资源应用与创意设计
工艺美术产业	饰品设计、首饰设计、陶瓷设计、漆器设计、编织设计、金工设计、玩具设计、玻璃设计、手工艺设计等

首先，在实体经济发展中，设计是提升产品高附加值的重要手段，设计学科为实体经济培养专门人才。实体经济包括农业、工业、

商业、交通通讯和建筑业，这些行业均需要大量的应用型设计人才。与实体经济行业对应的设计领域包括工业设计、景观设计、建筑学、商业设计、家具设计、服装设计与工程等。可以看到，二战后，英国、德国、日本的迅速崛起得益于国家、企业对工业设计的重视。随着"第三次产业革命"的到来，把握新的实体经济发展机遇，设计需充分发挥驱动作用。

其次，设计是促进新型经济形式又好又快发展的有效手段。随着社会的发展，会展、物流、电子商务等新型经济形式不断出现，并逐渐成为国家经济发展的重要力量。以会展经济为例，其产业带动系数大约为1：9，即展览场馆的收入如果是1，相关的社会收入为9，因此会展经济被认为是高收入、高赢利的行业。"十二五"期间，我国已经把会展作为经济发展的重要形式，2011年中国会展场馆总面积400万平方米以上，超过德国跃居世界第二位，年产值近万亿元。会展经济与管理、会展设计与工程等新兴专业对国家新型经济发展具有重要作用，这些行业需要设计学科培养创新型设计人才去支撑。

同时，设计是促进文化创意转化为产业内容的媒介。文化产业涉及广播电视、软件、设计、数字电影、出版、音乐、广告、软件游戏等领域，与文化产业相关的设计涵盖艺术设计、广告设计、出版与设计、包装工程与设计、印刷工程与设计、服装设计与工程、数字媒体、信息设计、设计管理、非物质文化遗产资源应用与创意设计等方面。设计对于促进传统文化资源转化为有效的"文化产品"，提高文化产业在国民经济中的地位，以及激发传统文化资源活力等，具有关键作用。

此外，设计可促进传统工艺美术产业的复兴与创新。20世纪50年代和80年代，工艺美术两度承担出口换汇重任，在产业发展和教育实

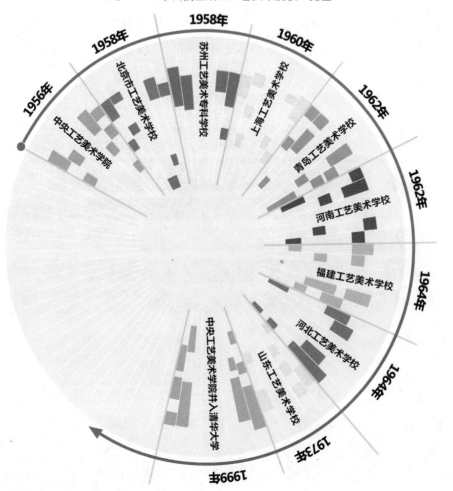

20世纪50—90年代我国成立工艺美术院校一览图

1956年
中央工艺美术学院
1958年
北京市工艺美术学校
1958年
苏州工艺美术专科学校
1958年
1960年
上海工艺美术学校
1962年
青岛工艺美术学校
1962年
河南工艺美术学校
1964年
福建工艺美术学校
1964年
河北工艺美术学校
山东工艺美术学校
1973年
中央工艺美术学院并入清华大学
1999年

践等方面受到重视。当前与工艺美术产业相关的设计包括饰品设计、首饰设计、陶瓷设计、漆器设计、编织设计、金工设计、玩具设计、玻璃设计、手工艺设计等。从目前工艺美术发展来看，主要涉及六大领域：一是非物质文化遗产资源应用与创意设计领域，二是传统特种工艺领域，如木雕、陶瓷、漆艺、染织、金工等特种工艺的保护、传承与创新，三是行业工艺美术的设计与开发，四是农村手工艺文化产业的调研、指导与开发，五是工艺美术教育与发展问题，六是手艺学科的建立。目前我国工艺美术的发展面临产品创新乏力、市场动力不

我国工艺美术发展涉及的六个领域

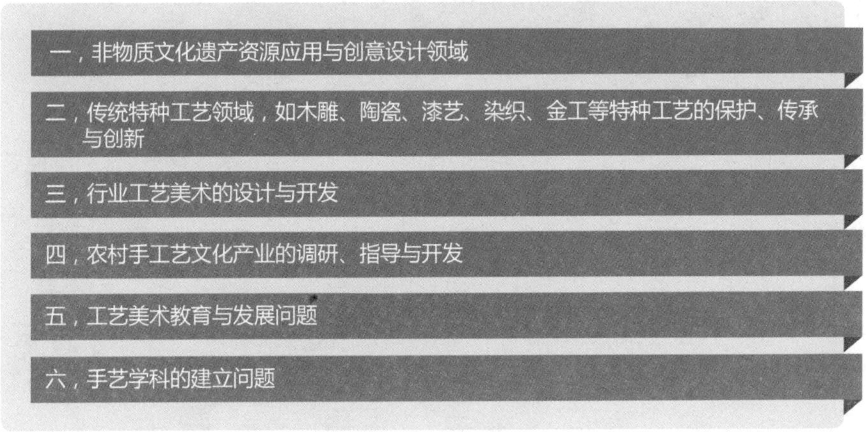

一，非物质文化遗产资源应用与创意设计领域

二，传统特种工艺领域，如木雕、陶瓷、漆艺、染织、金工等特种工艺的保护、传承与创新

三，行业工艺美术的设计与开发

四，农村手工艺文化产业的调研、指导与开发

五，工艺美术教育与发展问题

六，手艺学科的建立问题

足、知识产权保护不力等瓶颈，解决上述问题，维护工艺美术产业的健康发展，需要设计学科培养大量的了解文化、市场需求，具有创新精神的工艺美术设计人才。

4.设计学科的可持续发展

学科建设的可持续发展问题，是指时间上该学科领域不断出现新成果、新知识，培养出一大批高素质创新型应用设计人才。空间上不断充实内涵，形成新的研究方向和领域，学科发展充满活力。设计学学科具有可持续发展特征，实现其可持续发展应该从以下几个方面加强学科建设：其一，设计学学科处于动态同构的过程中，应以开放

的学术观念为新学科专业的设置预留空间，使设计学建设在动态发展中逐步系统完善。其二，设计学是年轻的交叉学科，应加强基础理论研究，完善相关理论体系，为设计学学科充实发展提供理论支撑，同时加大与其他学科交流力度，促进学科之间的交叉研究，促进知识创新。其中，设计学理论体系构建包括设计发生学（设计的起源、设计的内涵、设计发展史、设计风格学）、设计现象学（设计分类学、设计经济学）、设计心理学（设计思维、创造心理学、消费心理学）、设计生态学（自然生态、社会文化生态）、设计行为学（设计方法学、设计能力研究、设计程序与设计组织管理、设计表现、CAD）、设计美学（设计技巧、设计艺术、设计审美、形态艺术）、设计哲学（设计逻辑学、设计伦理学、设计价值论、设计辩证法）和设计教育学等内容。其三，加强设计学科应用研究，形成学科特色，发挥其在

山东工艺美术学院

国民经济与文化建设中不可替代的作用，服务国家经济文化及行业发展需求。其四，加强设计基本规范建设，构建科学合理、融自然人文价值观念于一体的设计价值标准，处理好与消费者、自然环境、文化的关系。正如20世纪60年代首次提出设计伦理学概念的美国学者维克多·巴巴纳克指出"设计应该认真地考虑地球的有限资源使用问题，设计应该为保护我们居住的地球的有限资源服务"[①]。针对这些问题，加强设计的伦理学研究，建立完善的设计伦理体系是设计学科可持续发展的重要内容之一。其五，营造设计学学科发展的社会环境体系，提高国民设计意识。例如，德国是一个设计意识非常强的国家，其产品设计精良、工艺规范、质量一流，不仅注重产品外观视觉效果，更强

奥地利实用美术大学在上课

调内在功能和质量。据德国经济部统计，德国2/3的14岁以上的人理解设计，18%的人崇尚创新设计，16%的人认为普通设计是给予产品造型和形态，15%的人认为设计包括产品的创造性开发。设计的社会地位不仅在企业家心中扎根，同时在普通民众心中也已普及。就营造设计学学科发展的社会环境体系而言，我国需从法律层面应该制订"国家设计产业促进法"，从上层建筑上明确设计在国家经济、文化上的战略

① [英] 维克多·巴巴纳克《为真实世界的设计》[m]，周博译，北京：中信出版社，2013年版，第1页。

作用；从设计教育上加强国民的设计意识教育，明确国家的设计教育发展战略；从实体经济发展上，明确设计在促进实体经济发展，提高实体经济附加值上的作用，提高企业对设计的重视程度，促进经济由"制造型"向"创造型"及"设计型"转化；从国家文化安全、保护与利用的角度，充分挖掘传统文化资源的价值，促进传统文化资源的保护、开发和利用。

总之，艺术学上升到门类，还原了艺术的本原属性；设计学成为一级学科是为了满足国家经济文化战略以及行业发展需要，其下的二级学科设置既要充分考虑设计学的交叉学科属性，也要考虑设计行业对专业人才培养的需求。设计学属于新兴交叉学科，仍然处于不断发展和完善的状态，应以可持续发展的理念处理设计学科发展的问题。设计学科建设与发展面临着宝贵的机遇，同时也面临着严峻的挑战，设计学学科设置关系到学科的未来发展，也关系到国家文化建设的长远战略，甚至关系到"中国设计"在国际格局中的位置，所以应高度重视并予以科学合理的论证与设置，以可持续发展的理念促进设计学学科的建设与发展。

（二）设计人才类型

1.设计人才的多元化发展

21世纪是一个属于发明创意者和设计专利拥有者的"概念创意的时代"，设计作为一种创新型生产力将广泛渗透到实体经济和虚拟经济发展的全部过程。社会经济文化发展对设计人才提出多元化需求。

首先，设计产业融合具有广泛性，对不同知识背景和技术专长的设计人才有具体要求。"创意无处不在"，一方面，设计作为相对独立的产业业态正逐步从传统产业中分离出来，发展成为具有完整产业链的智力研发产业。另一方面，设计自身的创意特点以及无处不在的生活普及性，决定了设计创意产业具备与更多产业领域跨界融合、催生裂变新型产业业态的强大功能。高层次设计教育必须面向国际发展的趋势和过程，把跨界的、跨文化的、跨意识形态的观念融合到学

澳大利亚国立美术大学上染织课

瑞典综合设计艺术大学学生在制作玻璃工艺品

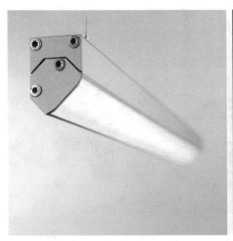

灯具、手表产品创意设计

科建设、专业教学、科研和服务等诸项功能中，切实培养能使本国经济、科技、创新与世界接轨的国际化、多样化人才。

　　同时，设计教育应具有多样性，这是设计人才多样化的重要基础。市场经济最主要的特征之一，就是它的多样性。如经济成分的多样性、利益主体的多样性、生产目的的多样性、消费需求的多样性以及区域经济发展的不平衡性等。市场经济的多样性，从根本上决定了设计专业教育的多样性。而设计专业教育的多样性，主要表现为要面向社会，根据市场需求、学校的性质与类型以及专业特点等制定人才培养目标，办出特色，不断适应市场经济发展的实际需要。其实，多样性的核心是强调人才的个性发展，个性全面而充分的发展必然会提升人的独立性、独创性和开拓性。过分追求统一性也就意味着压抑人的个性，从而也就压抑了人精神和各种潜能的发展，培养高层次人才的创新能力就会成为一句空话。

　　此外，信息时代跨界发展的趋势，也是设计人才类型多元化的大环境和趋势。全球化知识创新和信息技术的跨界发展，势必导致生产活动、生活方式、管理模式、市场转移、技术共享、工作模式、财富

和权力再分配等社会要
素的跨界交叉和重组。
由此会产生越来越多具
有交叉性质的边缘学
科、综合学科、横断学
科。设计创新领域必须
要更广泛的将经济学、
管理学、消费心理学、
艺术学、人类学、社会
学、美学等多种综合学

芬兰赫尔辛基艺术与设计大学学生在进行项目分析

科进行融合交叉，在教育过程中设置更加多元化的课程和开放性的团
队结构，践行兼顾研发设计与产业管理"双轨制"的教育模式，培养
具有综合能力和专业优势的多元化设计人才。

2.设计人才需求的主要类型

目前，中国设计创新体系和经济体系在整体上与国家工业发展
要求以及发达国家水平相比还有很大差距，在发展过程中还存在许多
突出矛盾和问题。据统计，中国国内的专业设计公司自1985年创立第
一家以来，到现在已发展到10万家之多，主要集中在以北京为中心的
环渤海地区、以上海为中心的长三角地区和以广州为中心的珠三角地
区。同时，全国上千所院校设立设计类专业，设计类专业现已成为仅
次于计算机的第二大专业。但在规模之外，设计企业业务单一，设计
与产业融合度不够，对经济贡献率不高；设计教育知识单一，观念滞
后，缺乏将产业策略、高新科技发明、创新设计以及市场需求等多重
因素综合考虑，人才总量过多但高水平的专门人才或行业领军人物急

缺。为解决人才供给与社会需求、人才素质与设计发展之间的断档脱节问题，还要在教育层面科学规划、合理定位，形成多层次、多角度、全方位的人才培养格局。

具体而言，设计领域人才类型主要有设计创意型、设计技能型、设计策略型几个主要类型，侧重点在于创意表达、技能应用和策略管理等不同方面。其中，"设计创意型人才"可侧重理学、工学或文学、艺术等不同领域，重在感知、探索和表达，在专业背景和综合能力的基础上，能够根据社会调研、技术积累和文化的理解与阐释，形成设计创意，可能是前沿性、概念性的探索，也可能是具体的民生环

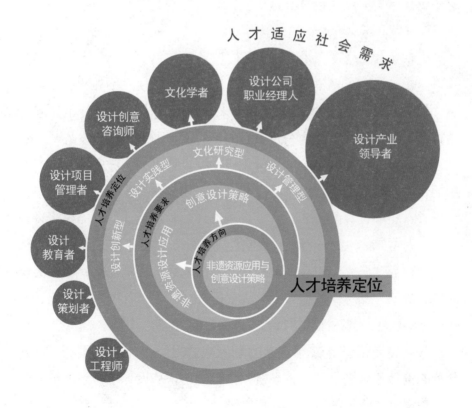

节的优化措施，重点是形成创造性的解决方案和促进沟通与共鸣的创意理念。"设计技能型人才"也是通常所说的"灰领人才"，重点在于不同方面设计技术、技能的应用和实践，特点是熟知产业流程，具有绘图、制作、营销等环节的专业技术能力，能够在创意草图变为市场产品的过程中发挥"物化"及传播推广的关键作用，是设计产业、设计文化发展不可或缺的应用型、实践型人才。此外，"设计策略型人才"重在设计管理和服务，能够在准确理解设计的原则、方法、观念、实务和相关法律的基础上，善于将自己专业的独特优势和创造能力转化为服务产业实践，有效地参与到构建企业的愿景和战略的进程之中，从参与产品的设计、过程和体验，转变到新的商业模式的设计并确保其顺利实施的设计领导能力。

　　整体上说，多元化的设计人才能够充分应对设计发展的趋势和需求。应该说，未来设计创意产业的工作方法和模式不外乎两种：其一，设计从传统产业体系中分离出来，形成专门化的设计工作室。根据市场和产品细分，由一定数量的专业设计师和技术研发人员组建"设计与技术"高度自治的专门化研发型设计机构，服务于特定产业中的专属领域的设计，而不是产业全部。如，在工业产品设计中，锁具设计、船舶设计、钟表设计、灯具设计、箱包设计、仪器仪表设计等。这种具有高度专门化、精细化、权威化、集约化的设计业态特点，被称为"研究型设计产业模式"。通过经营资源优化，极易实现质量、规模、品牌、效益效率的大幅提升。人才培养要求高端化、专业化、实践性、创新性和执行力等方面的能力。

　　其二，专门设计公司营运的系统化。围绕设计创意项目，将各分散的设计资源进行"设计系统整合管理"，从设计分析到上市整个设计流程进行优势统合。将项目管理、产品设计、包装设计、广告设

奥地利实用美术大学在上课　　　　昆士兰美术学院设计工作室

计、促销设计等设计资源进行系统整合管理，简化了流程之间的沟通环节，建立顺畅的团队工作方法，节约项目成本，提高创意水准和设计效率，从而拓宽更大的财富空间。设计工作方式的高度专门化、系统化，具有很强的产业拉动优势。同时，需要有不同专业领域、不同文化背景的人在不同阶段分解不同的项目任务。但目前设计教育由于专业分工过细，教育对象多为条块分明的同一专业的学生，很少有围绕项目进行跨专业的沟通与合作，工作团队中的专业同质化极易造成专业局限、以偏概全、设计效率低下等问题。围绕同一项目进行设计资源优势互补，彻底打破了专业之间的壁垒，使不同专业领域、不同文化背景的人围绕某一项目展开通力合作，通过团队结构的合理配置，实现团队成员之间的交流合作与知识共享，从而保障设计工作高质展开。这种具有系统性、组织性、战略性、合作性的设计业态特点，被称为"管理型设计产业模式"。人才培养更加注重领导力、决策性、计划性、文化性、创新性和管理性等方面的能力。

　　针对多元化的培养目标，设计教育者应该具有超前的革新意识，在设计教育的体系中贯穿设计研发与产业实践相融的教育理念，在课程设置和教学过程中将设计专业的知识、技能训练和管理、市场及战略的应用融会贯通。另外，在教学的组织安排上要力图创新，打破传统的、以单一学科专业组织教学的体制。围绕项目，通过不同专业的学生交叉编组学习，训练学生的团队精神、管理能力、领导才能和相互沟通的技巧。不同专业的学生之间的互动，还有利于培养设计师对其他专业文化的理解和尊重，这对于将来在企业中与相关专家合作与交流是至关重要的。同时，应以行业或企业项目为导向，在实践教学与实际的具体衔接方面培养设计商务和领导能力。相关研究指出，当前我国设计行业主要包含三个基本层次，即设计研发、设计服务和自主品牌开发。其中，设计服务是主体；向上即延伸为设计研发，超越商业服务，多角度参与社会、市场、文化发展；向下即延伸为自主品牌发展，拓展盈利空间。研究者普遍认为，设计行业的从业者，尤其是创业者，不仅要具有文化原创力，而且要充分了解并掌握设计市场与产业，能够通过设计创新能力聚集资源、分配资源、产生设计商

昆士兰美术学院上课

赫尔辛基艺术与设计大学工作室中的学生和老师

业机会，要能够进行产业研究、设计事业的整体性分析、关于设计资源与设计能力的分析，要有更强的技术能力和工程能力，更加熟悉基础材料和应用可能性，以及对整体产业链的了解能力。也是在这个意义上，我们认为，人才培养要多元化，要在紧密与文化发展、产业发展对接的高层次上，在融合理论创新与产业实践的高度上，培养国家急需的设计创意型人才、设计技能型人才和设计策略型人才，培养不同部门和不同产业领域的紧缺人才，包括政府公务员、设计产业领导者、设计公司职业经理人、设计创意咨询师、设计项目管理者、设计教育者、设计策划师和设计工程师等，应对社会需求并不断提升设计创意产业的创新水平和管理水平，充分发挥人才在促进高新技术产业、文化创意产业、生产性服务业和工业制造业产业结构调整和转变经济发展模式中的关键作用。

3.关于设计教育趋同化问题

当前，中国设计教育趋同化问题仍较为突出，尚未形成各具特色的多元格局。具体表现在以下几个方面：一是人才培养目标趋同，缺少多元化定位。大多数学校缺乏关于创意、技能、策略等相关培养重点的划分，缺少学科层面的研究型人才、专业层面的应用型人才、职业层面的技能型人才等相应的人才培养目标定位。二是专业布局单一，与平面设计相关的"艺术设计"专业比例过重。据统计，从2001年到2007年，全国增设设计类专业的高校每年以13.2%的速度增长。但主要增设的是与平面设计相关的"艺术设计"专业。从2001年到2007年，七年间，有322所高校增设了"艺术设计"专业，平均每年增设该专业的高校达46所。同时，课程结构单一，美术类课程比重过大。设计教育课程以美术专业课程为主，美术造型基础和"三大构成"等相关课程占有较大比重，但与设计教育相关的经济类、管理类、理工类课程未能充分开展。三是师资结构单一，非美术类专业背景师资占比例较小。设计学科具有交叉性和应用性，但现有师资以美术类专业背景师资为主，人文学科、自然科学专业背景的师资不足，而且师资构成中缺少具有一线实践经验的业界精英和管理人才。

造成设计教育趋同化现状，首先是由于高等教育管理部门的宏观规划层面，缺少多元化布局和有效引导，包括关于新增专业的评价评估体系建设不健全，关于设计教育与行业布局、区域经济文化布局等对接的规划力度不够，以"艺考"机制为主导，生源基础单一，以及缺少全国性的设计艺术相关课程交流平台。

由于缺乏有力的宏观规划和引导，设计教育"膨胀式"发展，短时期内开设设计类专业的院校数量激增，办学模式相对粗糙空泛，缺乏专业特色，具有趋同性。从增长速度上看，以"工业设计"专业为例，2000年前，全国开办"工业设计"的院校总数为162所，2007年，发展为321所，即新世纪以来七年的增长量，相当于20世纪80年代以来二十余年的发展总量，但服务于我国工业发展的特色专业相对滞后，缺乏针对性。从发展规模上看，千余所高校开办设计类专业，现行高等教育体系中，几乎各类高校都设立了艺术设计专业，不仅综合性院校、理工院校、师范院校开办设计类专业，财经、语言、体育、农林等专门学院，包括医学院，也都开设了设计类专业。事实上，这种格局可构成多元化的基础，但由于发展模式单一，整体办学格局也相对单一而庞大。从发展目的上看，短时期内开设设计类专业的院校数量激增，在发展中存在着较大的盲目性，具有"复制"式发展的隐忧。如果地方经济文化与学校学科专业等各项条件成熟，催生设计类专业，那么设计专业教育将带有显著的区域经济文化特色，体现学校自

山东工艺美术学院学生汽车模型、动漫形象设计

身特点；反之，短时间内，在不同层次、不同类别的学校广泛设立相关专业，缺乏具体的支撑环境、内在联系，则很大程度上因办学模式的粗糙空泛，具有趋同性。虽然专业规模扩大本身体现社会、经济、文化发展的深层驱动作用，但无论条件成熟与否，均设立同一类型的专业，膨胀化的发展必然在很大程度上导致办学模式的僵化、单一、缺乏特色。

同时，在区域经济、文化发展层面，设计教育与产业和文化发展对接力度不够，缺少因地制宜的办学特色，具有趋同性。比照国际经验可以看到，国际知名设计院校均以深厚的产业背景和富有特色的文化资源为基础，建立自主的教学体系和培养目标。在美国，60余所独立的艺术和设计学院，面向经济文化发展的目标各有侧重，教学体系各不相同，均与地方经济文化建立了紧密联系。例如，美国洛杉矶艺术中心设计学院地处美国西海岸，毗邻"硅谷"，当地有20世纪福克斯等30家电影公司，大学比较重视发展多媒体设计、数码电影特技、数码游戏设计等专业，在电影制作、商业摄影和商业美术等人才培养方面具有优势。在英国，考文垂是汽车工业的发祥地。考文垂大学艺术设计学院主要研修汽车等交通工具专业。毕业生集中于世界著名汽

山东工艺美术学院首饰专业学生在实验室上课

山东工艺美术学院学生产品专业学生作品

车制造公司和舰艇公司的主要设计部门。伍尔弗汉普顿地处英国传统手工中心，玻璃、陶瓷、金属工艺品世界闻名。伍尔弗汉普顿大学开设有玻璃、陶艺、木材、金属和塑料等设计专业，学生可以完成从草图设计到成品制造的整个过程。芬兰致力于传承手工艺传统，发展具有国际品牌的家具产业，芬兰赫尔辛基艺术设计大学在家具设计教学中强调造型简朴、注重环保、突出天然材质等理念，成为世界为数不多具有家具设计博士学位授予权的高等学府。在日本，多元文化环境和自强的民族意识，催生了设计产业"日本风格"的形成，日本设计教育在深入研究形态学、传统图形学和感性工学的基础上，传承纸艺、漆艺、木作等传统手工艺，同时强化原创意识，工艺教育、设计教育与经济文化发展紧密结合。

就我国而言，目前，大学相对缺乏人文精神与人文关怀，不同地域的设计教育尚未能深入植根地方文化、紧密服务地方经济，缺乏应有的区域经济文化特色。事实上，我国不同地区具有富于特色的历史文化资源，仅就经济发展而言，长三角、珠三角地区中小型制造业发达，发展设计产业已经具备产业基础；北京、上海、深圳等城市文化创意产业潜力巨大；此外，广东、山东、浙江、江苏、福建还应该结合工艺美术产业发展，整合传统的手工业产业融入设计产业。不同地区的设计教育应当因地制宜，发掘资源优势，发挥实质性作用。

山东工艺美术学院动画专业学生在实验室上课

山东工艺美术学院服装专业学生在实验室上课

还应看到，在高校自身办学层面，对于设计艺术学科特点和社会多元需求把握不足，未能充分地发挥优势、打造特色，因而形成"千校一面"的局面。从内在学科属性看，设计艺术作为应用型交叉学科，兼容不同领域的专业知识，并面向外在的社会需求，应当在知识结构、能力素质培养方面呈现多样性。目前，设计类专业虽广泛分布于不同类型的院校，但整体上不同院校学科布局的差异性、特色化的支撑互补结构尚未有效建立。大多数设立设计类专业的综合院校、师范院校、理工院校以及语言、农林、医药等专门院校，尚未充分发挥各自大学的学科专业优势，专业结构及课程内容与艺术院校相同，对于各自的优势发挥不足。

从外在社会需求看，随着产业中心逐渐由有形财物的生产向无形的服务性生产转移，由概念设计到设计文化的提升，设计必将细分并深入特定的技术复合体之中，呈现多元形态，发挥设计多样性的作用。在制造业中，就"原件制造"、"原创设计生产"、"原创品牌管理"、"原创策略管理"等不同运作层面的区分，设计发挥的作用、生产运营对设计者的要求均有所不同，设计的价值越来越突出。在服务业中，随着产业中心逐渐由有形的物质生产向无形的服务性生产转移，商务运营、媒介传播、产业规划管理等无不对设计提出了更为专业、具体、多元的需求。在文化产业（包括设计产业、工艺美术产业）中，对不同类型、不同层次的设计人才有相应需求，包括基础型的设计应用人才、拓展型的设计策略人才以及精英型设计管理人才等。

当前，部分综合大学的专业院系借助综合学科优势，形成了一定的优势和特色。专业艺术院校的设计教育，也一定程度上体现了定位的多元化，既有担负引领使命的美术院校，坚持精英化的教育导向，也有强调社会服务能力的美术院校。以山东工艺美术学院为例，近几年一直在尝试构建创新与实践教学体系，目标是培养创新型应用设计人才。但是总体而言，在千余所院校的整体办学格局中，设计教育的多样化、具有特色的办学定位并未广泛建立，整体上多元化的办学格局尚未真正形成。中国设计教育经历了"泛艺术化"教育与扩招之后，需进行冷静的分析和反思。

解决设计教育的趋同化问题具有紧迫性。目前，设计类专业在校大学生总数已达100万，每年招收和毕业的设计类专业学生平均为25万左右。100万设计毕业生融入社会，将成为设计产业、创意产业发展的强大动力；反之，就是紧迫、沉重的就业压力。事实上，这也是中国高等教育普遍关注和思考的问题。2009年11月10日，教育部发布通知，启动研究生培养战略转型，从学术型向应用型转变，明确要求具有专业学位授权的招生单位以2009年为基数，按5％至10％的比例减少学术型招生人数，将调减出的部分全部用于增加专业学位研究生招生，目的是加大应用型人才培养力度，满足社会需求。艺术研究生教育也在积极推行MFA的教育教学模式。就设计教育而言，无论是从设计服务生活的层面上，强调学校把握和依据社会需求培养人才，还是在设计引领生活的意义上，提出学校培养的设计人才就是社会所需要的，都应当从根本上避免办学模式的趋同化现象。概括地说，解决设计教育趋同化问题的对策包括以下几点：

在高等教育管理规划层面，应加强设计艺术学科的学术研究，加强大学设计艺术专业发展规模和专业布局调控，建立设计艺术专业评价体系，建立全国相关高校的设计艺术相关课程交流平台。

在服务区域经济文化发展层面，应积极建立设计教育与区域经济文化发展的有效对接的示范区试点；加强"产学研"平台的建设，建

不同类型高校的设计人才培养体系

类 型	传授和研究学科知识的权重	人才类型	办学层次
研究型	以技术创新研究和基础理论原创性研究为主	培养复合型精英人才和高素质技术创新型人才	以博士、硕士研究生培养教育为主
研究教学型	以技术的应用研究和技术创新研究为主	培养高级研究专门人才和应用型创新人才	博士、硕士研究生教育占较大比重
教学研究型	以技术应用和技术创新贡献为主	培养技能应用型高级专门人才和创新型人才，教学科研并重，教学科研协调发展，在优势学科上培养一定数量的博士、硕士研究生的大学	在优势学科上培养一定数量的博士、硕士研究生
教学型	以人才培养和教学研究为主	培养高级后备人才和高级技术应用专门人才，以本科教学为主，在少数优势学科方面培养少量的硕士研究生的大学	在少数优势学科方面培养少量的硕士研究生

立设计艺术专业服务社会的有效机制；加强设计人才培养过程的实践环节，完善校外实习机制。

在高校教育教学层面，应进一步明确设计人才类型的多样性定位，确定多元化的人才培养目标；发挥不同院校相关学科的支撑优势，打造设计相关专业的特色；优化师资结构，完善文学、工学、经济和艺术等不同专业背景的师资比例，吸纳富有一线实践经验的专业师资；加强课程交流，在充分交流的基础上创建精品课程的特色与优势；加强设计教学与设计产业的对接力度，切实践行设计教育的使命。

应该说，解决设计教育趋同化是深化高等教育改革的一项系统工程，涉及教育的宏观理念，也涉及具体的教学方法；需要切实地联系经济发展、产业格局和社会需求，也要深入地整合文化资源；要在社会发展的整体格局中，思考设计教育所关联的各个方面，也要从学科内涵本身出发，把握其内在的交融属性和外在的应用特性。如果说，趋同化很大程度上意味着对问题的简单化和功利化，那么，打造设计教育的多元格局，我们还有很多深入细致的工作要做，应认真地进行科学研究和论证，充分地交流和借鉴国内外有益的办学经验，更要对我国高等教育快速发展时期的设计教育不断进行探索、总结和反思，真正激发中国设计教育发展的动力与潜力，为社会培养务实且具有创新能力的设计艺术人才，积极努力提高我国的整体设计水平，促进设计产业发展。

（三）设计人才培养体系

当前我国上千所院校开办了设计类专业，根据影响最大的高校分类理论方法，高校主要分为研究型、研究教学型、教学研究型、教学型4类。与之相关，设计人才培养体系会有相应的侧重点和构成特点。但从根本上说，设计人才培养体系还需建立在设计学科内涵和社会人才需求基础之上。设计人才的培养体系有不同侧重点，以"创新与实践教学体系"为例，重点在于培养综合实践能力和创新潜能。

1．"创新与实践教学体系"的核心

一段时期以来，设计人才培养与社会需求之间不同程度脱节，庞大的设计教育规模与中国所处的国际产业地位存在巨大反差。如何打造多元、完善、富于特色的设计教育格局，提高人才培养质量，不仅关系到在新的经济形势下制造业的转型升级和创意产业发展，而且关系到在"全球化"语境中民族文化的传承和民族创造力的提升。我们认为，设计教育问题的解决之道在于，以设计人才培养和社会需求"对接"为根本切入点，全面构建设计教育的"创新与实践教学体系"，以"实践教学"为核心，融合学科属性和现实需求，统合设计教育要素，整合设计教育资源，从而切实提高设计人才的培养质量，实现国家整体设计、创意水平的提升。

首先，高校毕业生就业形势凸显实践教学的重要性。我们注意到，开展并加强实践教学，提高人才实践能力，是当前高等教育普遍面临的问题。相关统计数据显示，随着2003年我国首批扩招后的大学毕业生涌向市场，五年时间里，大学毕业生人数已经从2003年的212万增加到2008年的559万，2009年应届毕业生人数突破611万。根据教育部统计公报，2006年，艺术专业在校大学生为97万人，毕业生人数达16万。而从公布的全国高校毕业生初次就业率看，1996—2007年，开始呈逐步下降的趋势。有关就业形势调查显示，在专业性、技术性劳动力市场中，雇主往往更愿意雇用素质和技能水平高、工作经验丰富的劳动者，特别是

德国职业教育的"双元制"

内容　　　　部门	企　业	职　业　学　校
法律基础	联邦职业教育法	各州制订的学校教育法
学习地点	60%-70%在企业进行，如生产岗位、培训中心、跨企业培训中心	30%-40%在职业学校进行
教学文件	职业培训条例	各州制订的教学计划框架
教学内容	技能与技能有关的能力	理论与普通文化课
教材	联邦职业教育所编制的技能模块	包括基础教材与专业教材，但没有统一的教材，教材要符合学生的心理特点，符合企业实际，贴近职业实际
教育者	实训教师，企业雇佣的经过职业培训，有两到五年的教学经验，学过教育学、心理学，没有犯罪前科	教师必须是大学毕业，经过录用考试，没有犯罪前科
受教育者	学徒，与企业签订合同，合同有行会管理，企业每月向行会交纳1000马克费用	学生
考试	由行会组织进行技能考试	由行会管理进行理论考试
证书	颁发培训证书、技工考试合格职业资格证书	结业证书
经费	企业支付	州政府支付

在人力资源市场成为买方市场之后，大学生往往由于缺乏工作经验受到排斥。显然，就培训成本而言，应届毕业生的培训费用高于有工作经验的劳动力。因此，从缓解就业压力，提高学生就业能力和职业素质方面看，高校必须加强实践教学，提高学生参与实际工作的能力。

工作室教学

设计艺术的内在特点决定了它的实践性要求。设计创造生活方式，设计本身是一个应用性很强的学科，不仅要满足应用的需要、情感体验的需要，也承载人文思想和社会意识。一方面，技术、经济、文化等各方面因素对设计具有重要影响，另一方面，设计行为也渗透到了社会生活的方方面面。这对设计人才提出了更为全面的素质要求。设计者不仅要具备扎实的设计技能和艺术功底，还要具备务实的设计观念、积极的社会责任感和文化建设态度；不仅要有设计创意的阐释、表达、实现能力，还要有设计开发的策划能力、设计团队的组织管理能力、设计服务的商业运作能力。显然，这种全面的素养和能力难以通过孤立的教学环节培养实现，必须通过整体性的实践锻炼、养成。正如包豪斯的创始人格罗佩斯所说："一个人创作成果的质量取决于他各种才能的适当平衡，只训练这些才能的这种或那种，是不够的。因为所有各方面都同样需要发展。"包豪斯的主旨在于："从全局着眼，实际着手，致力于开始将想法放到实践中去验证，因为具体的环境将是更为和谐，或是更为困难。"事实上，也如美国艺术心理学家鲁道夫·阿恩海姆所指出的："人的诸心理能力在任何时候都是作为一个整体活动着，一切知觉中都包含着思维，一切推理中都包含着直觉，一切观测中都包含着创造。用这种观点去解释艺术中的理论问题和实

包豪斯学校

践问题，是再恰当不过的了。"①设计艺术的内在属性决定了设计人才培养的实践性要求。

同时，值得注意的是，信息社会，学生与教师同样享有互联网平台和信息资源，设计教育者需要从传授知识、经验向引导信息利用和再创造的方向转移。这种引导式的教学过程有别于传统的教与学，具有综合、创新的实践内涵。从整体上说，构建设计教育的实践教学体系是基于设计学科属性和社会人才需求的、具有合理性与必要性的教育策略，体现了设计教育发展的内在趋势。

2. "创新与实践教学体系"的内涵

追本溯源，可把握"实践"的哲学内涵。"实践"一词，在古希腊的最初含义 "是指最广义的一般的有生命的东西的行为方式"，亚里士多德将"实践"（praxis）与"理论"（theoria）和"生产"（poiesis）相区别，使"实践"成为重要的、反思人类行为的概念，指人的生命实践、人对生活方式的自由选择，是有关人生意义和价值的

英国爱丁堡艺术学校

活动。实践不像认识那样可以针对某一侧面、某一因素进行，它面对的是浑然一体、不可分割的整体，实现的是对意义的理解、追求与创造。实践不是脱离理论而存在的无思想行为，不是某种理论可以被应用的机械训练，也不是线性的、有始有终的塑造制作，而是流动的、无始无终的整体存在。从这个意义出发，人们认为，"教育在本质上是实践的"，因为教育关注学生个体生命的成长过程，在指导、交流和交往的过程中，由知识的传承、情感的共鸣、价值观的形成，指向人的具体完整的生存实践。恩斯特·卡西尔说："与概念语言并列的同时还有情感语言，与逻辑的或科学的语言并列的还有诗意和想象的语言。"① 如果将能够清晰反思和陈述的知识称为"显性知识"，与之相对的则是"缄默知识"，不可言说的知识往往只存在于实践中。亚里士多德指出："我们通过做公正的事成为公正的人，通过节制成为节制的人，通过做事勇敢成为勇敢的人。"② 个体在"know how"方面的知识，需要通过实践"习得"。

① 恩斯特·卡西尔《人论》[M]，甘阳译，上海：上海译文出版社，2003年版，第42页。

② [古希腊] 亚里士多德《尼各马可伦理学》[M]，廖申白译注，北京：商务印书馆，2003年版，第45页。

就此，要全面理解设计教育的"实践"内涵。正如实践不是简单的、纯粹的技术性或操作性的活动，不是仅仅在认识结论支配下的机械操作，而是人以全部信念、情感、认识、智慧和力量投入的、具有丰富创造性的行动，是一种智慧的活动。正如梳理英国设计教育界近十年来介绍给设计专业学生的研究方法（如下表所示）可以看到，无论是强调实证基础，还是侧重团队协商，一系列设计研究方法在超越了对视觉形式的关注后，导向一种创造性的实践，"实践"成为设计教育的核心。

英国设计教育设计专业学生研究方法[①]

研究方法	定义
自由讨论法（头脑风暴法）	参与者抛开现实，自由发言，分享各自想法
文化探寻法	为设计灵感收集数据
焦点小组法	通过小组成员讨论，提炼用户使用产品的典型经验
人种学法	观察特定人群的日常生活细节
心情板法	提炼唤起情感反应的形象
提名的小组法	通过列表方式产生新想法
观察法	通过深入观察来研究某一特定文化群体中的某个个体
摄像人种学法	通过摄像获得设计师需要的用户视觉资料
产品操作法	通过实际操作产品来考察产品的使用方式，模拟产品的销售环境
产品个性简介法	通过介绍产品的性格，从而得出潜在用户的文化及社会特征
角色扮演法	通过实地扮演，用户表达自己的观点，并回答提出的问题
视觉评估/分析	通过视觉数据获得反馈信息
用户日志	用户通过语言/图像记载自己的日常体验

设计教育的实践教学是设计教育重要的整合过程，是融合理论与应用的、动态的、整体性的教学过程。也是在这个意义上，我们将

---

① Emmison M and Smith P. Researching the Visual：Introducing Qualitative Methods[M].London：Sage，2000.P84. 参见李轶南《它山之石：英国工业设计教育的启示》[J]，《东南大学学报》（哲学社会科学版），2008年第9期，第93页。

之上升到体系的高度加以阐释和建设。我们认为，设计教育的实践教学体系，不是单纯的技法、操作训练，而是培育设计人才综合素养、包含科学与人文、技术与艺术内涵的综合的教学过程。设计教育的实践教学体系，不是理论教学之外的特定的教学环节，而是融合理论与应用、整体意义上的教学过程。设计教育的实践教学体系，不是具体的、个别的教学方法，而是具有统合能力、综合效能的体系化存在。具体而言，我们要明确把握高等设计教育的实践教学体系以下三层内涵：

高等设计教育的实践教学体系，是将提升理论素养与锤炼操作技艺相融合的教学体系。艺术作品、设计作品、工艺作品，不仅取决于创作、制作的技艺与方法，更与创作者的品位和境界密切相关。正如普通艺术教育在普遍意义上着眼于人的内在素质的提升，专业艺术教育在锤炼技能的同时，也要加强理论教学，提升艺术人才的文化素养、精神境界。理论素养与实践技艺，不能顾此失彼，也不能相互割裂、各执一端，应实现二者的融合，因此需要开展动态的、综合性、立体化的"实践教学"。

高等设计教育的实践教学体系，是提高纯粹艺术素养与服务前沿应用相结合的教学体系。艺术教育要提高学生艺术欣赏、表达、评论等方面的素养，同时应当融入社会发展的新鲜资讯，紧密联系社会发展实际。艺术人才要有现实的视野，具有服务社会、引领生活的能力。高等艺术教育应当将服务文化事业发展、服务创意产业发展的目标和内容融入教学，在常态教学中实现艺术教育与社会发展的有效对接，开展不同形式和载体的实践教学活动，实现教育目标。

高等设计教育的实践教学体系，是打造职业能力与培养社会责任感相结合的教学体系。职业能力是人才培养与社会需求之间最基本的衔接点，如果说高校培养的学生能否创造应有的社会价值，需要长时间的社会实践的验证，那么是否满足社会需求，在学生毕业、就业时就将经受检验。没有开端，谈何发展？显然，基本职业能力的培养需要开展实践教学。进而言之，实践教学与现实的紧密联系，有助于在更深的层次上提升人才的社会责任感。艺术人才的

山东工艺美术学院学生动画作品

责任感，不仅在于服务创意经济发展，更在于发展民族文化。

"实践领域并不是认识领域的对立物，它们也不是对等的并列的关系"，实践孕育着认识，认识源于实践。设计教育的实践教学体系不是设计人才培养的枝节，而是整体，是意义相互关联的、生成性的、综合过程，包含着循序渐进的层次与内容。

3."创新与实践教学体系"的构建

实践具有情境性和复杂性，根据教学载体和侧重点的不同，我们将设计教育的实践教学体系划分为递进、整合的几个层次：首先是课程实践教学，以课程结构和内容为主体，围绕相应课程中的知识吸收、技法训练、思维引导等开展具有实践意义的教学；第二是创作实践教学，不拘泥于具体的课程内容，以创作为核心，在实践性情境中培养设计意识，激发创造潜能，培养创新思维；第三

是项目实践教学，拓展教学空间，通过实务的、实际的项目，全面培养、锻炼从实际调研、目标规划、创意设计、创作制作到营销及管理分析等整个流程的素质和能力，提升整体素养；第四是行业实践教学，进一步深入实际，在现实的行业或企业运作中直接锻炼并检验职业素养、从业能力；第五是社会实践教学，如果说行业实践教学具有较为突出的商业色彩，那么社会实践教学就是在最广阔的空间中全面培养包括设计自律意识、社会责任感等伦理观、价值观的全面生成、培育过程。不同层次实践教学内容的总体目标在于，通过动态的、综合的培养过程，使设计人才胜任设计岗位、适应社会经济文化发展需求，融入产业及文化发展并葆有发展潜力、恪守设计伦理、担承设计使命、服务社会并引领生活。其中，课程实践教学主要以课程为载体，是基础意义上的实践教学。一方面课程的讲授应结合实际，如市场学、材料学等课程，不结合实际则难以发挥作用。例如，在国际经验交流中我们看到，日本千叶大学工业意匠学科教学计划中，数学叫"工业数学"，是根据工业设计学科的特点有目的地传授数学方面的知识，"人体工程学"、"材料学"等课程也是由浅入深、结合课题讲授的。另一方面，课程实践教学意味着，课程讲授不仅是理论的阐述表达、创作技法的传授，更是设计、创作在思维、方法意义上的启发和培养。例如，英国具体划分艺术与设计课程阶段，并制定成绩目标，核心是培养学生的综合实践能力，从而"创造性地和智慧性地进行工作"。

英国艺术与设计课程的关键阶段[①]

	探索和培养	调查	评估与开发	知识与理解	学习的广度
关键阶段 1 使学生展开材料和工艺流程的视觉、触觉和其他感官探索 培养想象力和创造力；学习艺术、工艺和设计的作用；了解颜色、形状、空间、形和纹理 并用以表达想法和感受	A，记录第一手的观察、经验和想象力，并且积极思考。 B，提问和回答"工作的出发点是什么"并发展自己的想法。	A，调查不同的材料和工艺的可能性。 B，尝试的工具和技术，把它们应用到材料和工艺上，包括绘图。 C，选择代表性的观察、想法和感受，把它们设计并制作成图片和作品。	A，审查所做工作，交流想法和感受。 B，确定可能会对目前的工作进行改变或继续发展。	A，视觉和触觉元素，包括颜色、图案和纹理、线条和色调、形状，形式和空间。 B，在艺术、手工艺和设计流程中所用的材料和制造。 C，掌握在不同时代和文化背景下，艺术家、手工艺者和设计师作品中的异同（例如，雕塑家、摄影师、建筑师、纺织品设计师等）。 D，调查不同种类的艺术、手工艺和设计（例如 在当地 原创和复制形式，参观博物馆、画廊和网站 利用互联网资源）。	A，探索一系列实际工作的出发点，例如 他们自己 他们的经验、故事，自然和人造物体和当地环境。 B，他们自己的工作，与他人的合作项目，二维及不同尺度。 C，使用的材料和工艺范围（例如，绘画、拼贴、印刷、数字媒体、纺织品、雕塑）；
关键阶段 2 使学生通过更复杂的活动发展创造力和想象力，提高对工具，技术、材料的控制能力；增加对于不同时代和文化背景下的艺术、手工艺和设计作用和目的的批判意识；更自信地使用视觉和触觉元素、材料和手工艺，传达自己的见闻、感受和思考	A，记录经验和想象力，选择和记录从第一手的观察和探索不同的用途的想法。 B，对出发点提问和作出深思熟虑的意见，确定思路。 C，收集视觉和其他信息（例如：图像、材料）帮助他们发展自己的想法，包括使用速写。	A，调查，结合视觉和触觉材料，以便将之与工作目的相匹配。 B，运用他们对材料和工艺的经验，包括绘图经验，培养对工具和技术的控制能力。 C，使用各种方法和途径交流意见、想法和感受 并设计和制作图片和作品。	A，比较自己和他人的工作思路、方法 并说出他们的想法和对工作的感受。 B，根据他们的观点调整他们的工作，描述他们如何进一步发展。	A，视觉和触觉元素，包括颜色、图案和纹理，线条和色调、形状，形式和空间 以及如何根据不同目的将这些元素进行组合和编排。 B，用于艺术、手工艺设计的材料和工艺 如何使这些材料和工艺与思想和意图相匹配。 C，在不同的时代和文化（例如 西欧和世界）艺术家，手工艺者和设计师的工作的作用和目的。	A，探索一系列实际工作的出发点（例如：他们对自己的了解，他们的经验、图像，故事，戏剧，音乐，自然物体和人造物，环境）。 B，他们自己的工作，与他人的合作项目，二维和三维及不同尺度。 C，使用的材料和工艺范围 包括信息和通信技术 例如 绘画，拼贴，印刷，数字媒体，纺织品，雕塑。 D，调查当地的艺术，手工艺和设计的各种流派，风格和传统（例如：原创与复制形式，参观博物馆、画廊和网站 利用互联网资源）。

---

① 译自英国教育部网站（http://www.education.gov.uk/），最新发布日期：2011年11月25日。

英国艺术与设计专业的成绩目标①

级别	描述
1级	学生反应积极。他们使用各种不同的材料和工艺,交流他们的想法和意义,设计并制作图片和文物。他们能够描述他们自己和他人的工作
2级	学生探索思想。他们调查和使用各种不同的材料和工艺,交流他们的想法和意义,设计并制作图片和复制文物。他们对别人的不同工作进行评论,并建议如何改进
3级	学生为工作开拓思路和收集视觉和其他信息。他们对材料和工艺进行视觉和触觉的调查,交流他们的想法和意义,为不同目的设计并制作图片和文物。他们评论自己和他人的工作之间的相似性和差异性,并修改和提高自己
4级	学生开拓思路和收集视觉和其他信息,帮助他们发展工作。他们使用自己对材料和工艺的知识和理解,交流想法和意义,结合和组织视觉和触觉感受使之符合意图,制作图像和作品。他们比较和评论自己和他人的工作观念、方法和技巧,并把这些信息同制作背景联系起来。他们调整和提高自己的工作,以实现自己的意图
5级	学生开拓思路和选择视觉和其他信息。他们利用这些发展工作,同时考虑目的。他们操纵材料和工艺交流想法和意义,制作图像和作品,使视觉和触觉与他们的意图相匹配。他们分析和评论自己和他人的工作观念、方法和技巧,并把这些信息同制作背景联系起来。他们改变和修订自己的工作,反映他们自己对于作品目的和意义的观点
6级	学生开拓思路,评估视觉和其他信息,包括不同的历史、社会和文化背景下的图片和作品。他们利用这一信息,发展自己的思路,并考虑到制作目的和受众。他们运用材料、过程和分析结果。他们解释视觉和触觉,交流想法和涵义,并实现他们的意图。他们分析和评论在自己和他人的工作是如何表达想法和意义
7级	学生开拓思路和评估视觉和其他信息,分析用于不同的流派、风格和传统的规则和惯例。他们通过视觉和其他方法选择、组织和表达信息,并考虑到目的和观众。他们扩展自己对于材料和工艺的理解,并解释视觉和触觉感受。对于表达观点、意义和实现创作意图,他们显示了不断提高的独立性。他们分析和评论自己和他人的作品的创作背景。他们解释自己的想法、经验和价值观如何影响到自身的观点和实践
8级	学生开拓思路和评估相关的视觉和其他资料,分析不同流派、风格和传统的规范和惯例如何被用于表达思想、信仰和价值观。他们通过视觉和其他方式研究、记录和表达信息,使之符合创作意图并吸引观众。他们探索材料和工艺的潜在可能,以表达观念和意义,同时实现意图和维持调查。他们评价自己和他人的作品的背景,阐明观念和实践上的异同。他们从他人身上汲取灵感,深入发展自身的观念和工作
卓越成绩	学生开拓思路,审慎评估相关的视觉和其他信息,将不同的体裁、风格和传统的代表作品进行联系。他们通过视觉和其他方式发起研究,记录和解释信息,以迎合他们的目的和听众。他们探索材料和工艺特性,开拓思路阐明意义,并实现创作意图。他们回应新的可能性和意义,拓展想法,持续调查。他们明确为什么在别人的作品中观念和意义得到不同的解释,并用自己的理解来扩展他们的思维和实践工作。他们传达自己的想法、见解和观念

_____

① 译自英国教育部网站(http://www.education.gov.uk/),最新发布日期:2011年11月25日。

创作实践教学以创作为核心，是实践教学的深化。设计不是复制，设计教育要培养具有创新能力的人才，培养设计意识是设计教育的核心。开展实践性的创作教学，不仅因为创作本身具有创新和实践内涵，更重要的是通过引入设计创新的系统方法和思想，引导学生从宏观、整体和系统的角度熟悉设计并进行创造，进一步激发创造力，形成创造思维习惯、培养开拓探索的精神。

国外学生作品展览

项目实践教学以项目为载体，是实践教学内容的延展。实务项目具有方法论训练的意义，培养学生就具体项目，从市场调查入手，分析、归纳、确定设计目标和设计方案，创作、制作设计作品、产品，完成设计评估与市场反馈报告书的整理等。例如，英国伦敦艺术大学特别设立"企业部"，就设计教育开展项目教学，推广师生创意。其实施的教学项目包括"知识成果转化合作伙伴（KTP）项目"、"全英创意产业技术创新网络（CITIN）项目"、"创意连接（creative connexions）项目"等，目标是实施一种"高质量教学，以及世界级的研究、发明、创新和咨询"（项目内容如下表所示）。又如，德国柏林艺术大学也在项目教学的基础上建立了相关设计教育体系（内容如下表所示）。项目实践教学即在于运用实际项目，采取真题目、真制约，实题实作，培养学生参与实际工作的能力，使学生完成从构想到现实、从平面到立体、从逻辑到形象以及多学科结合、团队协作的综合过程，锻炼综合实践能力。

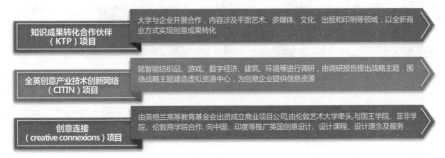

伦敦艺术大学设计专业项目教学内容

知识成果转化合作伙伴（KTP）项目　　大学与企业开展合作，内容涉及平面艺术、多媒体、文化、出版和印刷等领域，以全新商业方式实现创意成果转化

全英创意产业技术创新网络（CITIN）项目　　就智能纺织品、游戏、数字经济、建筑、环境等进行调研，由调研报告提出战略主题，围绕战略主题建造虚拟资源中心，为创意企业提供信息资源

创意连接（creative connexions）项目　　由英格兰高等教育基金会出资成立商业项目公司，由伦敦艺术大学牵头，与国王学院、亚非学院、伦敦商学院合作，向中国、印度等推广英国创意设计、设计课程、设计理念及服务

德国柏林艺术大学设计教育体系

融合性的项目（Projekt）	①	项目目的在于展开独立设计，用设计的方式解决所分配的任务。艺术、科技、人文、社会学科将融合在项目中。课程期间将进行艺术与理论方面方法论的传导，同时对接学期实践项目，为设计实践做好理论铺垫，完成设计思想的内容补充
自由项目（Freies Projekt）	②	它的涉及面跨越科系，学生可选择参与其他科系的学期自由项目，或同其他科系的老师与同学共同完成本专业的一个项目。目的是学习如何引入不同视角将不同学科的内容相连
短期设计作业（design work）	③	通过完成短期设计作业，学生锻炼自己在较短的时间内独立完成设计任务的能力。这包括从创意、展开、实施、展示到评论的整个过程。短期作业的时间一般为一至两周
理论大课（Vorlesung）	④	通过对所学专业历史的总览，提出针对本专业的问题。理论课的课题也可以以本专业的研究为出发点，以批判方法论及现象讨论的展开为教学模式
讨论课（Seminar）	⑤	讨论课帮助学生在艺术与理论方面得到深入理解，更好地完成独立经济市场应用的分界点。内部实习引领学生走进专业技术的大门
练习（Uebung）	⑥	练习的目的是对工作方法及课题进行独立尝试。练习可以与学期项目融合，在项目命题内完成
实习（Praktika）	⑦	专业实习是介于创意实践与这些学科中选择。在项目中传授整体的认知、能力、技术，深入研究每个跨学科的作品
采风（Exkursion）	⑧	业内采风使学生深入了解与学业相关的课题

行业实践教学以行业或企业实务为导向，是实践教学与实际的具体衔接。例如，美国平面设计师协会提出，在设计实践中新手设计师想要做出有效的设计，必须具备"掌握基本传播原理和流程"、"了

山东工艺美术学院实践教学

教师和学生研究设计方案

解人类和环境"、"有效利用技术"、"研究质量和技能"等综合能力（详见列表所示），无疑，这一系列能力需要深入行业实际，在实践中习得。行业实践教学作为与实际紧密契合的教学，是综合性更强、更高层次的实践教学。

设计师基本能力①

掌握基本传播原理和流程	了解人类和环境	有效利用技术	研究质量和技能
·了解如何传播理论、原则和流程的演变历史，以及如何利用这种知识解决当代问题； ·重点了解如何进行传播的计划、制作和发布； ·了解和运用适当的创新方法，以确定沟通的机会和产生替代的解决方案； ·有能力对设计的进程进行描述，并能够描述用户体验； ·沟通时，能够流利使用正式的词汇和概念，能够描述包含设计词汇的概念、要素、结构和式样，了解形式、意义和行为中蕴含的空间、时间和运动间的关系，有效使用字体、图片、图表、运动、排序、颜色等设计元素。	·对人们、活动和生活环境展开框架调查的能力； ·了解不同尺度的设计，范围从零部件到系统，从艺术品到亲身创作体验； ·对当代问题的复杂性的认识能力，这在跨学科的团队协作中是必要的； ·对于本地和全球范围内的用户和设计，必须认识到社会和文化的差异； ·判断人们需求和行为模式的方法的应用； ·在设计的实用性、易用性、可取性、技术可行性、经济可行性和可持续性方面，对自己和他人的设计能做出关键性的判断。	·了解如何学习技术，并认识到技术变革会经常发生； ·对不同技术做出关键评估，将"以人为本"作为技术服务的优先考虑事项，针对问题选用相应技术； ·为了深入进行沟通和传播，发明新的技术工具和系统； ·对于信息生产和人类行为，能识别技术的社会、文化和经济涵义。	·熟悉研究技巧，如使用数据库、提出问题、观察用户和开发原型的研究； ·在项目开发和演示的不同阶段，展示研究结果和进行概念论证，具有阐明并支持设计决策的能力； ·在研究活动的执行过程中，具有使用分析工具和建立适当的可视化模型的能力。

---

① 译自美国平面设计师协会网站（http://www.aiga.org/）。

社会实践教学是深入社会领域的更为广泛的实践教学。设计者在从业、创业过程中，要逐步获得设计专业机构的认同、来自商业环节的设计市场的认同，最高层次是获得公共层面上的大众性认同，"这不只是设计能力、商业能力的认同，更是对一种文化原创能力的尊重，一种代表优良生活品质和文化原创精神的设计集成"。也就是说，社会实践较之专业的、商业的实践具有更广阔的空间，还包含着公益实践等内容，全面考量设计者的价值观、职业道德、社会责任感等。事实上，设计者固然要深入社会，了解新科技、新材料、新理念、新发明，学习、掌握关于设计创造有形无形的资源和信息，固然要了解现代企业的商业化运作，培养自己更敏锐的商业嗅觉，推动自己从产品设计师到兼具企业战略眼光和设计管理技能综合性人才的角色转变；固然要有丰富的想象力和创造性思维能力以及对未来的预见能力；更要从根本上具有设计者的责任感和自律意识。如美国平面设计师协会（AIGA）的执行董事理查德·格雷夫 (Richard Gref é)在《设计洞察力：应该提供怎样的设计教育——探索设计教育的未来》一文中指出，"设计师的作用不仅是实现成功，而且还决定了设计反映周围环境的程度"，"学生应该取得一些构建设计问题的经验，而非仅仅解决问题"，提出"无论设计门类或是专业设计课程都应该关注并反映以下方面的设计问题"，即"实用性——具有信息传播、环境、或服务的实践或社会价值"；"可用性——人们在学习和使用信息传播技术、物品、环境或服务时感受到的心理或生理的舒适感、有效性和满意度"；"可取性——信息传播产品、物品、环境或服务所传递出的情感价值、社会和文化利益"；"可持续性——必须考虑：在相互依存的系统中设计的后果；被设计物品的寿命设计；对资源的使用和处置；设计师应有减少资源浪费的责任感，因而调整文化规范和价值观"；"可行性——于生产和（或）分配信息传播、物品、环境或服务的技术能力"；"求生存——投资回报和生长的经济潜能"①。显然这一系列问题需要通过社会性的实践教学加以融会和解决。正如"实践"的哲学内涵，意义的、价值观的生成，主要不在于训导和灌输，而是真正的判断、践行过程中提高与完善。生态设计、绿色设计等基本设计伦理在当前无疑是迫切需要得到遵守和履行的。

英国学生在博物馆上课

亚洲大学学术讲座

从人才培养的角度看，"创新与实践教学体系"也可分解为三大组成部分，即"课程教学体系"、"实践教学体系"和"人才评价体系"。其中，"课程教学体系"旨在建立完善科学的人文与科学素质课程群、学科通识课程群、专业基础课程群、创新与实践教学课程群、跨专业选修课程群5个课程群体系。"实践教学体系"由不同层次实践教学内容组成，通过动态的、综合的培养过程，培养设计人才关于技能、知识、思想、创意等综合能力和素养。"人才评价体系"包括宏观和微观两部分，宏观的是指人才成长的条件，微观

---

① 译自美国平面设计师协会网站（http://www.aiga.org/）。

瑞典工艺美术大学课堂讲评设计作品

则是指人才本人。整体上涉及教学保障评价体系、学部综合评价体系、校内专业评估体系、课程及教师评价体系、教学效果与质量监控体系、学生文化课程评价体系、学生专业课程评价体系、学生创新及实践能力评价体系等内容。整体上说，人才培养的重点应充分体现学科专业交叉、创意创新与科技的融合、国际化教学、教学方法和手段的多样化、传统文化资源的设计转化、设计人才培养的多元化、创新实践教学的特色。

　　教育是长效性的，所谓"百年树人"，教育举措需要时间验证、现实检验，影响是深远的。设计更需要厚积薄发，体现民族的综合素质与创造力。但"千里之行始于足下"，我们需要关注就业的现实，承担设计的使命，履行教育者的责任，从学科内涵和社会需要出发，构建并完善设计教育的实践教学体系，破解难题，迎接挑战，推进设计教育更健康地发展。

课程教学体系列表

课程群体系	内容
人文与科学素质课程群	解决学生人文素质教育、现代技术把握的课程及国家规定各类课程，培养学生的多元文化精神及文化传承责任
学科通识课程群	以学科为基础建立的学部规定的学科通识课
专业基础课程群	以专业培养目标为基础的基础课程，主要是解决学生的造型能力、审美能力及材料认知能力等
创新与实践教学课程群	主要解决学生的创新能力、实践能力、观察问题及解决问题的能力，包括课程的实践环节、课题实践、项目实践及综合实践等
跨专业选修课程群	跨学科的课程，目的是满足学生个性化需要，培养复合型人才

七、设计管理

七、设计管理

"加快发展研发设计业，促进工业设计从外观设计向高端综合设计服务转变"①，已成为我国经济发展不可或缺的产态。推动创意和设计产业发展，已经并非局限于对于一项产品的外形进行最终的美化处理，而是将高新科技发明、设计创新、商业运营以及市场需求等多重因素融合起来加以综合考虑，需要让工程师、设计师、商务管理、市场营销人员共同参与创意和设计工作。既立足于行业和区域，但又要跳出行业和区域自身的限制，从长远规划设计和确立产业发展蓝图，构建创新型的产业体系。在这一过程中，设计管理的作用日益明显。

对于"设计管理"概念，世界上并没有统一的定义，就如同没有统一的界定来描述"设计"与"管理"一样。"设计"同时作为名词和动词来使用。设计作为名词时，可理解为一个设计行为的结果，这包括我们日常生活中经常接触的产品、服务、室内装修、建筑或新媒体，由此"设计管理"的定义可以理解为一个设计项目的管理；设计作为动词出现时，可以理解为以使用者为中心解决问题的过程，这包括创意流程、生产制造流程、用户服务

---

① 《国家"十二五"规划纲要》。

流程或质量管理等系统性过程，"设计管理"可以当做管理设计过程的工具。

当下，很多社会组织面临着设计与商务之间进行平衡的挑战，面临着如何将对设计的创意与公司保持盈利的目标保持一致等关键问题。设计管理是一门通过界定和管理与设计项目有关的各方面资源，从而将"设计预想"转换成"产业现实"的学科。目前，英国和北美具有全球相当权威的设计管理学科组织并在全世界不断地壮大和发展，它们对产业的发展起到了积极的推动作用。

同时，我们看一下商业环境下的设计。关于"商业"的范围，可以将它定义为各种各样的"非设计"行为，包括比如市场营销、财务、战略和组织行为。在这样一个宽泛的商业环境下审视"设计管理"这个概念时，就会意识到对"商业环境下的设计项目以及设计过程"进行管理显然涉及不同的个体、专业人士和组织环境，比如服务业、工业制造业、创意行业、政府机构等，这些组织可分为"赢利"机构和"非赢利"机构。商业环境下的"设计管理"，设计以及其管理的方式与方法又会根据商业环境的差异而具有不同的意义和功能。

如果从设计管理的角度去解读当下各类组织或教育机构赋予设计或设

计活动的定义、概念，就会发现很多思维理解片面或错误的认识。第一，将设计视为纯粹的艺术创造。把设计看做是一种艺术创造活动而非组织的营运资源来看待，就会滋生将设计看做是纯粹设计师个人份内的事情而非管理团队共同承担的任务的惯性观念。第二，将设计视为纯粹的审美活动。过分注重设计的美学意义而忽略设计的商用价值。评判设计优劣的标准习惯性地建立在审美层面（评审团多为艺术实践出身的学者）而非经济层面和广泛的社会层面，"获奖设计"正在加重产业界对设计的曲解。第三，为创意而创意的设计。将创意视为设计的一切，设计师的使命似乎只为创意而存在。知识的单一导致设计师片面追求设计技巧、设计手段和设计工具，很难完成完整的和市场、企业目标相匹配的设计项目，也很难在未来的职业生涯角色转换中发挥作用。第四，设计萌生个人意识的过分集中。设计师总是习惯地将自己站在与客户、设计领导等对立的角度看问题，过分的个性化追求使设计师和他们所进行的设计项目缺乏明显的针对性和实效性。合作和共享观念的缺失导致他们经常性地游离于组织之外，甚至沦落为只能被动进行电脑制作的技术操手。第五，设计成为抄袭借用的替代词。产权意识和法律观念的淡薄造成设计师社会责任匮乏，移花接木、抄袭借用现象盛行，设计思维重复化、简单化、机械化程度普遍，设计因为没有"产权加密"而远离创新机会等。

（一）设计企划管理

　　企划严格上讲属于战略管理的范畴，不关乎企业的发展战略、品牌战略，还牵涉到企业新产品设计开发、营销、市场调研和客户关系管理等问题。企划的早期概念应溯源于欧美的企业顾问或者企业咨询机构，在早期的日本已经发展得较为完善。企划在今天依然被视作现代管理模式的经典部分。1996 年，理查德·科尔（Richard Cole）就将常见的管理模式划分为预测、企划、组织、分配和协调五个部分，而企划则是其中最关键的功能。通过企划活动，企业就会设定目标并且选择达到目标的方式。哈佛大学相关学者在定义企划时认为："企划首先是一种程序，本质上是运用脑力的理性行为，是针对未来要发生事情的当前决策，即企划是预先决定做什么，何时做，如何做，谁来做的程序问题。其次，公司企划案的建立、实施与企划的执行监控权可以更好地形成团队合力，避免使组织内部各个部门各自为战、做无用功甚至产生内阻。"企划活动中企划管理者们的职责是根据企业的经营范围、财力和地点，确定企业的方向、目标和使命。

　　通过比较企划与策略的关系，不难发现，企划和策略都是以公司目标的建立为基础的，同时引领公司的最终决策。如果企划是管理结构中的一个功能体现的话，那么策略就是使商业计划具有创造性和前瞻性——策略和企划彼此相辅相成，目的是使公司产品或服务的价值最终送达市场。设计是关乎企业竞争成败的决定性因素之一，设计被视为嵌在企划过程和企业策略中的一个必不可少的部件。设计企划是围绕目标市场和产品开发，将企业文化、市场研究、行销策略、工程技术、产品设计、生产制造、配售及环境再生设计等整合为一体的一个循环模式。

除此之外，由于国际化，市场背景以及消费需求的加剧，对设计企划和设计策略的理解和应用也在发生着变化。设计不单单局限在对新产品的开发，越来越被看做是在争取商业竞争、实现产品或服务市场目标的复杂性工具，而设计企划和策略如何有效支持商业行为，恰恰成为设计管理研究的重要课题。正如工业设计师阿米特(Gadi Amit)所说：“苹果伟大的贡献在于它证明你能通过贩卖情感而成为亿万富翁，证明设计也是一种有效的商业模式。”设计行业、设计企业和设计师们必须调整对设计企划的认识和理解，关注设计企划和设计策略需要以更加综合的商业管理知识和系统化的商业运营环境的保障，才可以为企业发挥更大的能量。

1. 设计策略与企划

在设计企划的整体框架下，设计策略常被定义为通过产品设计获取竞争性优势的预见性计划，以及如何通过设计创新来提升企业业绩、利润，改善企业经营环境的谋划性方略。设计是把一种计划、规划、设想通过视觉的形式传达出来的活动过程，策略则是制定详细的规划来达到企业顶层战略方向下的一个具体目标。在中国，越来越多的企业开始注意到设计策略与企划对于商业计划有效实施所提供的巨大助益，开始逐渐跳出“为设计而设计”单打独斗的狭隘观念，更多地尝试将设计与客户利益需求、设计与商业模式创新、设计与行销方式变革、设计与品牌资产扩张、设计与市场盈利能力紧密结合，设计产业以及因此所创造的设计经济附加值正在大幅提升。

腾讯公司系列产品

在研讨设计与用户利益需求结合方面，互动与体验设计的概念最近已被很多公司重视起来，成为解决产品或服务界面设计问题的主要策略工具。腾讯QQ任何的界面都是信息传递者与被传递者间的直接桥梁。QQ产品关注网页和其受众之间信息交互的有效性，重视用户体验在界面设计中举足轻重的作用。腾讯公司对"交互体验设计策略"的研究和执行，无论从深度或广度上都在逐步升级，在新一代界面设计中力图实现人与机器间距离感的逐步消除，创新人类情感体验完全释放的途径，使程序能够被用户

腾讯公司系列产品

更正确地理解和使用，达到高度的情感认同，全身心地融入设计者的意图当中，从而更好地传达用户所需要的信息。

在中国，要想紧跟市场变化的快节奏，针对产品或服务进行的设计模式与商业模式两种创新必须整合到一起。从国际经验来看，业绩良好的企业都是既开发新的商业模式又改进技术和设计的企业。作为

ZARA服装

ZARA服装

"时尚设计工厂"的ZARA公司，近几年一直坚持采用"少量、多款、快速"的"快时尚"设计速度增值的商业运营模式。用丰富的款式搭配、有限的数量，结合对大牌时装设计的模仿，并在最短的时间内完成产品的开发与上市的过程。从流行趋势研判到设计新款、时装上市仅仅需要一周的时间，而传统企业却需要4—12个月。ZARA旗下拥有超过200余位的专业设计师群，一年推出的商品超过上万款，是同行业的五倍多，而且设计师都很年轻，随时穿梭于米兰、东京、纽约、巴黎等时尚重地汲取时尚设计信息，以撷取设计理念与最新的潮流趋势，即时推出颇具时髦感的时尚单品，设

计速度之快令人震惊。每周两次的补货上架，每隔三周就要全面性地除旧换新，全球各店在两周内就可同步进行更新完毕。极高的商品更新率，无形中固化了ZARA"便宜时尚"的重要形象，加快了客户上门的回店率，受到客户特别是年轻客户群的热捧。

扩大经营规模、延伸产品线和放大品牌效应是企业在成熟期发展的必然。但经营规模、产品线和品牌资产三者的有序扩张，都应在此

扩张过程中找准解决降低经营成本、提升产品价值、高度统一形象等关键问题，提高三者协同设计创新的能力，有目的地实施标准化设计策略、产品系列化设计策略和企业识别形象设计策略，才是上述问题的解决之本。优秀企业一般都有将创新或设计转化为某种标准、规则和平台的能力。一种设计一旦变成某种标准，无论是事实标准还是法定标准，就成了企业用来左右市场游戏规则的力量，使众多供应商、用户以及竞争对手不得不服从和遵循这样的规则，形成"胜者为王，赢家通吃"的经营局面。聪明的企业应学会由卖力气、卖产品到卖技术、卖服务，再到卖规则、卖标准的经营方向转化。产品标准化设计策略可帮助企业实行规模经济，大幅度降低产品研发、设计、生产、销售等各个环节的成本而提高利润，标准化可以在处理客户与产品设计上达成一致性。产品设计风格的一致性，如特色、设计、品牌名称、包装等，均应建立产品全球一致的共同印象，以协助整体销售量的增加。如耐克是美国的品牌，可是美国不生产一双耐克鞋，它的生产制造全部外包到国外，耐克公司没有一家工厂，它做的工作中很大一部分是设计创意。芝加哥城的北密歇根街区开设的第一家耐克城商店，其建筑风格、布局、摆设和整个氛围都运用艺术设计的手法讲述耐克自己的故事。1996年，耐克城商店超过了艺术馆，成为芝加哥最热门的旅游点。美国哥伦比亚大学商学院教授施密特指出："耐克产品的形象识别是通过

耐克芝加哥专卖店

其他一些美学手段，如耐克旋动识别的不断出现——在展示柜上、门把上甚至于楼梯扶手上——与这一销售场所紧密联系在一起。"[①]

同时，产品设计系列化是标准化的高级表现形式，是标准化走向成熟的标志，设计系列化主要体现在产品通用设计、识别形象设计和服务设计的标准化程度上。通用设计是对构成产品的主要参数、样式、结构、尺寸、材料、空间等要素进行标准化设计和应用，目的是简化产品品类和规格，扩大产量，降低成本；识别形象设计是将名称、标识、字体、色彩、造型等审美要素进行标准化处理与应用，目的是统一产品品牌形象，创造产品差异化个性，以此增加客户的产品记忆及品牌认同；而服务设计则强调将流程、触点、模式、路径等人为的系统因素进行标准化评测，并在此基础上，整合设计资源服务于系统流程，目的是协调提升设计与用户间的互动感，塑造便捷、轻松、人性化的环境氛围。

2. 设计流程与企划

随着设计在全球市场得到广泛应用，设计在各个公司内的重要性日益凸显，设计管理者将设计核心竞争力作为战略优势基础的机会在不断增加。这要求设计管理者们必须理解和确认各个设计管理流程对执行设计核心竞争力的作用。并根据设计核心竞争力来确定设计流程活动的方向，认清"设计目标"，赢得组织系统内外更多的尊重和理解。设计管理实施的基础是不同性质的流程或过程。对于设计企划而言，流程的概念往往包括创意流程、生产制造流程、行销分销流程、评估与稽核流程以及以上要素整合在一起的设计循环整体流程，而计划、工作任务、质量、人力资源、资金等管理要素则是贯穿其

---

① 凌继尧《应用艺术学的发展前景》[N]，《中国文化报》，2010年。

中的主轴。英国标准局的"BS 7000-1-2008"设计管理标准化系统手册，将产品设计流程定义为"动机需求"（动机—产品企划—可行性研究）、"创造"（设计—发展—生产）、"操作"（分销—使用）、"废弃"（废弃—回收）四个阶段；日本国际设计交流协会为亚洲地区制作的设计手册将设计行为分为"调查"（调查、分析、综合）、"构思"（战略、企划、构想）、"表现"（发想、效果图、模型）、"制作"（工程设计、生产、管理）、"传达"（广告、销售、评价）五个阶段。然而不管如何划分，都应该根据企业的实际情况作出详细的说明，针对具体情况实施不同的设计流程管理。

基于流程管理与设计企划的观点，未来设计产业的工作方法和模式不外乎两种：其一，设计工作室的专门化。是根据市场和产品细分，由一定数量的专业设计师和技术研发人员组建专门设计机构，服务于特定产业中的专属领域的设计，而不是产业全部。如，在工业产品设计中，锁具设计、船舶设计、钟表设计、灯具设计、箱包设计、仪器仪表设计等。其二，专门设计公司营运的系统化。围绕设计创意项目，将各分散的设计资源进行设计系统整合管理，从设计分析到上市整个设计流程进行优势统合。将项目管理、产品设计、包装设计、广告设计、促销设计等设计资源进行系统整合管理，简化了流程之间的沟通环节，建立顺畅的团队工作方法，节约项目成本，提高创意水准和设计效率，从而拓宽更大的财富空间。除此之外，同一家公司也可以通过围绕某个创意主题，横向聚合不同的设

朵唯"眼影"主题手机S920

计领域资源，达到设计的目的。例如在朵唯新系列产品的开发中，围绕"眼影"主题，从设计研究、工业设计、品牌设计、交互界面设计、终端展示以及商业促销设计推广，使得"眼影主题手机S920"成为手机市场上女性消费者专用的明星。设计流程的高度专门化、系统化，需要有不同专业领域、不同文化背景的人在不同阶段分解不同的项目任务，这也为改变传统工作方式和消融公司组织壁垒成为可能。

3. 设计决策与企划

设计管理影响设计决策走向的不外乎两种情况：一是来自组织内部与外部环境的变化，二是来自市场调研的结论。

市场调研与设计决策活动的关系

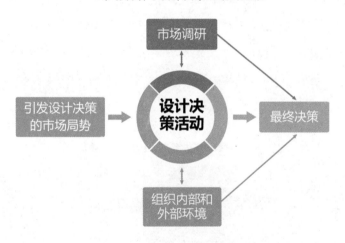

市场企划是指一个企业为适应和满足消费者需求，从产品或服务开发、定价、宣传推广到将产品从生产者送达消费者，再将消费者的意见反馈回企业的整体活动过程的规划。市场企划设定过程包括了消费者调研、市场调查、竞争者分析、新产品开发、市场营销组合计划、成本稽核以及新一代产品服务更新等诸多环节。在这一过程中，设计决策存在于每一个步骤之中。正确的设计决策能够在市场企划设

定过程中增加和提高企业竞争力。市场调研在市场企划和设计决策中扮演着至关重要的指导角色，市场调研往往运用"探索性调研"和"结论性调研"等不同的方法向设计决策者提供及时、有效、可靠的信息，但市场调研本身并不是唯一能控制管理者做出正确决策的工具。

设计决策最难准确决定的受制因素多来自组织内部与外部环境的变化。在组织内部，设计决策受阻的条件往往集中在资源限制、文化限制、公司目标、品牌形象等。在组织外部，受阻的条件包括政策的变化、新消费价值的改变、人口和家庭结构的变化、竞争者反应、科技的限制、法律制约等，受阻的复杂程度高于组织内部。

在市场计划和预判中，每一个设计决策都会不同程度地受制于设计程序中的任意一个环节，设计师更多的时候是在许多限制中进行工作的，"天马行空"的创意是很难生存的。来自组织外部的限制远超过组织内部，就建筑设计程序而言，克林·格雷等学者认为，外部限制主要集中在四个方面：客户的需求、技术材料、建筑程序和法律控制[①]。

设计要求、材料、造型及过程的相互限制

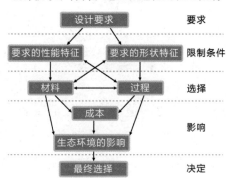

------

① [英]克林·格雷、威尔·休斯《建筑设计管理》[M]，北京：中国建筑工业出版社，2006年版，第31页。

正如上图所示，设计决策同时受到产品"性能特征"和"造型特征"的双重影响，甚至"材料"、"过程"、"成本"、"生态"等更多元素的交织影响，要想在这些"交叉限制网络"中做出抉择谈何容易。工艺的选择在受到材料的成形性、可加工性、可焊性、热处理性等要素影响的同时，工艺的选择还受所需形状、尺寸、精度和组件成本等因素的限制。越复杂的设计、交叉影响的作用就越大。解决这些复杂的限制元素,提高设计决策的准确性，需要更加清晰明确的设计企划的支持。

4．设计行销与企划

行销最重要的目的是最大限度地扩大市场份额和保持较快的数量（产品销量和利润率）增长 。正如一位管理人所说："数量增长能够解决所有的管理问题。即使我们管理不善，产品销售收入的上升也会弥补我们的错误 。"[①]围绕产品研发、销售进行资源整合并实现增长的行销观念已经得到业内的广泛认同。产品计划、市场研究、竞争者分析以及预算控制、销售渠道拓展等已经成为组织赢得竞争优势和改善利润状况的重要行销资源。随着工业信息技术的进步以及新技术扩散速度的继续加快，全球性竞争态势将进一步激化。同时，伴随客户获取信息渠道的便捷以及利用信息速度的加快，也迫使所有参与竞争者纷纷以降价来维持日益缩减的市场份额。

在新的经济秩序下，行销中最有价值的两个观点——市场份额和数量增长已经面临最激烈的挑战。今天高度竞争的市场和大量的信息已经使客户处于商业领域的中心。成功的企业往往是那些以客户为中心进行思维、认识到客户的关键需求并以新的行销设计来满足这种需

---

① 王友海《你从哪里来，我的利润——趟过增长的沼泽地》[J]，《当代经理人》，2008年第10期，第42—46页。

求的企业。以产品为中心的行销观点起点是资产，而以客户为中心的行销观点起点则是客户。

无论是来自服务、零售还是制造公司，设计和行销之间都不应割裂开来。传统营销组合（4P）中的产品（Product）、价格（Price）、地点（Place)和促销（Promotion)四大要素都与设计专业知识息息相关。尽管相关行销文献上少有记载，但行销与设计是相互依赖的。设计与行销之间存在的紧密关系反映在产品上，专指设计影响产品的品质、功能、服务、可用性、外观以及其他特征；反映在价格上，是指设计影响生产成本、配销与附加值；反映在地点上，设计参与包装、配销，也参与店铺设计、展示设计和环境设施设计；反映在促销上，设计又在广告、文字策划、销售展示上起到重要作用。

无论强调产品技术性能、风格、可靠性、安全性、易用性，还是若干属性的某种组合，设计都能为满足和取悦客户方面提供质量、价值最优的行销方案。设计针对客户的不断创新是构成组织行销能力的关键资源。在今天的公司或组织中，无论是设计师、设计管理者、行销人员，还是产品研发者、市场推广人员，都应换个角度重新审视设计与行销之间密不可分的共生关系。

彼得·德鲁克（Peter F. Drucker，1909.11.19—2005.11.11），现代管理学之父

5. 设计创新与企划

管理学者彼得·德鲁克曾说："企业的职能只有两个：营销和创新。"[①]没有创新意味着死亡。创新指的是采纳创造性的

———
　① 彼得·德鲁克《管理的实践》[M]，齐若兰译，北京：机械工业出版社，2009年版，第41—45页。

观点并使之成为现实以及贯彻实现这些观点。创新不只是产出新的产品或服务，还包括执行新的业务程序、新的工作方法、鲜明的市场路线和企业战略。创新企划意味着产生新的商品或商业机会。设计是创新的核心，设计不能独立存在，它是企业在市场中的重要生存手段，也是产业链中的重要一环。要有效地运用设计，就必须把设计创新企划放在一个大的富有创新的产业环境中来看。

与麦当劳等连锁品牌强调所有门店的VI高度统一截然不同的是，星巴克在全球设计的每一家店，都会依据当地商圈的特色，在不破坏建筑物原有风格基础上思考如何把星巴克的品牌形象融入其中。总部设在美国西雅图市的星巴克设计公司，负责全球每一家新店的形象设计。在拓展新店时，设计师就用数码相机把店址内景和周围环境拍下来，照片传到美国总部进行设计，以此确保星巴克设计风格的原汁原味。例如，上海星巴克的每一家店面的设计都来自美国设计师。位于城隍庙商场的星巴克，外观就像座现代化的庙宇，而濒临黄埔江的滨江分店，则表

星巴克上海城隍庙店

星巴克上海滨江店

现花园玻璃帷幕和宫殿般的华丽，并与外滩夜景融为一体，极大满足了年轻消费者的心理诉求①。设计师可以创造出创新产品或服务，同时把创新思想转移到市场中去。设计创新企划的技巧和知识能在经营的活动和流程中发挥创造潜力，如战略、行销、创建品牌、营运、发现新机会、趋势预测以及产品改进和成本降低等。

6．设计定价与企划

设计是一种经济行为，价格是赢得客户项目的关键因素。对于设计公司或设计师而言，设计定价是一项需要经过市场实践才能获得的技巧。一般情况下，设计定价应充分考虑即将开始的设计任务范围、人力资源数量和质量、时间要求、客户对设计变更的频率、设计质量的高低等因素在内发生的临时和经常性成本、固定和可变性成本、直接和间接性成本，这也是每个公司或组织在运营过程中关于成本的主要构成。这些现实和预见性的预算与设计项目经理的经验和谈判技巧紧密相关。但如果站在客户角度审视定价，除了市场行情要求的设计取费标准外，设计定价的权重往往依附于设计公司或设计师的工作经验、做事态度、设计风格、理解与沟通能力、可靠性、资金垫付情况、社会关系等因素的影响。定价企划就是要求设计管理者充分站在客户角度，并结合企业和项目实际，创造性地规划资金预算、使用和管理，防止因定价失误造成的收支失衡、现金流中断等影响公司经济稳定的情况发生。

对于大多数项目客户来说，"低价优质"是设计委托谈判过程中几乎不变的定律。很多情况下，设计项目经理不得不在设计的初始阶段就开始考虑采用成本减少、精细管理的方法留住利润。Fiori设计公司受

---

① 任义娜《星巴克市场营销分析案例》（下）[EB/OL]，http://blog.sina.com．

Labtec公司委派开发的Labtec Verse—504和Labtec Verse—514桌面耳机以产品低成本特性为设计驱动力让该产品从其他产品中脱颖而出。该产品只有20厘米高，外形简练、轻便，售价仅为10美元（大众型）和15美元（成熟型）。该产品是高端的设计质量和低廉价格相结合满足客户价值的成功案例。

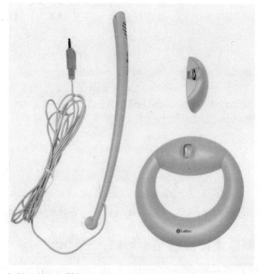

Labtec Verse-504

在设计中，减少成本的要素通常包括六个方面：引进新的生产方法；利用经济积累而产生的优势；利用部件、材料和生产方法的标准化；在切实可行的前提下，采用稳定的生产率；拥有产品所对应的近距离工厂或者生产线；改进生产方法，减少重复劳动，减少生产过程中的工作量。

（二）设计组织管理

对于大多数设计企业而言，在一个充满变化的竞争环境中，如何构建有利于创新的组织是它们所要继续面临的挑战。仅仅制定创新战略或创新流程是不够的，还应该将其融入整个企业，成功的创新要求构建一个合适的组织，挑选合适的员工来实施设计创新战略。

1. 从金字塔走向学习型组织

从当下设计企业治理结构的运作来看，其根本问题是要平衡好行政权力与知识权力的关系。以行政权力为主导的治理结构，强调制度、契约和控制，呈自上而下金字塔式的垂直结构，公司惯于以静态集权管理为主；而建构企业知识权力本位的治理结构，就是要下移管理权，充分发挥知识团队的主导作用，创建扁平化的以"知识创新、知识传播、知识共享"为核心的、强调动态分权管理的"学习型组织"。学习型组织是一个"促使人们不断发现自己如何造成目前的处境，以及如何能够加以改变的地方"①。目前，设计企业的组织架构应在探讨"平衡行政治理结构和知识治理结构双重管理机制下，突出知识治理结构在组织活动中所发挥的重要转型作用"。设计公司不仅是协调资源、研发产品和树立品牌、客户服务的营利机构，更是思想独

---

① [美]彼得·圣吉《第五项修炼——学习型组织的艺术与实务》[M]，上海：上海三联书店，1998年版，第13页。

立、创新自由的知识共享中心。而确保团队创新自由和知识共享，是中小型、设计创新类企业保持活力、永续发展的基本动力。

设计创新类企业与其他传统企业在组织要素方面的比较

蜕变为创意组织的要素		
中央集权		授权
孤立	---	合作
控制	---	影响
领导	---	赋予能力
报告	---	参与
重视量	---	重视质
统一	---	多元
低风险	---	高风险
多责难	---	少责难
服从	---	创意
失败	---	成功

正是看到这一点，位于瑞士苏黎世谷歌EMEA工程中心为鼓励创新的激情，创造性地将一个废弃的酿酒厂改造成拥有七层楼的混合建筑，作为办公室使用。室内设计充分考虑工作和人性需要，非常具有灵活性。每个办公区根据部门职能特点划分为不同空间，既有6—10人的开放式工作区、4—6人的半封闭式工作区，又有非常自由、个性的个人空间。所有封闭式工作区都采用了玻璃作为分隔系统，最大限度地利用了日光，保持了办公环境的透明感，同时减少了噪音，给团队带来需要的私密性。每个办公区都以颜色区分，同时装饰有与这些颜色相关的物体。设计师设计了许多如带有视频会议系统等不同功能的符合人性的会议室，在这里，工程师们可以以更放松的方式来讨论具有创新性的问题。除此之外，公共区域的设计突出强调"工作和娱乐的关联性"，重视"视觉体验和实际体验"，创造出很多具有创新性

和激发性的公共空间，将许多运动、休闲和生活设施，如水族馆、台球室、桌上足球、视频游戏、卡拉OK厅、古朴风格的图书馆、按摩室、健身室以及免费而又美味的食物全天候提供给创新团队。人性化的设计和生活化的管理，可以最大限度地满足不同团队和职能部门的使用需要。

工作环境是影响设计师创造灵感的重要场所，工作环境设计应优先考虑组织的战略定位、业务类型、工作性质及管理目标。优秀的工作环境设计有利于设计团队高效开展工作，鼓励创新，发掘设计师的隐性知识和实现"以公司为家"的管理目标。

2. 自由、多元的跨域合作团队

个性化办公空间

一般来说，除了大型的设计集团，如大型建筑设计公司之外，大多数设计公司都是根据项目来组织核心团队开展工作。团队合作打破了个人、部门以及多重领导之间的壁垒，把更多的设计决策权下放到团队中，这种团队结构要求设计师既是全才又是专才。旧金山Stone Yamashita Partners设计咨询公司高层Greg Parsons（具有MBA学位的设计师）认为："在我们的设计团队中，有很多专业人员既有设计师的从业背景，同时又有商业方面的才能。尤其是项目团队的负责人，必须具有既理解设计师以及设计师的工作，同时又要具有商人的头脑。"①只有具备设计思维，才能观察、理解、重构设计问题的关键所在，提供符合客户需要的设计方案。而丰富的商业管理经验，可以使资金、人力、物力的投入处在一个符合设计要求的合适水平。但目前国内设计企业由于专业分工过细，设计师多为条块分明的同一专业出身，知识结构单一，很少具有围绕项目进行跨专业的沟通与合作能力，工作团队中的专业同质化极易造成专业局限、以偏概全、设计效率低下等问题。

组建高绩效的设计工作团队，彻底打破了专业之间的壁垒，消除部门间隔阂，使不同专业领域、不同文化背景的人围绕某一项目展开通力合作，通过团队结构的合理配置，实现团队成员之间的优势互补与知识共享，从而保障设计工作高质展开。OXO设计公司创立者山姆·法伯认为："但凡了解创意流程的重要性与其对根本利润所起的积极影响的公司，都会以战略眼光将市场部与设计部联系在一起，并允许在设计项目进行之初，引进批评机制和开放式的协作。这种为设计而设的途径，确保了每个成员都积极参与为客户开发经过周密设计的产品。"②因此，设计管理者既是一个创新团队的领导者和统筹人，又是整个设计系统工作的组织者和规划者，因此设计管理者应具备从战略规划、系统组织到设计创新、项目执行等各方面出类拔萃的管理才能。

设计团队在组建过程中，通常是以设计项目为轴心，由公司内部

① Niti Bhan《对当代设计产业的再思考——商业化浪潮下的设计》[EB／OL]，刘亚军编译。http://dolcn.com/data/cns_1/article_31/essay_312/egen_3129/2006-06/1149512708.html，2006-06-05.

② 达里尔·J·摩尔、王大宙《设计创意流程:用MBA式思维成就设计的高效能》[M]，张艳、唐佳妮译，上海：上海人民美术出版社，2009年版，第105页。

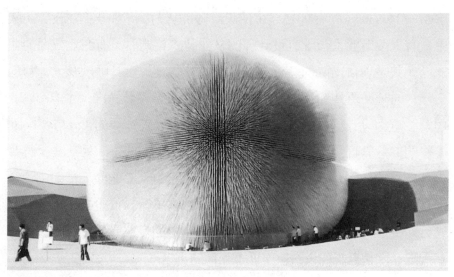

上海世博会英国馆——种子圣殿

或聘请社会不同领域若干个拥有互补技能的人员组成，设计团队追求共同的使命、绩效目标并相互负责。曾设计过2010年上海世博会英国馆和2012年伦敦奥运会开幕式的英国青年设计师汤马斯·海什威，从公司成立之初就确定了公司目标是做建筑与雕塑一体化、具有雕塑性语言的建筑设计项目。公司现在约有60人，基本由建筑师、景观设计师、产品设计师、平面设计师、雕塑家、工程师等不同艺术设计领域人员组成，打破了专门化团队的限制，是名副其实的根据企业目标集合设计团队的组建方式。当然，并不是所有设计活动都离不开专业人士，很多情况下，"人们以四种方式参与设计，这些方式都是积极主动而不是被动的：①为他人设计产品；②为自身设计产品；③使用他人设计的产品；④使用自己为自己设计的产品。我们不能漠视专业人员的创造活动，但我们也必须关注非专业人员作为产品设计者所进行的创新活动。同时，我们也需要意识到，大量非专业人员在设计活动

伦敦奥运会圣火点燃仪式

如设计政策的公共辩论中所起的作用"①。永远处于"实验状态"的世界顶尖级设计咨询公司IDEO，特别强调"好的设计都必须以经济层面与心理层面作为主要衡量标准"，并以此为愿景，在设计项目的不同阶段，组建多变的创意团队，以解决超越客户期待的设计问题。IDEO的设计团队在执行项目中，经常邀请社会学家、心理学家、人类学家、摄影师、作家、电影摄制者、用户代表等不同领域的专家参与创意，共同解决客户问题。公司CEO汤姆·凯利（Tom Kelley）说："因为人们来自不同的学术背景，自然会有自己各不相同的兴趣和话题角度，所以这对我们了解不同领域知识有帮助。我认为设计师有责任对他们所设计的领域懂得越多越好。技术制度、社会制度、政治制度，他们需要懂得所有的这些。"

竞争环境的改变驱使设计师能力由单一走向综合。这种现象并不

---

① [美]理查德·布坎南、维克多·马格林《发现设计：设计研究探讨》[M]，南京：江苏美术出版社，2010年版，第136页。

IDEO设计的医疗产品与数字产品，奇妙的曲面成为设计的趣味中心

仅限于设计企业，更多大学的教育观念也开始转向，设计师综合能力的跨专业培养已在全球很多教育组织中出现，并开始形成一种新的教育发展趋势。在斯坦福大学，汉索·普拉特纳（Hasso Plattner）投资3500万美元建立了一所全新的设计学院，成为硅谷高科技公司争相追逐的新宠。和那些传统讲授设计技巧和图形编辑的设计学院不同，它把教育重点放在战略和全局思考上面，并且更加强调来自如商业、计算机、艺术、心理学和人类学等不同院系的同学，重新组成一个合作小组共同完成设计项目。合作不只是这所设计学院的一种形式，更形成了一种文化[①]。

其实，除了上面谈到的"跨职能设计团队"的工作特点外，构建以"设计解决问题"为导向的工作团队，并没有一种固定不变的样式。对于驻厂设计事务而言，"问题解决团队"就显得很有优势，其

[①] 陆旸《商学院的设计意境》[J]，互联网周刊，2006年。

斯坦福大学普拉特纳设计学院（Hasso Plattner Institute of Design）

工作职能基本固定在设计部门的设计师身上，根据上级设计要求，团队成员更多依靠设计经验和产品规律展开重复性的"订单式"设计活动，很少被授予权力来实施他们提出的设计建议；对于服务外包型设计公司而言，"自我管理型设计团队"具有较强的灵活性和执行力，其工作性质受制于被服务的企业，按照企业完整的工作程序和统一进度要求，单独负责设计任务，并与其他生产、市场单元密切合作，步调一致，负责从设计到生产再到市场的全过程，有权制定设计决策以及解决各种与设计有关的问题；还有一种类型的设计团队是"虚拟团队"，是利用互联网技术把分散在不同空间的设计师连接起来以实现某个共同目标的设计团队。对任何类型的设计团队来说，设计都不是一项很轻松的工作，为保证整个设计项目的正确运行，每个成员都要认识到自己的表现会影响到整个团队识别问题、分析问题、解决问题以及满足客户的能力。而要做到这些，打造一个有效的设计团队就显得十分重要。有效设计团队的标志可以理解为"清晰的目标、相关的技能、相互的信任、一致的承诺、良好的沟通、谈判的技巧、合适的领导和内部和外部的支持"八个方面①。

① [美]斯蒂芬·P·罗宾斯(Stephen P.Robbins)、玛丽·库尔特(Mary Coulter)《管理学》（第11版），中国人民大学出版社，2012年版，第355页。

团队的问题解决功能[①]

3. 设计领导力

有关领导和领导力的研究，西方自20世纪初就已经开始，各种理论研究模型也层出不穷，而最近关于"领导力层级"的理论观点颇有新意。享誉全球的领导力大师约翰·麦克斯韦尔（John C. Maxwell）将领导力分为职位、认同、生产、立人和巅峰五个层次。他认为，"职位"层级是建立在位置决定论基础上，员工必须听你的领导，是最低级的层次；"认同"层级是建立在专业能力基础上，员工愿意听你的领导；"生产"层级是建立在对组织贡献基础上，员工乐意听你的领导；"立人"层级是建立在利他基础上，员工喜欢听你的领导；"巅峰"层级是建立在德性基础上，员工追随你的领导，是最高级的层次。这种学术观点其实早在中国传统哲学中就已提及，"德服、才服、力服是管理者进行管理的三种手段，而以德服人为最高层次。这

① [美]詹姆斯·R·埃文斯（James R. Evans）、威廉·M·林赛（William M. Lindsay）《质量管理与质量控制》（第7版）[M]，北京：中国人民大学出版社，2010年版，第171页。

是因为，以力服人只能使人'慑服'，以才服人可以让人'折服'，而以德服人则可以使人'心服'"①。

基于此，在全球化创新的新经济背景下，设计管理者彰显出的超凡领导力取决于日益开放的知识创新环境以及在社会文明进程中所扮演的角色。具体而言，他们必须具备对知识、信息管理与优化：与职能部门沟通协调能力以及谈判、开展跨国工作的能力等。不仅要具有对设计知识和信息快速吸纳、创新的专业能力，同时又能站在全球化创新的大背景中，依据国际惯例和法律要求并结合设计产业实情，有效地参与到构建企业愿景和战略的进程中②。在新经济时代，设计将起到新的作用，设计领导力的技巧已经从领导产品的设计、过程和体验，转变到新的经济模式的设计，这就对设计的领导型人才提出了新的要求③。

在很多学者的论述中认为，领导不等于管理，它只是管理中的一个重要方面。但领导者一定是优秀的管理者，而优秀的管理者也一定具备过硬的领导力。在规模设计企业中，设计领导者、设计管理者和设计经理三种角色至关重要。设计领导者和设计管理者虽然存在很多共性，但表现在行为特征上两者还是有所不同。设计领导者较多倾向于善于整合各种有价值的知识资源、敏锐的商业嗅觉、广泛的社交圈子、创新的激情、驾驭风险的能力以及较高的学术背景；设计管理者的管理对象多为人、事、物、财、信息、时间等各种资源，这一角色更多倾向于为企业的设计活动选择方法、建立秩序、解决问题等。设计管理者是组织、调度设计活动有序展开的协调人，是设计团队与外部环境之间有效沟通的黏合剂，更是富有卓有远见的知识商人。

---

① 胡祖光、朱明伟《东方管理学导论》[M]，上海：上海三联书店，1998年版，第56页。

② 孙磊《全球化创新与未来设计师之路》[J]，《设计艺术》，2004年。

③ 何人可《造就中国设计的领导型人才》[EB/OL]，中国工业设计资讯网，2006年。

领导者和管理者的特征区别①

领导者特征	管理者特征
个人的影响力	职位的影响力
灵魂（soul）	想法（mind）
远见的（visionary）	理性的（rational）
积极的（passionate）	折中的（consulting）
创造性的（creative）	固执的（persistent）
灵活性（flesible）	问题解决型（problem solving）
鼓舞的（inspiring）	现实的（tough-minded）
创新的（innovation）	分析式的（analytical）
大胆的（courageous）	条框的（structured）
富有想象力的（imaginative）	深思熟虑的（deliberate）
实验的（experimental）	权威的（authoritative）
推动变革（initiates change）	稳定的（stabiliziing）

设计管理者的领导力②

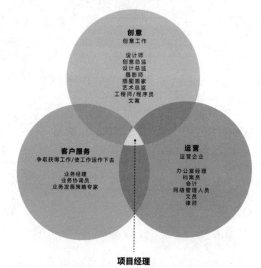

在最好的情况下，一家设计公司应该拥有三个领域的人才：创意、客户服务和运营。项目经理一般要处理这三个
领域交叉的任务。他们的角色可以用上图中三个领域交叉的白色三角形形式来表示。

---

① 杨文士、焦叔斌、张雁、李晓光《管理学》（第3版）[M]，北京：中国人民大
学出版社，2009年版，第219页。

② [美]特里·李·斯通《如何管理设计流程：设计执行力》[M]，北京：中国青年
出版社，2012年版，第115页。

而设计经理与设计管理者在职位和工作设计上存在明显不同。设计经理在设计项目运作中对设计管理者负责。在处理设计事务、调动设计师创新能力、应对客户、设计进度控制、预算谈判等具体问题上特别在行，在业务上拥有绝对的话语权和一定的领导力。有资料显示，"文化企业每增加一个普通劳动力，可以取得1:1.5的经济效果；增加一个技术人员，可增加1:2.5的经济效果。但增加一个有效的创意经理人，可以取得1:6甚至更高的经济效果。可以说，创意经理人的管理能力直接决定文化企业发展的前途，是文化企业竞争力的关键要素"[①]。设计管理者面对的是组织、业务流程和系统运作的整体管理问题。在组织架构中，设计管理者职位是优秀设计经理发展的主要方向。

经理与领导者之间的差别[②]

关注点	经理	领导者
目标的创造	关注计划与预算；制定步骤、时间表来获取结果，寻找资源以支持目标	建立方向；创造愿景并制定战略以实现愿望
建立网络以获取日程	组织并配置人员；建立组织结构以方便计划的实施；指派责任与权力；制定工作流程指导行动；创造监控系统	将人们同目标联系起来；与合作伙伴进行言语或肢体上的沟通；创造相互了解与共享项目愿望的团队
执行	控制与解决问题；监控结果与采取纠正措施	激励与激发；给人们以能量（力量）使他们克服困难，变现出个人动机
结果	产生一定程度的可预测性与命令；寻求保持状态	产生变革（进行改革）；挑战状态
焦点	运作的效率	结果的效力
时间框	短期、避免风险、保持、模仿	长期、接受风险、创新、原创

---

① 向勇著《创意领导力：创意经理人胜任力研究》[M]，北京：北京大学出版社，2011年版，第3页。

② DuBrin, Andrew J., Leadership, Third Edition.Copyright @ 2000 by Houghton Mifflin Company.Reprinted with permission. p113.

如果将目前设计组织中各种领导者的角色集中一下，不外乎有以下几种：专制主义者、家长式统治者和管理者。专制主义者和家长式统治者受强烈的控制需求驱动，喜欢独断专行，按自己的意愿做事，习惯利用行政权力和学术权力，将权威和命令凌驾在设计业务之上。而管理者则擅长用控制和监督来保证组织的秩序和稳定，掌管和分配组织的"业务资源"。在一些开放的设计企业，组织结构正变得越来越简单，设计管理者的角色开始摆脱对控制的需求，关注员工之间的沟通、矛盾的解决和设计团队建设，处在由管理者向领导者角色转变过程中。也有很多专家学者认为，合作与服务的功能是未来知识经济中担当组织成长的真正领导力，设计合作者的角色重视培育团队精神，真诚、民主，关心下属的价值实现，乐于沟通并富有创新精神，能够做到言出必行，善于创造性地解决问题。服务者则喜欢变革现实，乐于为他人进行服务，鼓励员工创新并为之提供一切可能的帮助，关注员工的利益获取和价值实现，并为之尽可能地服务。合作和服务能力是未来设计管理者领导力提升的主要方面。

总之，整合是现阶段设计公司领导者的重要使命。设计领导者需要把公司视为一个有机运行的系统，不仅内部各个组成部分要相互连接，还要与外部环境连接，并确保组织内外能够相互搭配，高效运转。在设计项目管理的整个过程中，设计经理是执行计划、组织和控制的有力武器，设计管理者是连接计划、组织和控制的有力纽带，而设计领导者则是服务计划、组织和控制的有力保障。

4．无边界设计组织

在古代科学技术不发达的条件下，边界最明显的功能就是防御，以防御为主导构建的意识形态和行为体系，意味着封闭和冲突。时至今日，全球因人为边界造成的政治冲突、意识形态纷争和贸易保护主义事件几乎每天都在发生，究其原因，无一例外都是人类防御的本性造成的。

重新审视今天的组织环境，因边界造成的封闭、垄断、专权、官僚、冲突、破产等问题比比皆是，很多边界都是以一种无形的隐秘方式藏在组织的方方面面，很难被发现。对于组织而言，最常见的边界类型，表现在"不同人员等级之间的垂直边界、不同职能和不同领域之间的水平边界、组织与其供应商、客户以及监管者之间的外部边界；不同场所、不同文化以及不同市场之间的地理边界"[①]。这些边界一旦形成壁垒，组织就自然变得陌生、闭塞、僵化、冷漠、缺乏活力。精明的管理者破解这一难题，唯一能做的就是在组织还没有完全形成壁垒前，就能快速识别到并找到拆除的招数。举个例子，关于宜家，没人说得清楚是属于哪个国家的公司，因为它在欧洲许多国家都有在资本或管理上互相牵制的机构。在宜家的管理系统中，财务、设计、生产、采购、销售、法律、设备供应、货运方案、社会环境等每个环节，都被安排得井井有条。如宜家商店想改变设计，就要征求"宜家内务系统"的意见；需要法律服务，则由"宜家服务集团"安排；需要新的产品目录册，就由"宜家支持系统"帮助；需要商品，则由"宜家贸易公司"

宜家：日本轨道列车广告

宜家公交车站广告

---

① [美]罗恩·阿施克纳斯（Ron Ashkenas）等《无边界组织》[M]，北京：机械工业出版社，2005年版，第2页。

协助。无边界并不是彻底消除边界，而是要像水的秉性一样，具备足够的渗透性，使得创意、信息、知识、资源等要素能够自由地流上流下、流进流出，穿越组织，迅速而富有创造性地适应变化中的经营环境。

在一个技术创新加速的时代，全球市场上的变化速度意味着商业领域中不再有任何事情是确定不变的。设计组织生存的根本在于创新，要想在这种竞争环境中取得成功，设计组织的领导者首先应反思传统组织管理方式的适应性。仔细研究很多设计公司的成功因素，归结起来，主要体现在速度、灵活性、整合力以及持续创新性四个方面，这些因素支持组织能在变化着的商业领域中灵活而敏捷地应对。但对于很多规模的设计组织而言，都多多少少存在边界现象，按《史隆管理评论》的观点，这些组织障碍主要体现在"不愿意从他人身上获得帮助"、"找不到专家"、"不愿意提供帮助"、"不能合作或交流知识"，边界增加了成本、阻碍了沟通、延缓了生产、抑制了创新[1]。

传统管理模式向无边界管理模式的演变[2]

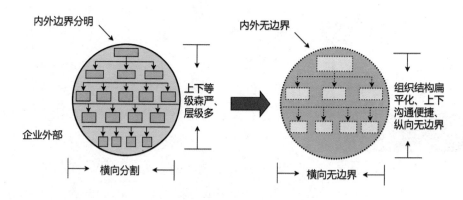

① 转引自郭巍《组织3.0—无边界的美丽：跨越组织的边界》[J]，《当代经理人》，2006年，第11册，第46—49页。

② 高静乐《无边界管理的动因分析及模式构建》，《中国科技论坛》，2005年第5期，第84页。

据此，设计领导者或管理者应改变领导方法，简政放权，尽量压缩或消除因等级层次、身份、头衔和地位对员工造成的距离感；创新团队合作模式，跨界整合，打破因业务单元、部门职能细分带来的工作区隔；"推倒公司的墙"，打通组织同供应商、客户、社区等一切合作伙伴的沟通障碍；运用互联网技术跨越组织内外的信息阻隔，跳出文化时空的藩篱；提供适当的、有利于实现组织绩效目标的共享激励以及报酬。其实，"无边界"并不意味着完全放开的边界或不存在边界，确切地说，"无边界"是通过足够的渗透性，以谋求组织对不断变化的外部环境做出敏捷和具有创造力的反应。

（三）设计项目管理

　　实际上，对设计项目的管理，就是通过思维创新，将设计、设计师等知识资源投放到整个项目管理的过程中来看待。设计作为一种广泛的社会活动和组织运营的有效资源，不能仅停留在概念开发和创意阶段，也不能被看做是一种外围的或专家的活动，而应是一个核心的业务过程。作为一个核心的业务过程，设计涉及多种活动，并利用许多不同的观点（如运营、行销、战略、人力资源管理等），成功的设计项目取决于我们把设计看做是一个整合的项目过程，并提供这些不同观点进行相互作用的机制。

　　美国哈佛大学教授雷蒙德·费农(Raymond Vernon)1966年在其《产品周期中的国际投资与国际贸易》一文中首次提出"产品生命周期"的理论。认为产品和人的生命要经历形成、成长、成熟、衰退这样的周期一样，也要经历一个开发、引进、成长、成熟、衰退的阶段。宾夕法尼亚州立大学教授杰弗里K·宾图（Jeffrey K·Pinto）在此理论基础上，构建"项目生命周期（project

雷蒙德·弗农(Raymond Vernon)

life cycle）"的模型来评价项目生命周期内需要完成的活动以及将面临的挑战。该模型将项目生命周期分为概念、计划、实施、收尾四个阶段。他认为，项目的开始、计划和时间进度定制、必要工作的实施、项目的完成和人员重置等环节都是项目生命周期的信号，既可提早确定项目计划进度，又可提早获得后续项目需求，从而使项目团队成员可以更好地确定什么时候需要资源以及需要什么资源[①]。

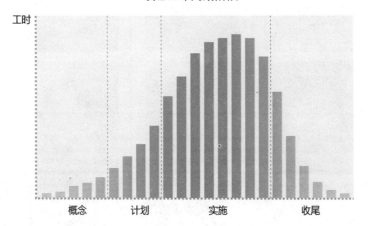

项目生命周期阶段[②]

作为世界领先的项目管理专业组织——美国项目管理协会（PMI），一直致力于项目管理的标准化。项目管理知识体系将项目管理技能和活动分为九个部分进行阐述（如下图）。设计项目管理作为创新领域中出现较晚的研究方向，其知识体系所涉及的范围与PMI有很多共性的部分，值得我们在学习消化基础上，认识到管理设计项目所遇到的不同之处。针对设计领域的特点，本书将设计项目管理分为设

① [美]杰弗里K·宾图《项目管理》，北京：机械工业出版社，2007年版，第10页。

② J.K.Pinto and P.Rouhaianen.2002.Buiding Customer-Based Project Organizations. New York：Wiley.Reprinted with permission of John Wiley & Sons, Inc. p10.

计项目准备、设计项目启动、设计项目计划、设计项目执行控制、设计项目验收五个阶段进行梳理。

项目管理协会的项目管理知识体系中的知识领域[①]

1. 设计项目准备阶段

这是设计项目展开的第一阶段，是为了保证满足项目正常启动的先决条件。该过程较短，设计项目管理层在项目启动之前的很长一段时间已经明确了设计的主要任务和方向，并开始着手在组织中引导这

---

① Project Management Institute (2005)，A Guide to the Project Management Body of Knowledge，3rd ed. Newtown Square，PA：Project Management Institute. p83.

种项目意识。设计组织在这一过程中的主要任务包括：结合设计项目有意识地设计、开发项目管理团队，从不同层面接触、了解并获取设计委托方对该项目的背景资料和信息支持；针对设计目前存在的大量问题，定义如何通过创新提供项目的解决方案；确定项目接受标准和商业价值；准备项目概述文件；定义项目开展所采取的创新方法及推广意义；开始预见并记录项目进程各阶段可能面临的具体风险。值得一提的是，设计及管理过程始终与风险相伴，成功设计的关键是尝试并管理风险。设计过程的风险之一是将各阶段分开处理。在完成一个特定阶段的工作后，这一阶段的人员就觉得万事大吉了，把设计任务交给下一组人员。每个阶段衔接处最容易产生设计交接的风险，应当改变项目阶段交接的惯性和顺序，从项目一开始就将所有不同职能及知识背景的人整合起来，构建出共享和合作的概念。协同一致对组织和管理设计过程是至关重要的，较早预见这一点，就能减少阶段交接时出现问题。

设计项目管理阶段的整体准备：以建筑设计为例①

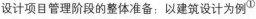
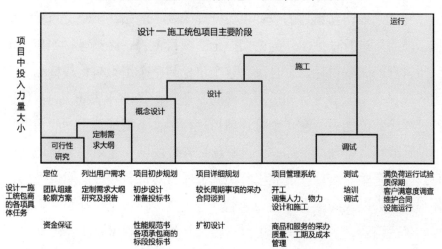

---

① [美]杰夫·伯德、迈克·楼那基斯、爱德华·万德拉姆《设计—施工统包法》，北京：机械工业出版社，2006年版，第95页。

2．设计项目启动阶段

这一过程的主要表现形式是产生项目启动文件，它必须明确定义设计项目管理的具体内容、原因、人员、时间及方法等核心问题。目的是尽快在设计团队中确定项目研究方案，并和不同知识背景的人员进行项目匹配，为尽早进入项目计划状态做好准备。主要任务为：

第一，组建设计项目团队。一个项目开发团队可以被定义为：两个或两个以上的人致力于一个共同的目标，彼此互相依靠，共同努力以达到目的。设计项目团队的构成应围绕项目跨领域、跨专业甚至跨空间组建，以顺应客户的需求。设计项目团队在项目进展过程中并不是固定不变的，不同阶段项目团队要根据需要实现战略重组，充分发现、认识、接纳、尊重、珍惜与欣赏团队成员的不同能力，进而打造"和而不同"的适应项目变化的设计团队。在团队组建完成后，应进一步确认责任实体及项目职责。在组织项目时，必须要通过确定所有参与人（管理层、客户沟通经理、市场调查主管、设计师及职能经理等）的角色、职责、头衔、义务和权利来开展工作。

除此之外，新组建的设计项目管理团队，应始终围绕"目标、流程、能力"进行评估。作为公司派出的项目主管，必须懂得如何确定其所管理的团队目标，并且确保这个目标与整个组织机构目标吻合；团队成员必须能够理解和运用广博的专业知识将设计从概念到市场进行过程运营的能力。在一个设计项目过程中，不断地从不同的角度验证设计战略。管理或参加一个设计项目管理团队，是对设计管理者应有技能的考验。培养在发展中解决问题以及对综合技能的掌握能力，如沟通能力以及团队合作能力。通过对资金运作、工作计划和人力资源的优化组合，为设计资源提供支持，并将实践看做是支持设计团队的平台。

高绩效的设计项目开发团队具有以下共同特征，包括明确的职责、较高的相互依赖、凝聚力、高信任度、激情以及以结果为导向。团队的发展是一个动态的过程。在发展过程中会经历几个成熟的阶段，预见并把握这些动态规律将有助于更好地进行团队管理。团队中间产生的冲突不外乎基于目标的冲突、管理上的冲突和个人观点之间的冲突。项目主管必须学会灵活处理冲突，以引领团队向正确的目标进行。要在设计项目的进展阶段中持续保持对团队工作的正确评估，及时发现团队中存在积极的或消极的问题并给予合理化建议。团队评估不是为了对工作成绩进行考核，而是为了保证项目开发行动能沿着正确的轨道发展（见下图）。

团队组建的阶段[①]

阶段	特征
成立	成员开始相互熟悉，为项目和团队制定基本原则
冲突风暴	随着成员开始反抗权威，并透露幕后的动机和偏见，冲突出现
规范化	成员在操作程序上达成一致，寻求共同工作，建立起密切关系，致力于项目的进展
实施	团队成员一起工作，完成他们的任务
中止	团队随着项目的完成或团队成员的重新分配而解散

---

① Lacoursiere, R.B. (1980), The Life Cycle of Group Developmental Stage Theory.New York：Human Service Press；Verma, V.K.(1997)as cited.

第二，召开各种形式的专题研讨会，进行项目审查和选择。项目定义专题研讨会从对各种问题进行头脑风暴式讨论，并对不同备选议题进行分类讨论。随着团队整体或局部开展的专题讨论会的深入，很多问题都会被详细地描述并被解决，直到团队所有成员在项目选择问题上取得共识。头脑风暴可以由整个小组共同完成，也可以通过将参与人划分为多个更小的小组来进行。很多情况下，参与人应包括来自不同知识背景、不同社会群体的项目利益攸关者，甚至是客户。头脑风暴方法可用于很多项目阶段，尤其在设计创意阶段，效果更为明显。

第三，确定设计项目目标、绩效度量标准。通过各种不同类型的专题讨论，最终明确项目的焦点关注。积极有效的项目目标需要满足如下五个条件：目标必须明确，不能含混不清；目标必须可量化，并能够度量；目标必须能被所有相关团队认可及接受；目标必须能在预期的时间内实现；阶段目标能在制定的时间内实现。同时，要制定科学有效且人性化的绩效度量标准，能够使整个项目团队将注意力集中到必须实现的最终结果上。

第四，最终确定符合商业价值和企业愿景的设计项目开发方案。设计管理课题始终关注设计的商业化问题。通过项目团队反复研讨论证，将研讨的未来项目结合企业的战略愿景及客户需求的主要方向确定下来。

第五，项目风险分析和成本估算。项目风险关注的是将来可能阻碍项目实现而发生的不确定事件，如设计变更、施工标准改变等。有效的风险管理能够提高项目实现目标的可能性。项目管理负责人需要对项目周期中的风险进行准确的预见、严格的分析及积极的管理。可能的情况下，建议给个人或责任实体分配风险领域进行有效防范或管理。同时，必须根据所有可用信息和资源成本进行工程估算。成本估算通常是由项目负责人在其他项目参与人的协助之下计算得出。

3．设计项目计划阶段

一个项目可以是由项目不同方面的单独计划综合而成的，比如时间、成本、质量、调研、设计、风险、人力资源、组织、战略和沟通等方面，是一个系统计划工程。R·H·尼尔和D·E·尼尔认为："计划过程是创造性的高要求活动，它解决做什么、怎么做、何时完成、由谁来做以及用何种方式完成的问题。计划不仅仅是几页纸，计划是细致的思考、全面的讨论、决策和行动的结果，也是项目设计人员和承包方之间所作出的承诺。"这是对计划过程和计划的最好总结。计划阶段的主要任务包括：

第一，项目计划的可行性。有效的项目计划必须是可操作的、行得通的并且在可控的范围之内。要做到这一点，项目计划一定要稳定可靠、考虑周到且易于管理。第二，制订团队组织计划。设计团队在进行计划工作时，主张采用开研讨会集体讨论的方式。第三，制订设计质量计划。设计质量计划用以确保项目结果符合项目范围内的规范或需求，并符合支持企业对项目采用的基本要求。无论设计方、施工方、监理方，甚至客户，都要树立在项目进行的不同阶段中建立质量审查标准，定义审查活动的观念。为执行设计质量审查而制定的活动，以及其他与设计质量有关的职能工作，都必须综合到正在制定的计划中。第三，制订团队沟通计划。沟通计划实质上是把项目的要求和沟通需求记录在案，比如需要什么信息、何时需要、如何呈现、采用何种形式或媒介等。一个有效的沟通计划还需要很多不同的沟通活动以及沟通渠道和技术作为支持。第四，制订人力资源计划。随着项目的开展，需要进一步明确对所需人员的类型和技能等级的要求。尤其要根据业务需要不断扩展核心团队之外的调查及设计团队，充实能胜任项目需要的各种合适人选，同时要制订奖赏和激励策略鼓舞团队士气。第五，制订市场和客户调研计划。客户及市场调研计划是开展项目设计和项目管理最重要的技术支持，它的制订需要考虑何时调查、调查谁、如何调查、在哪调查、调查什么等一系列计划内容。市场调研计划包括对所需信息一手和二手资料进行全面的规划和部署，对下一步项目的具体执行影响巨大。第六，制订项目时间进度计划。设计项目就是时间的项目，要将阶段任务的难易程度、采用的工作方法与时间的科学分配联系起来通盘考虑。或采用客户规定时间倒排的方式，分解项目任务。一般以甘特图的方式通过活动列表和时间刻度形象地表示出任何特定项目的活动顺序与持续时间。

设计项目时间进度控制甘特图

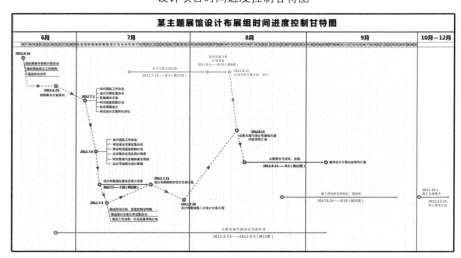

4. 设计项目执行及阶段控制

项目执行实施阶段通常包括由市场调研、概念设计、深化设计、优化设计和落地设计等环节组成的设计过程，由采购、装配、生产（或施工）、试制、成型等环节组成的生产建造过程和由创新、人力资源、战略、商业目标、客户需求、质量等要素构成的管理过程。设计项目执行阶段是以预定目标为指导，以项目计划为依托展开工作的具体实施。项目执行阶段是项目能否规避风险、通向成功的根本，执行过程需要严格的监管和控制，在必要时采取措施纠正。要做到这一点，就要不断地重复审查、报告、控制反馈和修正的循环过程，直到项目实施完成为止。这一阶段的主要任务包括：

第一，收集客户需求的方法。设计项目要始终将客户的需求视为最重要的设计与管理资源来看待。客户需求的类型包括直接需求、潜在需求、常规需求、可变需求、普遍需求和特定需求，项目执行的目的之一就是通过不同的方法了解并收集这些重要的资讯。如观察，调查团队成员根据调查计划要求，广泛深入到项目客户群中间，通过不打扰的方式近距离或跟随观察客户有意或无意的消费行为反应，并做好现场观察记录报告。访问，又叫打扰式调查，设计项目团队成员在销售现场或公共场所（一般安排在客户使用产品的环境中）与客户进行面对面讨论。团队成员可以详细记录下客户对使用产品或服务的态度、经验和建议。这些记录往往配合录像或录音在专门讨论中使用。这个过程进行得好可以使项目设计与客户需求更贴切。问卷，设计、调查人员编写一些客户关心的标准问卷，按照这些标准问卷排列产品，对问卷所涉及问题的数据统计是了解客户需要的重要参考指标。

以建筑设计为例，在设计管理程序中，在客户、设计和项目管理功能之间的相互联系①

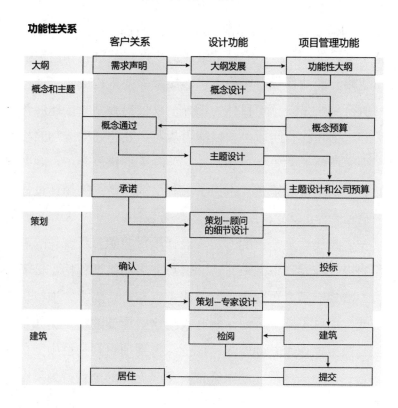

第二，设计开发。设计开发团队是核心项目团队延伸出的子系统，全面负责将客户及市场情况调查统计得出的数据进行有效的分析（SWOT分析法）和整理，并通过项目阶段会议及时确认研发方向和设计思路。

① [英]克林·格雷、威尔·休斯《建筑设计管理》，北京：中国建筑工业出版社，2006年版，第46页。

设计项目执行程序的不同工作形式

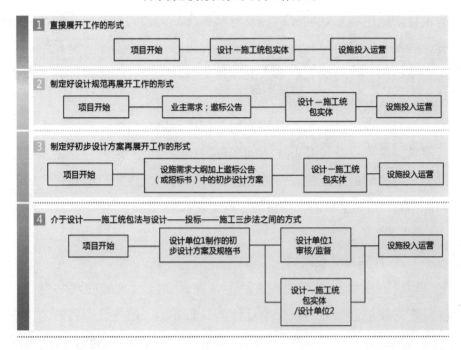

第三，建立阶段监督和控制系统。监督是对与项目执行有关的各方面信息进行收集、记录、报告，这些信息是项目负责人最希望得到的。控制和监督不一样，监督是对项目进度进行衡量和报告；控制不仅包含监督，而且还包含采取及时的改正措施，以符合项目目标的要求。因此，监督实际上是控制必不可少的一部分。监督是确定项目是否在依照计划进行，并报告差异的活动。监督的目的不是为奖励或惩罚项目成员提供依据。它的目的是要在情况变得不可恢复和不可控制之前，突出显示与计划的差异，确定是否需要采取改正措施，并为具体设计打好基础。

第四，建立与相关企业交互的能力。设计项目至此才真正与相关

---

① [美]杰夫·伯德、迈克·楼那基斯、爱德华·万德拉姆《设计—施工统包法》，北京：机械工业出版社，2006年版。

产品或服务挂钩的企业、组织进行真正意义上的合作。对设计公司现有设计团队组建现状的分析以及对某种产品流通的现有市场的严密调查，将具有客户价值和市场建议的研究报告通过不同形式呈现给相关企业或组织，以得到它们最大的项目支持和帮助，同时也加强了成员与企业相互沟通、合作的能力。

第五，设计产品创新过程的财务管理。确立目标产品的成本与设计需求，编列设计与开发支出的预算。预测预期的利益，如增加市场占有率与利润，定期检讨目标与预算，并就已达成的目标及可完成的目标预测利益，必要时修正或放弃原定目标。

5．设计项目验收阶段

项目的生命是有限的。实际上，在计划项目实施的同时也要同时对它的终止进行计划。整个设计项目的终止，是主管项目的客户或管理单位验收项目、完成各种项目记录、最后修订和归档各类问题以反映最终状态并打印成型必要项目文档以备展览的过程。主要任务包括：第一，自然终止。项目即将结束时，仍然有很多后续工作等待最后的完善和修饰。项目发起人和项目主管的任务就是保证团队成员集中精力完成最后的活动，尤其在项目的主要部分完成之后。第二，交付项目。在确定所有围绕项目的工作都已经完成后，要根据项目计划所要求的标准，逐一对照比对，确认无误后完成项目所有权的转移。第三，验收、评估项目。项目发起人、项目主管或事业管理单位要根据各项目团队制订的阶段计划进行验收和评估，并积极收集反馈意见，做好归档工作。制定优秀项目审核标准并对其进行评估，验收合格后，解散项目团队。

6. 设计项目管理的评估与稽核

开发团队须定期审核、评估设计项目在市场计划中所扮演的角色。一种新产品在从开始提出设计要求直到投产使用整个运营过程，包括市场调研、方案制定、产品设计、生产制造、装配、销售、使用、维修和回收等，形成一个完整的、互动的运营链。相对于狭义的图纸设计，设计质量是指上述各阶段的质量总和。设计过程中任何一个环节的质量问题都可能影响到产品的最终创新质量。因此，只有对整个运营过程实施有效管理和创新，才能确保设计质量的真正突破[①]。

如2001年在日本国土交通省的大力支持下，由企业、政府、学者联合成立了"建筑物综合环境评价研究委员会"，合作开发出"建筑物综合环境性能评价体系（CASBEE）"。CASBEE包括规划与方案设计、绿色设计、绿色标签、绿色运营与改造设计四个评价工具，分别应用于前期设计阶段、设计阶段、后期设计阶段等不同的设计流程中。各评价工具具有不同的稽核目的和使用对象，分别对应于办公建筑、学校、公寓式住宅等不同的评估对象。

---

① 孙磊《卖产品还是卖服务？——设计经济，影响中国商业竞争的新因素》[C]，《创新设计管理：2009清华国际设计管理大会论文集》，北京：北京理工大学出版社，2009年版。

建筑设计过程与环境性能评价工具的对应关系[①]

建筑物环境效率综合评价工具	主要使用者	前期设计	设计		后期设计	
		方案设计阶段	设计阶段	竣工阶段	运营阶段	改造设计阶段
0. 绿色方案设计工具适用于新建筑	业主、规划单位、设计单位等	评价方案设计阶段需要考虑的事项（建筑选址、地质条件项目规划） 工具 0	在设计初期阶段需要考虑的事项			
1. 绿色设计工具适用于新建建筑	设计单位、业主（在施工阶段，对施工单位与设计单位和业主的合作进行评价）		在施工图设计阶段需要考虑的事项 ①能源消耗 ②资源消耗 ③当地环境 ④室内环境	在施工图设计中（包括施工过程中的设计变更）需要考虑的事项 工具 1		
2. 绿色标签工具（包括运行业绩的评价工具）适用于新建建筑，也适用于既有建筑	业主、设计单位和施工单位（业主委托设计单位进行自评，并向第三方机构申请评估）			利用上述绿色设计工具（工具1）进行预评价和预贴标签	对运营1年以上的建筑的实际情况进行评价和贴标签 工具 2	
3. 绿色诊断与改造设计工具（既有建筑的运用改造工具）适用于既有建筑和改造建筑	业主和设计单位（业主向咨询机构委托评估）				对运营10年以上的建筑的实际情况进行评价和贴标签	参照原设计的评价结果进行改造设计的评价 工具 3

设计论

366…

---

① 日本可持续建筑协会《建筑物综合环境性能评价体系：绿色设计工具》，北京：建筑工业出版社，2005年版，第9页。

八、设计产业

八、设计产业

经历了改革开放三十多年，尤其是加入"WTO"以来，中国社会正以惊人的速度经历了一个从制造经济到知识经济再到创意经济的飞跃发展的历史时期。在这个阶段，文化作为生产资料、创意作为生产手段的理念已取得全社会共识，并日益成为保持经济增长的原动力。

发达国家的经验表明，当人均GDP达到1000美元时，设计在经济运行中的价值就开始被关注，当人均GDP达到2000美元以上时，设计将成为经济发展的重要主导因素之一。随着中国工业化和城市化的快速发展，资源环境约束不断加大，发展设计对于解决产业结构调整、转变经济增长方式、提升自主创新能力、加速发展现代服务业、实现加工贸易的转型，提高国际分工地位都具有十分重要的作用。

设计是集成科学技术与文化艺术，创造使用者需求和解决现实问题的科学创新方法。设计以工业产品为主要对象，综合运用科技成果和工学、美学、心理学、经济学、管理学、生态学等知识，对产品的功能、结构、形态、包装以及商业、策略、流程、流通、消费、环保等要素进行系统整合优化的创新活动。大力培育设计产业和推进设计在传统产业中的应用，是促进高新技术产业、文化创意产业、生产性服务业和工业制造业产业转型和经济发展模式转变的重要抓手，也是走向自主创新的必由之路。

发达国家向来重视"以设计为导向"的创意经济发展思路，从国家政府到企业和消费者，设计创意的概念深入人心，形成广泛的认同。虽然不同国家对因创意形成的新经济称谓不一，但重视设计创新的实质是相同的。

近几年，随着中国经济结构调整和产业升级转型步伐的加快，包括设计创意在内的文化产业蓬勃发展，以"中国制造"为核心的生产加工技术体系正由经济发达地区逐渐转移到经济欠发达地区，甚至转移到更多的发展中国家。同时，成熟的生产制造体系和日益提升的产业经济环境以及庞大的潜在消费市场，也正吸引着世界知名的设计研发、技术创新型企业纷至沓来。目前，以北京为中心的环渤海经济圈，以上海为中心的长三角地区和以广东为代表的珠三角地区，不仅是中国科技产业和制造业最集中的地区，而且也是设计创意产业发展最快的地区，已经形成"创意经济隆起带"。据统计，2011年，北京市文化创意产业收入总计为9012.2亿元，上海市文化创意产业总产出达到6429.18亿元；2010年，广州市设计产业直接创造产值约150亿元。

同时也应看到，与世界先进水平国家设计产业相比，我国在创新理念上仍有差距。虽然中国设计业的需求和供给规模都在与日俱增，市场地位也正在崛起，但在培育设计产业和促进设计应用的投入上较其他国家来说较少，从国家层面还没有形成一个强劲的合力来拉动设计产业的发展，导致我国设计产业与其他传统产业、新兴产业各自为政，缺乏较强的产业融合度和凝聚力。

（一）设计与创新

设计产业离不开科技创新的支撑。科学技术的每一次进步，通常都伴随着一种新的文化产业业态的诞生。科技创新与文化业态的演变之间，存在着必然的互动耦合关系。

不同科技创新周期所对应的文化业态

年代	科技创新周期（年）	出现的文化业态（种）
20世纪头10年	40	6
20世纪30年代	25	8
20世纪50年代	15	10
20世纪70年代	8—9	10
20世纪80年代	5—7	12
20世纪90年代以后	以月或天计算	30甚至更多

从上面图表中不难看出，20世纪头十年，科技创新周期以四十年计，出现的文化类产业业态为6种；20世纪30年代，科技创新周期为二十五年，出现的文化类产业业态为8种；20世纪50年代，科技创新周期缩短至十五年，出现的文化类产业业态为10种；20世纪70—80年代，五年到九年一个创新周期，文化产业业态增至12种；到20世纪90年代以后，科技创新周期已按月甚至按天计算，每一个短暂周期里，

出现的文化产业业态多达30种甚至更多。可见科技创新与文化业态的演变之间，存在着内在的互动耦合关系。

　　未来的文化业态，将在科技发展的基础上实现深度融合。新型文化产业业态必将是文化内容、设计创新和科学技术三位一体的"文化综合体"。而设计创新作为文化业态生成的最活跃因子，必将在和科学技术结合共生过程中，把产品的功能定义、产品的内涵、产品的结构创新和性能创新结合起来，在发展设计产业自身的同时，又会主动与不同的文化内容资源相融合，形成更多具有创新型的产业业态。设计与科技的结合，是未来设计产业的新走向。

1.设计与科技耦合

　　有关设计与科技的创新关系，很多国外学者有精辟的论述。马瑞佐·维塔（Maurizio Vitta）认为所谓的"设计文化"包括程序、技术等在内的"有用物"的生产和使用。设计文化包含"在设计有用物品时应考虑的学科、现象、知识、分析手段和哲学的全部，因为这些物品是在更复杂和难以琢磨的经济、社会模式的语境下生产、销售和使用的"[①]。理查德·布坎南（Richard Buchanan）坚决认定技术在设计中的核心地位，他认为，在设计中技术原理的问题是设计师如何操纵材料和程序来解决人类行为的实际问题。"设计师在展示一个复杂系统的控制特征时如此仔细和清晰，使观众不仔细看产品的细节就能掌握技术性原理。这本质上是一种隐喻性的联系，并列排布的旋钮、按钮和操纵杆成为一个在复杂的机器中工作过程的抽象系统，而视觉上却

---

　　① Maurizio Vitta《设计的意义》，出自[美]维克多·马格林《Design Discourse》[M]，北京：中国建筑工业出版社，2010年版，第28页。

是一个清晰明显的符号体系。"[1]

诺贝尔经济学奖得主赫伯特·西蒙（Herbert Simon）认为："任何为改进现有境况的活动进行规划的人都是在作设计。这种创造有形的人造物的智力行为与为病人开药方、为公司制订新的销售计划或者为国家制定社会福利政策的行为并无本质的差别。"西蒙极大拓展了设计的定义，为设计的不同理解和根据新的范式重组设计与技术创新提供了框架。设计在解决实际问题过程中，应主动与工程和计算机相联系，以技术为基础的方式相融合，让更多不同类型的设计师展开工作，而创造新的解决方案。在此基础上，法国学者马克·第亚尼呼吁建立一门更加系统化的设计科学来管理复杂的结构、新技术和基于需求的环境条件。英国开放大学通过对技术发展过程的演变研究，发现创新与设计的关系，并根据这一关系在消费电子产品的应用发展出四阶段模型。

创新与设计的四阶段模型图[2]

基本产品 与零部件创新	主要产品 与零件创新	渐进式产品 与零部件创新	设计差异化 与新型号
晶体管	晶体管收音机	索尼口袋式收音机	
磁带	飞利浦卡式磁带机	索尼随身听	索尼运动随身听
微处理器	个人电脑	苹果Mac电脑	苹果Mac Performa电脑
激光	CD	柯达PhotoCD	

从这个阶段模型中我们可以看到，半导体材料的发现导致了晶体管技术和产品的产生，并进一步推动了大规模集成电路和计算机技术

---

[1] Richard Buchanan《设计宣言——设计实践中的修辞、说服与说明》，出自[美]维克多·马格林《Design Discourse》[M]，北京：中国建筑工业出版社，2010年版，第116页。

[2] Rachel Cooper & Mile Press，THE DESIGNAGENDA，WILEY，2000，p66-68.

的成熟，设计与每个阶段的技术创新形成既同步又交融的情形。当今设计市场流行的MP3随身携带播放机的设计实际上是采用信息与半导体集成技术组合的产品。设计的重点是运用新技术、新原理来解决现有产品在市场流通中存在的问题，以不断提高产品的市场占有率①。

　　"第三次工业革命"概念的创立者、著名经济学家杰里米·里夫金（Jeremy Rifkin），在其《第三次工业革命——新经济模式如何改变世界》一书中指出："第三次工业革命就是目前新兴的可再生能源技术和互联网技术的出现、使用和不断融合后，将带给人类生产方式以及生活方式的再次巨大改变。"科技的日益进步，推动新工艺、新材料不断涌现，而作为中间介质的材料与工艺的持续创新，不仅提高了从"工艺—材料—制造"的转化成功率，也极大拓宽了设计从"概念—实现—实物"的实施空间。从设计活动的规律来看，设计、材料、工艺三者的发展始终是相互影响、相互促进、相辅相成的，它们之间的关系如下图所示：

设计、材料、工艺三者之间的关系

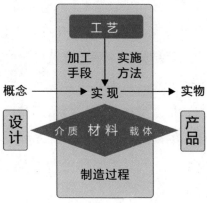

① 蔡军《设计导向型创新的思考》[J]，《装饰》，2012年第4期。

设计流程图

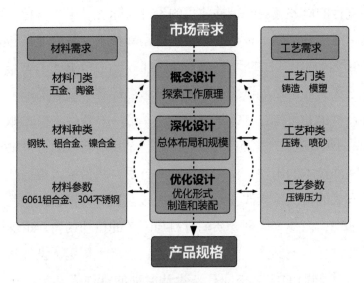

设计流程图展示了如何进行材料和工艺选择。每个阶段都需要包括
材料信息，但是信息的广度和精确性有所不同。虚线表示的是原始
设计的迭代性质以及重新设计的路径。

　　材料及工艺技术贯穿在产品从概念设计、扩初设计和优化设计
的每个环节，包括新想法或工作程序。有时新的材料触动最初的设计
想法，比如高纯度硅成就晶体管、高纯度玻璃、光学纤维、高强度磁
铁、微型耳机、固态激光器、紧凑光盘等等；有时新的概念成就新产
品；有时需要开发的一种新型材料来代替新产品：核能技术加速了新
锆合金和新不锈钢技术的发展，空间技术的发展驱动了铍合金和轻量
级复合材料技术的发展，涡轮技术驱动今天高温合金和陶瓷技术的发
展①。

① [英]阿什比（Ashby，M.）等《材料—工程、科学、加工和设计》[M]，科
学技术出版社，2008年版，第31页。

2.数字技术与内容产业

目前，设计创意与现代计算机网络技术相融合，极大地增强了文化的创造力和传播力，并催生数字动漫、网络游戏、手机媒体、多媒体产品等一大批极具发展潜力的新兴文化科技业态，数字内容产业发展前景广阔。据统计，全球数字内容产业增长速度保持在40%以上，相关衍生产品与服务产值是数字内容产业产值的2—3倍。就我国而言，截至2012年12月底，中国网民数量达到5.64亿，互联网普及率为42.1%。截至2012年4月，中国手机用户突破10亿，达到103005.2万户，其中，3G用户达到15897.1万户。

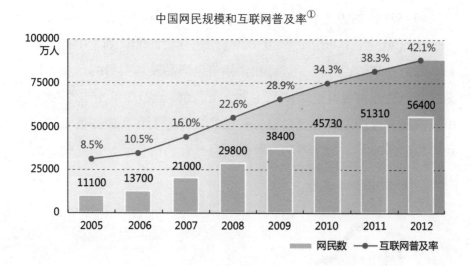

中国网民规模和互联网普及率①

基于庞大的网民及手机用户群体，中国数字内容产业发展潜力巨大，目前，其市场规模已经超过了2000亿元。未来几年，中国数字内容产业仍将保持30%以上的高速增长态势。设计与科技的融合将丰富设

① 中国互联网络信息中心《中国互联网发展状况统计报告（2013年1月）》。

计的内涵，计算机、互联网、3G通信等现代电子信息技术将加速相互融合，我国消费电子产业融合创新的趋势将越来越明显。互联网等数字传播技术的日新月异将极大地激发全民创意，并将加速创意的商业化实现。预计到2020年，数字内容产业对我国GDP的贡献率将从目前的3%提高到约7%，对文化内容资源的设计转化需求日益加大。就此应进一步将互联网技术、数字技术、3G通信技术、多媒体技术等计算机网络技术与文学、音乐、舞蹈、美术、戏剧、民俗、手工艺等文化内容资源结合，发展包括网络游戏、数字影音、数字出版、数字教育、内容软件、多媒体产品、手机媒体、数字动漫等在内的"数字内容产业业态"。

1995年，西方七国信息会议首次提出"内容产业"（Content Industry）概念。1996年，欧盟在其《信息社会2000计划》中把产业内涵明确为：制造、开发、包装和销售信息产品及其服务的产业，其产品范围包括各种媒介的印刷品（书、报、杂志等）、电子出版物（联机数据库、音像服务、光盘服务和游戏软件等）和音像传播（影视、录像和广播等）。数字内容产业是信息产业的衍生，是信息化、数字

山东工艺美术学院《大乳山的传说》动漫宣传片主题形象

化产业的总和，是一个以创意为核心、以数字化为主要表现形式的新型产业群，其核心是基于数字化内容的产品化和服务化[①]。英国、加拿大、日本、韩国、部分欧洲国家、

日本动漫《哆啦A梦》

澳大利亚等都由政府出面规划了相关产业发展战略，数字内容产业已经成为政府调整经济结构的杠杆之一。数字内容产业的价值实现并不仅仅体现在ICP（电信营运商）上，以数字化内容开发为核心、以支持型产业和配套型产业为补充的新型产业链正在形成。鉴于互联网平台进行的"内容原创"是发展数字产业的关键，以"原创内容下载"为主的动漫、游戏、微电影等艺术创作形式和借助社区论坛、微博、视频、移动终端等网络技术，以用户"原创内容下载与上传并重"为主的文学、图像、图片等自创自拍形式，正成为数字内容产业持续发展的主导方式。内容产出的形式，包括交互式多媒体、网络开发与设计、网络和移动游戏、多媒体与网络动画、图像艺术与设计、动画、数字内容出版等。内容创意和数字技术高度融合对人才的聚合带动能力相当强，今天，艺术家、作家、剧本创作人、电影制片人、文化遗产人、游戏设计者等内容创作者和设计者，已经同程序设计人员、应

---

① 罗海蛟《发展数字内容产业是国家级的战略决策》[J]，《中国信息界》，2010年。

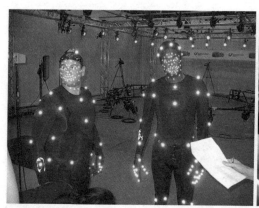

《阿凡达》影视技术

用开发人员、游戏设计人员一起工作了。

　　电影《阿凡达》是一部艺术创意与技术创新高度融合的作品，号称"电影技术的革命"。"Pace Fusion 3D数字摄影机"所拍摄出来的画面能够更准确地还原被摄物的方位，因此"立体感"就更为真实，让观众全方位浸入到影片所创造的环境中，观众将感到他们是通过一扇窗看，而不是在看银幕；虚拟摄影机技术使可任意移动和旋转的监控器在拍摄演员的表演时，同步预览到由电脑生成的即时CG画面，并且可以随时以任意角度和显示比例观看画面效果；Simul-Cam协同捕捉系统，让演员的表演能被100%传递到电脑里去；表情捕捉技术，可在演员脸上提供多个追踪参考点。摄像机记录下演员面部最微妙的表情变化，将数据合成到电脑中的虚拟角色，让CG人物的表情特写达到精确的真人水准。一部大片可以带动一个行业，一个行业可以成就一座城市。

　　在互联网快速发展的时代，数字内容产业还打破固有的边界，广泛渗透到通讯、网络、文化艺术、设计、娱乐等各个行业，形成以内容为核心，以技术为支撑，多元变化的数字新型业态和产业集群。从内容素材、数字内容、网络服务、数字媒体、接收终端、商务服务等环节着手，设计研发数字内容产品，拓展数字内容服务，开发内容衍生产品，构筑和拓展完整的数字内容产业链。具体而言，产业链中包含了以下这些主要的企业群：

数字内容产业链分布图[①]

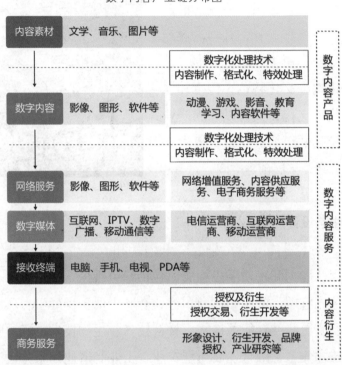

数字内容产业原创性以及发展潜力，主要受制于包括戏剧、舞蹈、美术、音乐、饮食、文学、民俗等区域特色文化资源的厚度和广度。借助计算机数字技术和商业模式创新，通过设计创意手段，发展以中国传统艺术元素为原创母体的内容产业是未来主要的发展方向。如以民间文学为例，青岛地区民间文学资源极为丰富，截至2009年7月，在青岛市16个门类100多个种类3344个非物质文化遗产项目中，以

① 罗海蛟《发展数字内容产业是国家级的战略决策》[J]，中国信息界，2010年。

海洋为主题流传的民间文学，占到
所有项目总数的54.1%，是名副其
实的"民间文学的海洋"。传统的
民间文学艺术可以为数字内容产业
提供无穷的创作源泉。传统的民间
文化借助科技和设计，并与内容产
业、出版业、影视业融合发展，既
可以强化本土文化特色，传承和弘
扬本地优秀文化，又可以创新产业
业态，拉长并深耕产业链，提供更
多就业机会，拓展创富空间。

韩国NEXON（纳克森）公司出品的游戏《跑跑卡丁车》

3.生态设计产业

绿色技术是能减少污染、降低消耗和改善生态的技术体系，由
相关知识、能力和物质手段构成，包括绿色观念、绿色设计、绿色生
产、绿色化管理、资源循环利用等，有利于保护良好生态环境，提高
经济发展质量。结合能源技术、材料技术、生物技术、资源回收技术
等绿色技术体系，融合发展新型农业、工业制造业和服务业。具体可
将清洁能源、环保材料、生物技术、资源回收等构成的绿色技术体系
引入设计产业，积极发展包括节能汽车设计、生态建筑设计、绿色包
装设计、手工艺品设计、绿色家具设计、植物纤维织物设计、公共艺
术品设计等在内的生态设计产业。

生态设计（Eco-design），也叫绿色设计、生命周期设计、循环设
计、为环境而设计等。20世纪90年代由荷兰公共机关和联合国环境规
划署（UNEP）最早提出"生态设计"概念。2011年，国际标准化组织

新奥尔良超大型生态建筑设计"诺亚"效果图　　　　　马来西亚Setia生态花园别墅

（ISO）颁布了新版标准ISO14006:2011环境管理体系——生态设计指南。新标准指出"生态设计的优势点在于：经济效益方面，提高竞争力、减少成本、吸引融资和投资；创新方面，促进创新和创造力，确定新商业模式；环境方面，通过减少对环境的影响和提高对产品的认知来减少不良影响；社会方面，改善公众形象；组织方面，加强员工积极性。"新标准适用于任何机构，不论规模、地理位置、文化或管理制度的复杂程度，也无论产品和服务的简单或者复杂程度，将帮助机构建立、记录、实施、保持并不断改善自身的生态设计，目标是要帮助结构设计和开发更先进的、盈利的和可持续发展的产品和服务[①]。

　　生态设计是指在产品设计及其生命周期全过程的设计中，在充分考虑功能、质量、开发周期和成本的同时，优化各相关设计因素，使得产品及其制造过程对环境的总体影响极小、资源利用率极高、功能价值最佳。许多大的跨国公司已非常注重产品的生态设计，如荷兰的飞利浦公司、瑞典的伊莱克斯公司、美国的AT&T公司和施乐公司、德国的奔驰公司等均已投入巨资进行生态设计，以减少产品的环境影

---

① 陈鹏《创新政策与环境政策协同推进绿色创新》[J]，《世界科学》，2012年。

响，增强产品的环境竞争力，并因此而增加了市场份额，取得了良好的经济效益①。

日本公司产品生态设计实施案例②

公司	生态设计	技术要素	说　明
日本绿色安全公司	能够安全焚烧的循环再生材料"生态皮革"设计	生态环境材料、循环再生	该产品是用100%PET瓶循环再生的人工皮革制作的工人上班时穿的安全靴。这种制品与采用不含铬的熟皮剂鞣的皮革制品一样，被称之为"生态皮革"。由于不含铬，所以即使焚烧也不产生有害的六价铬。该公司其他的安全鞋也同样使用了来源广泛的树脂原料。全部的树脂部件都不含氯，因此可安全地进行焚烧处理
资生堂	与企业形象相关的生态包装设计	循环再生、易拆卸性	1997年制定了《资生堂全球生态标准》；规定包装容器首先全面废止氯乙烯类，制定了新产品的生态评价制度，包括商品包装的生态设计。香波和护发素主要由天然材料构成，提高了生物降解性，容器使用的塑料量比比过去减少了40%，使用完折叠后就可以废弃。在此之后，该公司又积极采用再生铝、再生聚丙烯、再生比例高达70%玻璃等再生材料，还开展了提高金属等可再生利用的易拆卸设计
东洋制品	用PET薄膜制成的具有超环境性能的饮料容器"TULC罐"的设计	节省能源、节省资源、循环再生、清洁	TULC罐是用聚酯薄膜与薄钢板热压结合的双层材料制成的罐，与以往3层罐和一般的双层罐相比，具有诸多优良的环境性能：①成型过程不使用润滑材料，因此不需要清洗用水，不会污染排水；②使用聚酯叠层钢板，无需防止内装物有机成分浸出的涂层或镀层，工艺的革新使二氧化碳的排放量减少到原来的1/3以下；③清洗过程所产生的固体废弃物剧减为原来的3/1000
索尼	随处可见的环境对应型"绿色信封"的设计	循环再生	索尼公司的信封全部用100%的旧杂志纸制作。在此之前该公司的公用信封使用的是高级白纸。后来该公司与造纸厂合作，很快开发出了不用脱墨、漂白、着色的一般再生纸。而且，由于点点滴滴地有些墨迹，因而就成为灰色的信封。这种再生纸制造过程所用水的污染度减少为原来木浆上等高级纸的1/10。据说再生纸的强度下降了20%—30%，但这种信封的强度达到了JIS标准的2倍，并且这种制造过程的环境负荷可减少40%

生态设计的基本内涵是在工艺、设备、产品及包装物等的设计中综合考虑资源和环境要素，减少资源消耗和环境影响，增加废弃物再利用和资源化的可能性。企业通常采取的生态设计策略主要有可回收

---

① 李尚伟《产品生态设计初探》，《2006年全国环境资源法学研讨会论文集（四）》[C]，2006年。
② http://netedu.xauat.edu.cn.

资生堂融合自然形态的香水瓶包装设计

使用环保材料设计的圆珠笔

性设计策略、标准化设计策略及约束型设计策略等。可回收性设计策略就是利用相关产品的最终废弃物为原料重新设计新产品的方法，其关键是产品废弃物的回收问题。标准化设计就是将产品设计标准化，使产品一部分组成可以长期使用，另一部分换新后仍可与未报废的部分配合使用。圆珠笔就是标准化设计的典型例子，笔杆可以长期使用，笔芯的设计则是标准化的。标准化设计可以延长产品的使用寿命，既节省了能源和资源，又可以减少最终废弃物。约束型设计策略强调设计能显著降低整个系统从生产到使用过程中的持有成本，如通过有效的设计节能降耗，减少材料种类和用量，减少生产废料，节约包装和运输空间，减轻产品重量，减少零部件数目等。

　　要真正实现生态设计产业化，离不开绿色生态技术作为支持。这些技术包括：材料技术、生物技术、污染治理技术、水重复利用技术、清洁能源技术、资源回收技术、重复利用和替代技术、环境监测技术以及虚拟制造技术等。如20世纪90年代在国际上利用生物技术、

环保材料与设计相结合

生物基因技术实现服饰新面料的开发方面取得了许多突破性进展，如
英国Couktaulds公司开发的Tencel，美国利用生物遗传技术，培育出彩
色生态棉。另外，还有许多利用植物纤维如阔叶速生林、香蕉叶、剑
麻、甘蔗、菠萝、亚麻、苎麻等制成的面料。这些新型环保材料的开
发为实现生态设计提供有力的保证。现在，环保面料的种类已越来越
多，玉米纤维、竹子纤维、大豆纤维等有保健、舒适效果的植物纤维
面料已经引起人们强烈的关注。在包装设计行业，以天然植物纤维素
为代表的"纸包装"，已成为世界工业产品包装设计竞争的主流。在
生态建筑设计领域，利用太阳能等可再生能源，注重自然通风、自然
采光与遮阴，为改善小气候采用多种绿化方式，为增强空间适应性采
用大跨度轻型结构，水的循环利用，垃圾分类、处理以及充分利用建
筑废弃物等已成为设计消费的时尚。最近，太阳能技术已经普遍应用

到节能建筑的结构设计中。设计师有的是利用现在的太阳能热水器的分体技术，巧妙设计出了以太阳能真空管为组件的屋顶和外挂墙壁进行热水供应的系统；有的则是把太阳能光伏电池板设计为窗户和墙体建材，为住宅提供绿色电力和照明[①]。

2009米兰家具展：意大利regenesi时尚环保配件

4.智能化设计产业

人工智能与内容交替创新的时代已经来临。在以硬件驱动软件、软件驱动内容、内容反哺硬件的"创意资源循环圈"中，是积聚、融合、衍生各种新型设计业态的"温床"。可运用由虚拟现实技术、物联网技术、云计算、智能显示技术、3D打印技术等构成的智能技术，发展智能设计产业。虚拟现实是一种综合计算机图形技术、多媒体技术、传感器技术、人机交互技术、网络技术、立体显示技术以及仿真技术等多种科学技术综合发展起来的计算机领域的最新技术。而虚拟制造的本质是以计算机虚拟现实仿真技术为前提，对产品设计和制造全过程进行"流程集成化、智能化再造"。通过建构产品从设计到生产的"全流程数字化"，实现产品生产前全流程的现实模拟和仿真还原。透明的设计、生产流程，极大缩短了产品研发周期，减少了手工

---

① 高杰《新能源技术走进生态住宅》[N]，《中国环境报》，2006年。

操作带来的失误和物料浪费，提升了设计与制造过程的可视化、可监测化水平，更有助于产品的市场占有率和客户满意度的提高。

与传统的设计手段相比，虚拟设计具有设计系统高度集成、产品原型快速生成、复杂形体透明构成的特点。同时虚拟现实技术对不同设计门类的强力渗透，自然催生和裂变为更广泛的新型智能设计产业业态。如虚拟建筑设计、虚拟服装设计、虚拟产品设计、虚拟影视设计等。

依托信息技术、精密机械和材料科学三大尖端技术体系支撑的3D打印技术，将有力推动"传统制造业"向"数字制造业"的方式发展。与"传统制造业"不同的是，"数字制造"无需原胚和模具，能直接根据计算机图形数据，设计出所要打印物品的蓝图，然后设计出形状以及颜色，通过增加材料的方法生成任何形状的物体。世界上第一辆"打印汽车"Urbee，是一辆三轮、双座混合动力车。它使用电池和汽油作为动力。虽然单缸发动机制动功率只有8马力，但由于其小巧轻便，最高时速可达112公里。先进的3D立体打印技术不仅使Urbee具有时尚前卫的流线型外观，还减少了制造过程中对原材料的浪费，可谓是名副其实的环保车型。与许多其他奇特的"新概念汽车"不同，这款汽车将会更加经久耐用，至少能使用三十年①。

与传统技术相比，3D打印技术已成为现代模型、模具和零件制造的有效手段，在具有良好设计概念和设计过程的情况下，简化产品的生产制造程序，缩短产品的研制周期，提高效率并降低成本，快速有效又廉价地生产出单个物品。3D打印技术作为"第三次工业革命"的重要标志之一，未来将极大地提高设计效率。目前，3D打印技术已经广泛到渗透先进制造业、工业设计业、生产性服务业、文化创意业、

---

① 《"打"出天下，"造"化万物——改变世界的3D打印技术》，《发明与创新》，2011年第11期。

世界首款3D打印汽车Urbee 2面世，它是一款混合动力汽车，绝大多数零部件来自3D打印

由设计师Bitonti用3D打印机打印出的桌子

电子商务业等产业结构中，势必会对这些产业的革命性变革起到推动作用。

移动互联网和物联网是推动现实世界和虚拟世界融合的主要途径。通过条形码、图像识别等技术，一些原本不具有计算或数字感知特征的事物或对象被成功接入物联网，而通过智能手机，就实现了现实世界与虚拟世界的联接，如华为的"家庭媒体中心"和海尔推出的"海尔物联之家U-home"创新项目，都是通过自主研发的多款物联网核心控制芯片，整合电网、通讯网、互联网、广电网与家电的对话，实现三屏合一和三屏联动。这种存在于人与人、人与物、物与物、人与环境、物与环境间的有机互动将变得更加密切，从而催生出更多的商业机会和创新的生活模式①。

新技术的发展不断改变传统的商业模式和生活方式，也极大地扩宽和改变着我们对设计产业的认知范围。未来，包括电子与信息技术、生物工程和新医药技术、新材料及应用技术、先进制造技术、空间科学及航空航天技术、海洋工程技术、新能源与高效节能技术、环境保护新技术、现代农业技术、微电子技术在内的新技术创新速度将

① 李江《个性—情感—服务：华为的移动互联设计理念》，《装饰》杂志，2013年第1期。

海尔物联之家U-home"

提速，包括高强轻型合金材料、高性能钢铁材料、功能膜材料、新型动力电池材料等在内的国家重点发展材料产业也将进入黄金增长期，这些都将为设计产业的可持续发展，以及通过设计产业影响并拓展其他产业提供了强大的科技支撑。同时，在以人为中心的消费时代，尽管高技术产品为人们的工作和生活创造了很大收益，但市场的竞争、消费者的比较将促使高技术经营者同样要利用设计手段来应对变化着的市场和需求。

（二） 设计产业形态

现在全球经济的增长方式都在转变，发达国家的经济发展已经从资源、投资驱动转向创新和创意驱动，而中国的经济和社会发展则刚刚进入这样一个转型期。世界竞争战略和竞争力领域公认的第一权威，素有"竞争战略之父"之称的迈克尔·波特(Michael E. Porter)教授，曾在1990年出版的《国家竞争优势》一书中，提出了著名的"经济发展四阶段论"。这四个阶段分别是：要素驱动阶段、投资驱动阶段、创新驱动阶段和财富驱动阶段。要素驱动阶段的着力点来自于廉价的劳力、土地、矿产等资源，投资驱动阶段的着力点是以大规模投资和大规模生产来驱动经济发展，创新驱动阶段着力点是以技术创新为经济发展的主要驱动力，而财富驱动阶段则追求个性的全面发展，追求文学艺术、体育保健、休闲旅游等精神生活享受，成为经济发展的新的主动力。

经济发展四阶段

从以上分类可以看出，所谓创新驱动阶段，就是以知识创新为经济主产业的阶段，即发展知识经济或"智力经济"的阶段。而知识经济之后的财富驱动阶段，意味着第三产业将进一步分化，其中以精神的、文化的、心理的、创意的、休闲的、娱乐的体验为主导要素的设计产业将逐步发展成为经济中的新型产业。从我国整体产业情况而言，虽然四种产业主体共生共存，但目前经济发展的主要阶段仍然停留在要素驱动和投资驱动阶段，即劳动密集型产业和资本密集型产业仍是经济发展的主要支撑面，未来产业提升的空间仍然很大。从美国来看，创意经济是知识经济的重要表现形式，没有创意以及创意带来的版权产业，就没有美国的新经济。阿特金森（Atkinson）和科特（Court）1998年明确指出，美国新经济的本质，就是以知识及创意为本的经济，新经济就是知识经济，而创意经济则是知识经济的核心和动力。在当今世界，文化创意产业知识高度密集、高附加值、高整合性特点以及文化创意人力资本的价值对一个国家可持续发展意义深远。经济行为中创意的、科技的因素将越来越具有某种决定性的作用，而文化作为日益强大的产业结构已成为整个国民经济先导的甚至支柱性的产业。建设与未来世界新的经济形态和技术形态相协调的新的文化创意产业形态，对中国经济的全面协调发展和产业结构的进一步调整将具有越来越重要的作用。设计是文化的表现形式，通过设计创意，实现本土文化与相关产业链的重组和延伸，为传统产业的转型升级服务。通过特色文化资源的整合开发，促进传统产业升级，带动新兴产业发展，扩大文化消费规模，培育时尚群体，促进城市创新和品牌创新，形成新的文化竞争力，为社会、经济、文化发展注入持续活力。同时，更要建立特色文化资源与城市发展、产业发展的有机联系，激活特色文化资源的设计创新效能，使之在自身强化发展的同时，成为设计创意产业、消费型服务产业、工业制造业、文化旅游产业的重要组成部分，成为国家显著的文化标识和核心竞争力。

"创意无处不在"，设计具有产业跨界、跨领域融合的广泛性。一方面，设计作为相对独立的产业业态正逐步从传统产业中分离出来，发展成为具有完整产业链的智力研发产业；另一方面，设计自身的创意特点以及无处不在的生活普及性，决定了设计产业具备与更多产业领域跨界融合、催生裂变新型产业业态的强大功能。设计中文化的、知识的、信息的、科技的乃至心理的因素在智力经济发展过程中将越来越具有某种决定性的作用，设计产业在传统产业结构调整和转型升级中，必将发展成为整个国民经济重要的以至支柱性的产业。

1.设计创意与农业综合形态

创意农业就是在生产、经营过程运用科技、文化等创意手法，来实现资源优化配置进而提升农产品附加值的一种新型农业发展模式。创意农业建立在以农为本文化体系解读、挖掘、梳理中，进行生产创意、生活创意、功能创意、科技创意、产业创意、品牌创意和景观创意，通过营造优美意境，创造农民独特增收模式，促进社会主义新农村建设，以实现农业增产、农民增收、农村增美的新型农业生产方式和生活方式。

设计资源融入创意农业

设计与现代农业相结合

设计与现代农业相结合

创意农业的产业链除了农业本体外，还包括核心产业、支持产业、配套产业和衍生产业等相互紧密的联结，极大带动城镇化过程中产业的可持续发展和弱势群体就业。

世界许多发达国家纷纷通过立法（如德国市民农园法、美国农业住宿法案等）、制定补贴措施、成立各类农业协会等举措，对创意农业提供强有力的保障。世界各国都在全力探索、发展适合自己国情的创意农业，虽然产业侧重点不同，但在环境维持友好及追求资源永续利用方面，其发展理念出奇的相似。如法国的创意农业以环保生态功能为主，荷兰的创意农业以创汇功能为主，日本则属于综合型（绿色、环保、体验和休闲功能）的创意农业，德国则倾向生活社会功能性（如休闲农庄和市民农园）的创意农业等。

中国即墨市七级镇大欧村以设计制作鸟笼为业。大欧鸟笼的手工技艺始于明代，至今已有五百多年的历史。目前大欧村470户人家，几乎家家户户都制作鸟笼子，年可制作鸟笼50余万个，全村年收入达1200多万元，成为中国北方最大的鸟笼加工生产基地。日本"一村一品"

运动从发展初期依靠创意培育特色产品活动发展成为与创意文化、创意观光以及国际交流活动相结合的创意活动,波及到了日本全国、亚洲乃至世界各地①。"贴牌农业"作为创意农业的新兴产业形态,也开始在全球范围内悄然滋长,最知名的莫过于"德米特(demeter)国际"了。它是推动有机农业认证制度的全球性生态联

设计与特色农产品相结合

盟。德米特国际已经发展成了一个以活力有机农业为基础,以生产、加工、认证、创意设计、推广宣传与销售为产业链的文化创意产业联盟。除了各种农副产品之外,还包括酒、生机饮料、化妆品与服装、手工艺等"贴牌认证"产品,虽然这些产品的价格要比一般产品高1/3左右,但是在国际上却深受消费者欢迎。

农村改造的问题会伴随中国未来城镇化战略的实施而日益彰显出来。如此大规模地人口迁移、土地流转、房舍拆建必将考量政府决策水平以及规划师、建筑师和设计师的智慧。平衡"环境、文化、设计"三者的关系,将是避免"千城一面"、"文化同质"的首要问题。建筑设计师既要考虑如何利用这些被拆迁丢弃的材料,同时还要考虑建筑的牢固性、与周边环境的协调性、与地域文化的勾连性以及节能性。国外媒体在评论普利兹克奖获得者王澍的作品时曾这样说:

---

① 参考刘平《日本的创意农业与新农村建设》,《现代日本经济》,2009年第3期。

"在一个高楼以日计而非以年计的速度拔地而起的国度，王澍和他的建筑事务所却专注于传统、历史、本地感，关心材料的可持续性利用，以及居住和使用者的感受，因此让建筑更能持久。"材料虽是二手的，但创意却是稀缺的，王澍的建筑理念或许是破解城镇化建筑规划难题的重要思路之一。

2.工业设计与制造业转型

当下，中国制造业的产业形态典型地体现了以下特征：制造业和设计及销售市场的切割分离，制造业严重依赖廉价劳动力和高度发达的物流业，以过度消费和产能无限扩张作为这种产业形态的经济基础。

按照日本经济学家赤松要"雁行模式"的理论，中国制造业目前既没有设计、技术创新领导国的"雁首"带动功能，也没有形成利用国外资金发展知识密集型产业的"雁翼"辐射功能，我们只处在依靠劳动密集型产业进行低端代工的"雁尾"位置。发展什么，怎么发展，完全取决于"雁首"和"雁翼"的方向和能力。制造业被动发展的态势和已经造成的对社会、环境影响，都值得深思和反省。

淘汰落后产能、转移生产制造基地、提升技术创新能力和强化工业设计创新将是中国制造业转型发展的必由之路。制造业的自主创新必须把握技术和设计创新双轮驱动、融合发展的思路，建立多项技术协同创新的新机制，明确各种技术与各个创新主体的功能定位，合理布局技术创新链和产业链。工业设计在高新技术产业发展过程中的作用非常明显。推动工业设计产业快速发展离不开高新技术产业的平台支撑。技术更新拓宽了工业设计的发展空间，使设计的主题更加丰富，设计的功能、外观更加多样，设计的效率更高。将工业设计与技术并行开发已成为很多国际知名企业拓展市场的核心战略。

工业设计概念的界定

学者、机构	视角	界定
John Harvey Jones	功能	设计为产品添加了一个维度
Walsh et al	功能	设计是原料、部件和其他成分的组合，从而为产品的绩效、外观、方便使用和制造方法提供了特殊的贡献
Freeman, cited in Walsh	创新	设计是创新得以实现的重要因素，因为设计不仅产生创意，并且能将技术的可能性与市场机会相结合
Bernsen	功能	一个优秀的产品要有预期的质量、特定的有知识的用户、与之相适应的可见的沟通渠道、能够销售的环境等，而这些都是设计创造的
Design Council	创新	设计就是将一个创意转化为一个有价值的产品蓝图的活动，无论这个产品是汽车、建筑、图册还是一种服务或流程
弗拉斯卡蒂手册	创新	创新进程的重要部分。包括设计、绘制工艺流程、技术特性、必要的概念操作特征、新产品、新工艺的开发、制造与市场；它可以是产品或工艺的最初概念，如研究与试验开发，也可以与工具安装、工业工程、制造和市场紧密相连
Bruce Tether	用户需求产品特性	工业设计最初是提高大量产品的美学和风格使产品更具吸引力。然而，目前大部分工业设计师正在寻求超越美学和风格因素来开发适应用户需求以及生产程序的新产品
1980年国际工业设计协会	功能	就批量生产的产品而言,凭借训练、技术知识、经验及视觉感受,赋予产品的材料、结构、形态、色彩、表面加工和装饰一新的品质和规格,并解决宣传展示、市场开发等方面的问题,称为工业设计。涉及包括市场需求、市场概念、产品的造型设计、工程的结构设计、快速模型模具的制造、小批量的生产直到批量化上市,以及形象品牌的策划等领域

　　同时，我们也应看到，随着高新技术的迅猛发展，以劳动密集型为主导的制造业产业结构会出现松动。当生产劳动方式被资本、技术等要素替代后，劳动力因素也会继续被人力资本、数字制造等弱化，生产制造流程中配置的劳动力比重将进一步缩减，劳动力占整个流程中的成本也会迅速下滑。同时要求产品满足消费者和消费市场的个性化需求，也会随着生产工艺和制造技术的不断革新而成为消费主流，个性化和人性化的生产方式所产生的产品边际效用将取代规模化收

益。这些变化都会促使以廉价劳动力和规模经济取胜的制造业发生根本性变化。因此，工业设计已经成为未来制造业产业结构调整过程中一种不可忽视的创新战略资源。工业设计更多与产业业态交叉、与科技手段融合、与生产制造挂钩、与企业战略交合、与社会文化对接，工业设计已从产业领域拓展到经济文化建设发展的各个方面，成为转型升级的重要动力。

在20世纪初，"德意志制造联盟"把产品的优质化定义为：优良的产品设计与精湛的加工质量。从而使德国货进入世界一流产品的行列。100多年过去了，中国已成长为全球规模最大的产品制造基地，但由于缺乏高端的设计研发作为产业发展的支撑，产业链较短，带动辐射性较差，使得"中国货"虽遍布全球，却无法获得高回报，"一条腿闯天下"成为中国制造业最典型的形象。

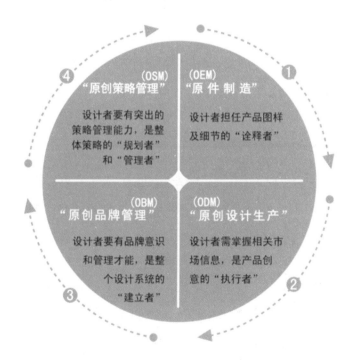

黑莓概念手机

基于此，"大力发展工业设计"、"产业链上移"、"加大品牌管理"等正成为各级政府报告中出现频率最高的字眼。我们看到，以京、广、沪为核心的中国工业设计产业在政府政策带动下，正呈方兴未艾发展之势。

广东提出："以企业为主体，以信息技术为手段，以人才培养为支撑，以粤港合作、省市共建为依托，以提升产业和产品市场竞争力为目标，加强政策支持和引导，大力推动'产业设计化、设计产业化和设计人才职业化'，形成设计创新、技术创新、品牌创建三位一体的创新机制，加快推动广东省从'广东制造'向'广东创造'转变"；深圳市将设计产业作为"十二五"文化产业规划的重点。以世界"设计之都"建设为平台，紧密围绕创意设计的主题主线，重点培育以平台印刷设计、动漫游戏、数字视听、新媒体、工业设计、工艺美术等高端设计产业业态，对产业空间布局、园区基地建设、重点项目开发、人才引进培育、配套政策措施和规划实施步骤等方面，作出前瞻性的全面统筹安排。"

上海提出，打造先进设计理念的传播地、先进设计技术发明应用地、优秀工业设计人才集聚地、优秀设计产品展示地、设计知识产权交易地。推动产品研发与工业设计的有机结合，在重点新产品产业化过程中实现科技创新与工业设计同步进行。设计产业发展的重点分类主要是：交通工具、装备制造、电子信息、服装服饰、食品工业、工艺旅游纪念品、家居环境、视觉传媒等八个方面。

北京全面实施"首都设计产业提升计划"，针对工业设计、建筑设计、规划设计、电脑动画设计、集成电路设计、工艺美术设计、服装服饰设计等重点领域，以"世界设计之都"为核心，围绕交易渠道开拓、制造业融合、企业培育、联盟组建、人才培养、品牌塑造、基地建设等七个方面，全面推动设计产业发展。

全国创意产业集群一览

区域	城市	优势
首都创意产业集群	北京	北京拥有全国最多的高等艺术院校、艺术团体以及创意人群，并已规划打造6个文化创意产业中心
长三角创意产业集群	上海	上海已启动18个创意产业集聚区，目标是要成为"国际创意产业中心"
	苏州	苏州已成为长三角的创意产业生产基地，是长海创意产业链的延伸
	杭州	杭州LOFT49汇聚了17家艺术机构，涉及工业设计、室内设计、广告策划等多个创意领域
珠三角创意产业集群	广州	广州背靠"亚洲创意中心"——香港，天河区是广告、影视、媒体、IT等创意工作集聚区
	深圳	深圳的创意产业中主要包括印刷、动漫、建筑、服装等，目标是打造"创意设计之都"
滇海创意产业集群	昆明	昆明的绘画、音乐、雕塑是这里的文化经济亮点，"云归派"在这里形成
	丽江	目前，丽江已成为影视、演出、服装、时尚活动的背景板，全国创意产业展台的提供者
	三亚	世界小姐总决赛、南方新丝路中国模特大赛等诸多选美比赛都在三亚举办
川陕创意产业集群	重庆	2005年，重庆先后举办了中国创意产业高峰论坛和中国创意经济与城市商业开发高峰论坛
	成都	作为全国三大数字娱乐城市之一，全国首家网络动漫游戏产业基地已正式投入运营
	西安	拥有全国数量第四的高校，西安高新区同时也是全国四大高新区之一
中部创意产业集群	长沙	以湖南卫视、湖南经视为首的电视广播方阵使长沙的创意城市特色有着独特地位

3.设计创意与旅游产业培育

旅游业兼具消费性服务业和生产性服务业的双重属性，是现代服务业中最为活跃的因素。旅游业资源消耗低，带动系数大，就业机会多，综合效益好。旅游业作为一个综合性强、关联度高的"集成产业"，它的发展不仅要依托于商业、交通、食宿等传统服务业，而且与文化、体育、农业、工业、林业、商业、水利、地质、海洋、环保、气象等相关产业和行业的融合发展，能够刺激、拉动这些产业的快速发展，创造出广阔的市场需求和就业机会。

但目前的旅游市场开发和旅游产品设计存在很多问题，已经引起市场混乱和恶性竞争，亟需解决。虽然政府和商家都在力图让文化因素能更多介入旅游产品开发和市场拓展，但总体上看，由于受观念、成本、审美水平、科技、创意手段等诸多因素的限制，当下旅游产品开发设计遇到的现实问题不外乎是：第一，旅游产品设计层次低，产品所蕴含的参与性、娱乐性、知识性和体验性较差；第二，由于受生产成本的制约，过分追逐"低价竞争"，模仿和抄袭现象盛行，产品缺乏原创，缺乏知识产权的有效保护，重复建设、盲目建设普遍，加剧了市场的混乱与竞争；第三，产品缺乏个性特色，持续创新力不足，表现为无差别、无特色，产品"同质化"现象严重；第四，服务设计水平低下，品牌意识淡漠，可识别、可选择、可评价、可记忆、可满足的整体产品形象力较差；第五，文化含量较低，设计创意转化能力较弱，造成产品粗俗低下，美学品质亟待提升；第六，科技含量低，技术、设计与商业管理捆绑开发经营的能力不足，造成产品关注度和吸引力普遍较弱。

中国文化旅游产业正处在一个由"规模到集约"，从"粗放到精致"的结构转型过程中，而勾连这一转型的核心要素之一就是设计与创意。

旅游产品的三个层次

层 次	特 征	项目内容	产品功能
基础层次	陈列式观览	自然与人文景观	属于最基本的旅游形式，是旅游规模与特色的基础
提高层次	表演式展示	民俗风情与购物	满足旅游者由"静"到"动"的多样化心理需求，通过旅游文化内涵的动态展示，吸引旅游者消费向纵深发展
发展层次	参与式互动	亲身体验与娱乐	满足旅游者自主择项、投身其中的个性需求，是形成旅游品牌特色与吸引旅游者持久重复消费的重要方面

而今，全球各式各样的文化形态正以创意的、有形化的形式不停地转移到世界各地，快速地走进不同的生活空间。文化只有在不同物质空间中"被压缩打包"，并通过文化创意和展示设计的手段呈现出来，旅游的消费价值才得以彰显。"当今的文化展示不再局限于美术馆、博物馆或其他专用展览渠道，文化含义被逐字刻入风景、宽街和窄巷、建筑、街道设施、公共座椅、墙壁、屏幕、物件以及艺术作品。博物馆将社会呈现为穿过一系列物件的展览；遗址将整个历史时期变成了一条有着商店和咖啡屋的街道；购物广场和滨水区认为有了艺术作品、展览空间和散步的街道，就有了文化。文化就这样被铭刻在了物质层面上，似乎数字和电子影像时代的我们很害怕失去它。"①

文化的流转反映了人们对文化消费的渴望和品质生活的追求，而满足高质生活诉求和渴望的唯一手段就是设计。"设计创意"与"文化生活"的紧密对接，是提升文化旅游产业到创意生活产业业态发展的必由之路。

创意生活产业作为传统文化旅游业的提升发展的新业态，目前在中国台湾已形成普遍共识，并取得相当可观的收益。所谓创意生活产业，依据中国台湾工业局"创意生活产业发展计划"的定义，就是指以设计整合、提升民众生活各方面的核心知识，提供具有深度体验及高质美感的产业形态。创意生活产业强调"传统文化的重要性"和"地方资源的依赖度"，重视"设计创意"与"日常生活"紧密对接所呈现出的"文化特色"和"品质生活"，据此彰显传统文化、地域资源对于现代人生活创新的重要意义。如台湾花莲的七星柴鱼博物馆，是一个成功转型的创意生活产业企业。设计师将原来的柴鱼工厂打造成集捕鱼、制鱼体验为核心，创建各种不同的以多媒体演示、虚

---

① [英]贝拉·迪克斯《被展示的文化：当代"可参观性"的生产》，北京：北京大学出版社，2012年版，第103页。

拟现实体验、道具展示、DIY活动、商品贩卖为衍生服务环节的多功能文化主题体验馆。原有的柴鱼制作工厂变成一个可结合旅游观光的多元复合的文化产业，焕发出新的市场活力。

据有关资料显示，中国台湾创意生活产业的发展模式基本分为四大类，包括：主题创意生活、特有文化汇集、原有核心延伸以及地方产业转型等模式。其中，"主题创意生活"指观察生活脉络与产业变迁衍生需求或趋势，选定创意主题，注入美感及深度体验，形成创意生活新形态。主题公园的真实性是通过关注细节、精心设计和运用最新科技来实现的①。最近一些沿海地区因海洋生物资源种类繁多，生态环境资源较为丰富，着手围绕渔民造船、养殖、捕捞、制鱼等过程，创建各种不同的以动态演示、现场实景勘察、静态展示、趣味活动、商品贩卖为衍生服务环节的多功能"渔业生活体验馆"，变"生计渔业"为"创意渔业"。"特有文化汇集"是指从特有技术与文化特色着手，发展可体现地方专有文化特色的平台与服务。如海洋文化在悠久的历史进程中，逐渐形成了既丰富多彩又独具特色的海洋

设计创意与主题相结合

设计与展示相结合

① [英]贝拉·迪克斯《被展示的文化：当代"可参观性"的生产》，北京：北京大学出版社，2012年版，第103页。

信仰习俗文化体系。信仰载体多集中在庙宇、祖屋、生产器具、岁时节令和庙会节庆上。生活不是仅为衣食住行而运动的单一程序，它本身也需要一个内在的价值作为指引和督导，生活要在信仰内才能得到最大的体验和满足。因此，修复并创意海洋民俗风情的"生活信仰体验游"内容就变得非常必要。"原有核心延伸"则是以地方传统文化及地方资源为基础，打造具地方特色的创意生活新形态。如日本金泽市素有"工艺美术王国"的美誉，盛产金箔、九谷烧瓷、漆器等多种传统纯手工艺制品。当地政府为让普通民众更贴近传统工艺品，推出"金泽之旅"创意体验活动，游客可在各种手工坊及展览馆亲手参与制作。2009年，金泽市也因此加入联合国"全球创意城市网络"，成为"手工艺和民间艺术之都"。"地方产业转型"强调的是因应经营环境变迁或原产业需求减少之挑战，以地方资源营造为核心，结合地域特色，达成地域发展与城市产业内容多元化经营的目的。如杜塞尔多夫市作为德国鲁尔区钢铁、煤矿、航运为主导产业的重工业城市，由于产业环境和经济需求的改变，原有一些典型的工业建筑被改造成为歌剧院、艺术收藏馆、展览馆或体育运动场所。现在，杜塞尔多夫市每年要举办46场国际博览会，游客达180多万，极大地拉动了旅游、休闲等文化产业，年产值高达25亿欧元[①]。

美国未来学家阿尔文·托夫勒在《未来的冲击》中预言："服务经济的下一步是走向体验经济，商家将靠提供体验服务取胜。"体验经济目前已成为全球的一个时尚概念，涉及多种行业。而创意生活产业核心概念就是来源于体验经济。体验经济学认为，与单纯购买产品或者服务不同的是，消费者更看中消费过程的精神满足感，更喜欢亲身体验和感受那些具有陌生感、新鲜感和刺激性的消费方式。围绕一定

---

① 资料来源：http://www.cepd.gov.tw.

德国鲁尔区埃森市的矿业同盟工业景观

的主题主线，将以传统旅游业为主体的不同产业形态融进创意生活产业领域，突出设计的统领作用，构建"设计为主导"改造提升"日常生活"品质，通过产业提升与形象重塑，使传统旅游产业升级改造，让消费者深度体验与高品质审美感受成为旅游产业新的追求目标。

（三） 设计与消费

据美国《世界日报》消息，苹果最新手机 iPhone 5开卖的当天，排队抢购的人潮挤满美国纽约曼哈顿第五大道苹果旗舰店和全市各分店，其中手拿现金的黄种人面孔与中文交谈声充斥在各大分店的抢购人潮中，购买的人中每三个就有一个中国人。

苹果手机吸引中国消费者的原因归纳起来有两种：一是快速的设计能快速响应广大的消费市场；二是追求潮流和品牌，显示身份的消费心理加速了产品设计的更新换代。

1.设计促进消费

在现代经济体系中，设计创意正在向产业化的方向发展，从消费者与市场的终端拉动生产

顾客在纽约曼哈顿第五大道苹果专卖店排队购买新上市的iPad产品

的发展、资源的合理使用和效益最优化，极大地丰富了人们的精神与物质生活。设计不仅是一种与产品相联系的供需过程，而且是一种传递思想、态度和价值的有效方式。设计与消费行为及个性有着本质的联系，是连接用户需求和产品供给对接的有效纽带。设计既是消费市场"现存

问题解决方案的提供者"，又是消费市场"潜在问题需求的发现者和消费带动的创造者"。

通常，用户购买行为受制于显性消费需求和隐性消费需求两类。显性消费需求是指为满足基本生活条件和因现有生活条件受限而需适度改善所带来的需求，其特征是已经存在的、可以辨识的市场需求，表现为消费者既有欲望，又有一定的购买力（货币支付能力）。显性消费需求一般要经过设计师市场调查或客户走访才可发现。LG 公司为了满足消费者对居室风格的新需求，要求设计师们对不同类型消费者的兴趣和爱好，包括生活形态、居住形态、行为方式等进行深入调研。在消费需求分析的基础上，将设计思想与需求趋势紧密结合，最大限度地做到了投其所好。LG 公司最新推出可灵活转变外观图案样式的"艺术冰箱"，甚至还在面板上绘制了梵高等世界著名画家经典作品的"艺术空调"，以此吸引消费者的视线，满足求新求变的个性化消费需求。这种情况还发生在Master Lock钛系列住宅及庭院用锁的产品设计上。由于市场仿制和价格原因，Master Lock锁具市场占有率大幅缩水。为找到设计改良的新方法，Design Continuum设计公司专门成立焦点小组进行消费者访谈，发现两个焦点问题：一是大多数消费者认为锁会被撬锁工具打开；二是对庭院存放东西防范加锁，意味着对邻居的不信任。基于此，Design Continuum公司的设计师们在定案时明确两点："锁套暴露越少越安全"和"外观设计要体现不像锁的锁"，从而使Master Lock锁具重新获得消费者认可并一度风靡市场。满足显性消费需求的核心是"再设计"策略，即利用现有产品资源，将消费调研转化为方案解决的过程，设计师在此扮演了消费市场"现存问题解决方案的提供者"角色。

与显性消费需求的易发现易辨识不同的是，消费者对隐形消费需求虽然有明确的意识和欲望，却由于种种原因无法在明确的短时间

Master Lock钛系列住宅及庭院用锁

内显示出来。这种消费需求带有强烈的个人化、隐秘化和从众性、模糊化特点，设计师即使进行市场调查也难以发现，常常把它错误地理解为"无需求"。隐性消费需求暗含着真正的消费能量，是促成消费动机与欲望实现的"引爆场"，它自己无法表现出来，需要设计师的引导和原创。据预测，到2050年，世界人口预计达到或超过90亿人，届时将有一半以上的人会住在城市。基于此，最近一个被称作"城市养殖者"的设计计划激发了很多人的消费兴趣。由安东尼奥·斯卡尔波尼及其设计战略合作伙伴"概念设备公司"（Antonio Scarponi / Conceptual Devices）与苏黎世的"城市农民股份有限公司"（UrbanFarmers）合作设计的屋顶养殖装置Globe/Hedron，从外观上看，就是一个自然可再生的材料竹子编制的网格状温室，被设计用来在普通的平屋顶上有机地生产鱼类和蔬菜。设计者试图通过在城市发展分散式养殖系统，致力于帮助解决世界即将来临的食物保障难题。在这个装置内，鱼类和植物有共生关系，在相互协同下生长，鱼缸用水可以滋养植物，而植物则反过来清洁鱼类的用水，每年能生产100公斤的鱼肉和400公斤的蔬菜，能为一个四口之家提供一整年的食物储备。"突破性设计"或"原创性设计"往往是激发隐性消费需求的利

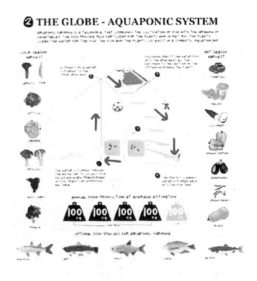

屋顶养殖　　　　　　　　　　　　城市屋顶农场

器，设计师扮演了消费市场"潜在问题需求的发现者和消费带动的创造者"角色。

　　隐性消费需求和显性消费需求之间既相互联系又互为补充，换句话说，隐性需求是为了弥补和完善显性需求的不足而存在的，它可使需求目标更好地实现。从商业经营角度看，隐性消费需求的最终实现的目的是通过设计创新转化为显性消费。

　　设计的目的来自消费者的需求，而需求的差异性却受制于消费者的类型和消费价值。美国心理学家奥尔波特(G.W.Allport)和阜农(P.E.Vernon)采用德国哲学家和心理学家斯普兰格(E.Spranger)对人的六种分类(经济的、理论的、社会的、审美的、宗教的、权力的)制订了一份"价值观研究量表"，进行具有开创意义的价值观研究。他们根据用户个性把消费者分为六种消费类型——理论型、经济型、审美型、社会型、权力型、宗教型。

用户个性及消费特征

消费类型	个性及消费特征
理论型	有智慧，追求真理，关心消费变化，注重产品/服务消费的功能性、精神性、文化性和耐用性价值
经济型	一切以经济观点为中心，以追求财富、获取利益为个人生活目的，注重产品/服务的成本、好用、可用等务实、理性价值
审美型	以产品的外观、时尚等审美观点来衡量商品的价值，追求自我实现和自我满足，不太关心现实生活，注重产品/服务消费的个性、艺术性、对话性价值
社会型	受他人影响而引起购买动机，选择倾向上服从集体标准，从众心理明显，注重产品/服务消费的群体性、功能与效用性、拥有性、简朴性价值
权力型	对社会地位表示关心，看重影响性和排他性，消费行为凸显优越感和炫耀欲，注重产品/服务消费的品牌性、差异性、身份性和独有性价值
宗教型	按照信仰的原则选择符合他们信仰的商品，以爱人、爱物为消费行为标准，注重产品/服务消费的和谐性、生态低碳性和利他性价值

　　设计的差异性最终取决于消费者的不同类型和消费价值。就消费价值而言，1991年，希斯(Sheth)、纽曼(Newman)和格罗斯(Gross)就提出以价值为基础，来评价消费者行为模式。

　　"Sheth-Newman-Gross消费价值模型"认为产品能为消费者提供五种价值，来决定消费者的购买选择。这五种消费价值分别为功能价值、社会价值、情感价值、认知价值、条件价值。消费者选择产品时，可能只受上述五种价值中其中的一种价值影响，但是大部分情况可能受到两种以上，甚至是五种价值的多重影响，这也是设计为什么要追求差异化、求新求变的原因。

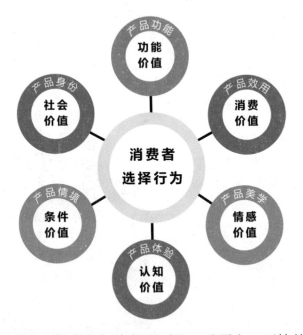

Sheth–Newman–Gross六种消费价值模型

产品功能 功能价值
产品效用 消费价值
产品身份 社会价值
消费者选择行为
产品美学 情感价值
产品情境 条件价值
产品体验 认知价值

　　设计是产品与消费之间有机联系的互动平台，而持续创新则是设计拉动产品与消费的加速器。强调厨房设备的好用一直是厨房家居空间设计追求的目标。但2012米兰Euro Cucina国际厨房展却向消费者展示了以"设计创造故事和新体验"为主题的创新观念，昭示了未来厨房设计正由功能性向"生活与社交体验中心"的理念转变。在这一理念的指导下，伊莱克斯推出了一系列更具亲和力，并富有休闲娱乐色彩的厨用电器，如Live—in，它不仅能够监控所有联网家电，在发现异常时立即通知主人，还能播放CD和DVD，也可以连接到电视天线上作为电视使用。这样，好奇心和享受生活的兴趣使消费者对伊莱克斯产品的购买欲望更加强烈了①。

　　无独有偶，西门子家电的嵌入式敞开厨房，在设计上可以把家

①　孙岚、纪建悦、张志亮《国外家电企业自主创新能力分析与启示》，《现代管理科学》，2006年第8期。

电完全嵌入到橱柜中，充分利用空间，使零散无序的厨房变得整洁、有规律、易打理、环保健康，让消费者的生活需求与工业设计的美感能够和谐共存。AC尼尔森亚太区研发及品牌管理董事长Alastair Gordon认为，"无论产品重新定位或新产品推出市场，其成功关键在于能否推出新创意——即是打动消费者及反映消费者需求的概念或讯息"。尼尔森推出的包括同感（Empathy）、说服力（Persuasion）、影响力（Impact）和沟通（Communications）在内的"EPIC分析法则"，从设计、品牌、环境和消费者关系的角度，阐明消费者是否喜欢这个设计

西门子嵌入式厨电现场展示

西门子嵌入式厨电现场展示

（Empathy，感情涉入度）、这个设计是否让品牌与消费者本身产生关联；消费者是否愿意购买这个商品（Persuasion，说服力）；这个设计在零售环境中是否突出（Impact，影响力）；这个包装是否达到预期的设计概念、是否创造出品牌联结（Communication，沟通效果）等。

2.消费引导设计

全球消费市场几乎每天都处在变化中。政治与政策、人口与家

庭、经济发展方式与产业结构调整、收入与分配、城乡互动、生产与生活方式等种种原因都是产生消费结构、消费方式和消费习惯改变的原因。有人在比较中美两国消费内容时，认为美国很多东西在往外转移。靠大家买电脑、买手机，然后全世界买它的信息产业设备、买它的软件、买它的技术、买它的设计；中国人则是不停地买房子、买汽车、买旅游、买服务、买家电、买城市基础设施、买公共交通设施……这都是消费享受的一个组成部分，而这些东西都是传统产业。与美国不同，传统产业目前仍将是中国未来很长时间经济增长的基本支柱，是老百姓花钱的主要地方，也是设计需要跟进的地方。

　　过去，消费者的消费大多局限在吃、穿、用的传统物质消费方面，而今天的消费已扩展到住、游、玩、乐、健、学等多个方面，人们的消费需求从过去单一的物质需求向物质、精神及生态多元需求转化，从重视生活水平提高到重视生活质量方面转化。消费个性化、消费品牌化、消费休闲化、消费生态化、消费知识化、消费艺术化等形态已逐渐渗透到社会生活的各个领域中。如消费的体验性，通常不是消费者自发的而是诱发的，往往通过视觉、听觉、味觉、嗅觉和触觉多种方式给消费者传达信息，创造体验。在消费体验营销设计中，贝恩特·施密特认为，体验设计应站在消费者的感官(Sense)、情感(Feel)、思考(Think)、行动(Act)、关联(Relate)五个方面，重新定义设计的思考方式。他认为，消费者在消费前、消费时、消费后的体验，才是研究消费者行为与设计经营的关键。他将不同的体验形式称为"战略体验模块"(strategic experiential modules, SEMs)，以此来形成体验营销设计努力的目标与战略。

　　消费方式，包括消费者以什么身份、采用什么形式、运用什么方法来消费资料，以满足其需要，消费方式是生活方式的重要内容。消费方式、消费品位的变化和商业动机都会引发设计活动，而创造竞争性产品的需要，驱使设计开始走向多元化和品牌化。20世纪70年代到80年代，日本经济出现两极分化的现象。一方面，当时的经济呈现出前

无印良品(MUJI)简约舒适之家

所未有的繁荣，海外的奢侈品牌逐渐博得消费者的喜爱；另一方面，价廉质糙的低端产品充斥市场。致使民众的消费方式呈现"两极化"的趋向。基于对这两种消费方式盛行的批判，"无印良品"开始在生活美学和改善生活用品之间寻找合理的平衡，它致力于"无印（无品牌）"和"良品（优质产品）"的企业文化探索，追求产品实用、简约、质朴的设计语言和品牌形象。产品在强调质朴、本色的同时，注重为消费者的生活方式和生活品位增添舒适感和文化价值。

消费方式伴随着生活方式内容的改变而改变。根据罗兰·贝格的调查显示，中国消费者越来越注重个人风格反映在他们对最前沿时尚的关注上以及越来越强的个人主义上，越来越多的消费者能紧跟潮流，几乎一半的消费者认为产品的风格比功能更重要。以手机市场为例。2009年中国手机市场调研的结果超过显示1/4的消费者（覆盖所有级别的城市）购买新手机的原因，仅仅是他们认为自己的手机已经不再时髦。在中国手机的平均购买频率约为一年半，与成熟市场相当。同样在服装市场，所有类型的消费者最看重的是时尚性。这与过去大不相同，过去只关心实用性与价格而不关心是否时尚。中国消费者比以前也更注重个人主义，不仅努力使自己更加时尚，也更希望通过他们使用的产品表达他

们自己的风格与特征。这一点在我们的手机用户调研报告中得到清晰的反映。我们可以看到在按年龄收入可以承受的手机价格及性别分类的群体中存在多种价值观、购买原因以及使用习惯。中国的年轻一代更喜欢在自己的个人网页上对喜欢的品牌商标进行变形设计，并根据自己的特征与兴趣设计头像，从而彰显自己的独特性。

不同级别城市的消费者对时尚与风格的观点①

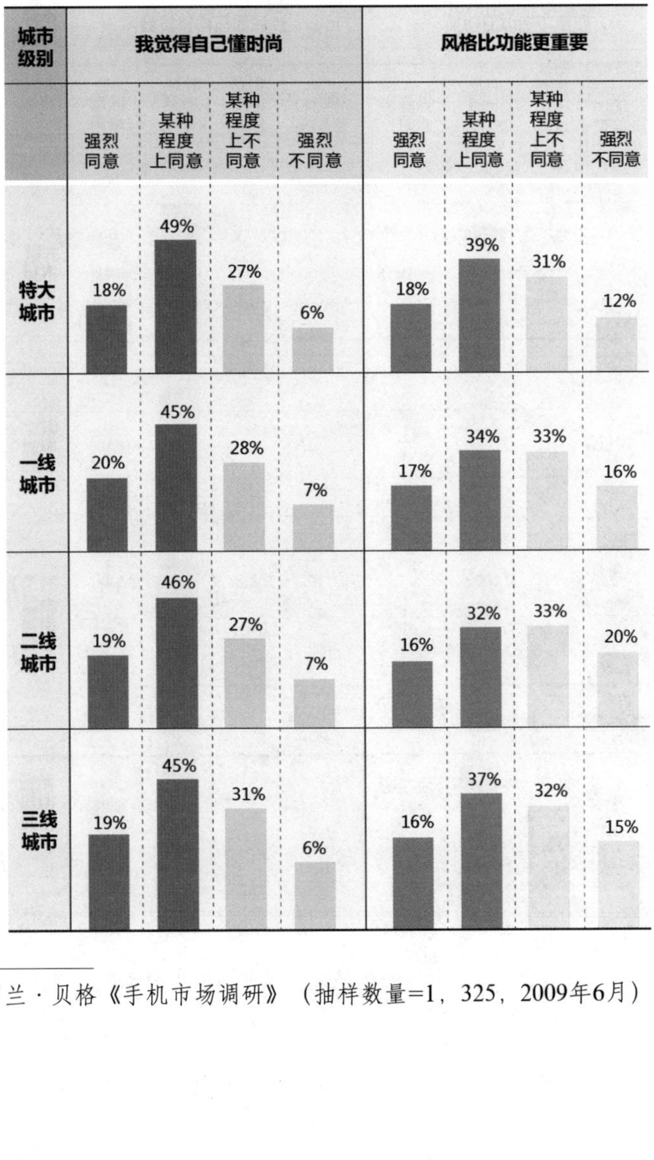

设计产业

---

① 罗兰·贝格《手机市场调研》（抽样数量=1，325，2009年6月），罗兰·贝格分析。

维度	消费群体	价值观	购买原因[1]	使用习惯[1]	购买频率[2]
年龄	16-20	刺激/乐趣、活力	设计、全部特点	网聊与其他社交功能	1.41
	21-25	刺激/乐趣、活力	功能	上网、看书	1.34
	26-35	定制化、效率	—	听音乐	1.43
	36-60	总体成本、效率	质量、价格	基本交流功能	1.6
个人收入	<2000	总体成本、简约	销售人员的推荐	看书、娱乐	1.5
	2000-5000	定制化、效率	—	打电话	1.44
	5000-10000	刺激/乐趣	品牌喜好	听音乐、收发电邮	1.42
	>10000	效率、创新性/技术	品牌喜好、功能	听音乐、收发电邮	0.84
价位	低价位	总体成本	质量、价格、售后服务	玩游戏	1.48
	中低价位	理智消费	设计	照相	1.45
	中高价位	定制化、效率	品牌喜好、设计、功能	收发电邮、自装软件	1.45
	高价位	效率	品牌喜好、功能	收发电邮	1.35
性别	男性	效率、定制化	质量、价格	上网、收发电邮	1.39
	女性	理智消费、信任	设计	功能(音乐、相机)	1.51

1)相关特征　　2)单位=手机购买年均量

当下，包括消费者的地位、身份、个性、品位、潮流、仪式、情趣和认同等因素正发展成为社会消费的主流。消费过程不仅是满足人

---

① 罗兰·贝格《手机市场调研》（抽样数量=1，325，2009年6月），罗兰·贝格分析。

的基本需要，而且消费这些商品所象征的某种社会文化意义，如消费时的心情、美感、氛围、气派、仪式和情调等。现代城市出现的城市综合体建筑、主题酒店、主题餐饮店、零售空间、博物馆等综合服务空间，设计创造文化氛围、设计策略融合商业模式的经营理念正在兴起，"服务设计"、"互动设计"、"体验设计"等新设计形态正在迎合消费方式的转变基础上迅速发展起来。希尔顿酒店在服务互动项目中，将酒店服务进行流程的精细化管理，确立客户从沟通、预定、到达、入住、送餐、客房用品摆放、叫醒到订票、结账、离店等整个服务流程的17个客户"接触点"。立足于客服与服务流程接触点，导入"服务设计"，提高服务质量，以此培养消费者的品牌忠诚度；2012年，维也纳建筑师事务所Prechteck为第13届卡赛尔文献展设计了名为"Randerscheinung"的模块化展览馆方案，除迎合了周期性展览易于拆装的功能外，线型形式与屋顶结构相结合，适应了过往参观者的观展、就座、体验等需求。这个静止的景观式建筑由一个倾斜30°角的构架系统构成，将墙与屋顶面板都拉到至一个合适的位置，使得楼梯与地表都便于就座。展馆设计留足了公共集会场所作为音乐厅与演讲厅，并设置阅读与休闲区域。这种连续倾斜组合的造型既是对文献展性质的解读，又暗含着历史、政治以及艺术变迁的隐喻意象。展馆紧靠用地边线，木质结构与周围的城市景观连在一起，水平

卡赛尔文献展展馆 "Randerscheinung"

延伸，为观者营造一种开放、自由和归属感的印象。

消费需求的日趋差异性、个性化、多样化趋向，表明社会正进入重视个性的满足和精神愉悦的象征性消费时代。在消费社会里，意义消费、象征消费已经成为消费最主要的方面，而物品的自然属性，即物品的使用价值则退而成为微不足道的末节。由于消费的最主要目的在于炫耀与众不同的优越地位，评价消费品的标准已经不再是绝对的美和好，而是不断变换的时尚。而追求时尚的根本目的是在广泛的社会交往中，区分个人收入、品位、受教育程度等的重要"身份识别"。"身份识别"导致了消费者对新的设计样式的不断需求。人们在潜意识的消费比较中追逐着，不断抛弃"过时"的商品转而购买新的流行。毫无疑问，设计在其中起到推波助澜的作用。

同时，随着国际经济一体化进程和贸易自由化的快速发展，国内与国际市场的融合带动了"跨界消费"和"多边消费"的形成。消费市场的活跃，又对设计的跨界交换和离岸外包带来巨大影响。海尔集团设在意大利、荷兰和丹麦的设计研发中心，既服务欧洲市场，也兼顾中国市场。如2007年的"法式对开门冰箱"和2008年的"意式三门式冰箱"均由欧洲研发中心依当地客户需求设计研发，在投入欧洲

海尔卡萨帝意式三门冰箱

市场后不久，很快引进到中国市场。这类高端产品由海外研发中心主持、参与设计，由海外生产基地生产，销往中国后成为该品牌的顶级产品①。

海外汽车研发资源利用的六种方式②

方式	代表案例	概述
建立合资的 技术研发中心	上汽通用	1997年，通用汽车和上汽集团成立泛亚汽车研发中心，双方各持有50%的股权，这是通用汽车在全球12个技术中心之一，也是跨国汽车巨头在中国设立的第一家汽车研发中心主要担负通用汽车技术在中国的本土化开发
	东风日产	2004年，日产与东风在广州花都建立东风日产乘用车研发中心，这是日产全球第五个研发中心，属于日产全球研发体系的重要组成部分。该研发中心开始的工作主要是结合中国市场情况做汽车产品的差异化开发
设立海外 研发机构	江淮汽车	至2007年，江淮汽车在意大利和日本设立了海外研发机构，意大利都灵设计中心的主要功能定位为从事概念和造型设计，日本东京设计中心的主要功能定位则以内饰和电气系统设计为主，而在中国建立的本部技术中心约有500名技术人员从事试制和试验工作
	中顺汽车	中顺汽车把汽车的造型中心设在美国的洛杉矶，将汽车的底盘研发中心设在底特律，聘请海外高级汽车设计师同步进行汽车研发工作
集成海外汽车技术资源	长城汽车	长城"哈弗"CUV是与国外著名设计公司合作的成果，并且拥有独立的知识产权；车身与日本设计公司合作，汽车总成是与欧洲知名设计公司合作，绝大部分零部件由长城汽车研究院借鉴国外先进技术自行设计开发
收购海外汽车研究机构	上汽罗孚	上汽收购罗孚汽车产品和发动机的知识产权，并在此基础上整合成上汽汽车海外（欧洲）研发中心（Ricardo2010），负责上海汽车所有的新车研发任务
	上汽双龙	通过收购双龙汽车，上海汽车掌握了在海外的研发资源，获得双龙汽车制造的核心技术发动机和变速箱的研发能力，以及SUV整车技术
委托国际独立研发机构	哈飞路宝	哈飞路宝由意大利宾西法瑞纳公司制造，通过设计外包共享海外设计公司的成熟经验和研究资源
	华晨中华	中华汽车的早期设计开发全部外包给国外设计公司乔治亚罗，包括外形、内饰、底盘等方面
引进海外 专业人才	奇瑞汽车	奇瑞拥有高级技术人员及国内著名大学的博士、硕士150多人，其中来自福特、通用、戴-克、大众、三菱、本田等世界著名汽车公司以及其他世界著名汽车配件公司的外籍专家40多人，这批人已成为奇瑞研发体系的中坚力量

① 刘恕《创新型企业：研发机构如何"走出去"》[N]，《科技时报》，2012年。
② http://auto.gasgoo.com.

与之相同的是，很多国外设计公司近几年也蜂拥而至，进驻中国市场。2011年，全球第五个梅赛德斯—奔驰高级设计中心在北京落户。来自法国、中国、马来西亚和日本等国组成的梅赛德斯—奔驰中国设计中心工作团队，立足中国现有的人文和自然环境因素，并结合交通堵塞和停车场地不足的现状，打造未来服务中国和全球市场需求汽车外观与内饰设计。

设计中的中国元素

　　值得关注的是，多边消费引导跨界设计，跨界设计又聚焦本土文化。我们在快速消费本土文化符号的同时，也消费了国外的文化精神。符号是形式，精神才是内容，这是一种很危险的文化消费现象，应引起广泛深思。在内容创意上，服装设计更多融入长袍、马褂、马蹄袖子、头顶花翎等清朝元素；传统饮食文化更多体现茶、包子、担担面、麻婆豆腐、川味火锅等中国符号；建筑原型设计多参考丽江和桂林的自然景观，体现传统川西民居风格；"盖世五侠"在片中分别展示了黑虎拳、猴拳、螳螂拳、蛇拳、白鹤拳等中国功夫；音乐创意多以二胡、唢呐等民族传统乐器作为陪衬，中国传统文化资源的当代创意，引发受众共鸣，激活了巨大的市场消费，设计创意不仅帮助擅长动物题材动画片的美国梦工厂获得骄人的票房成绩，也获得文化竞争的极大收益。